｜现代通信网络技术丛书｜

WIRELESS COMMUNICATIONS AND
NETWORKING FOR
UNMANNED AERIAL VEHICLES

无人机组网与应用

基于5G移动通信网络

[美] 瓦利德·萨德　[芬] 梅赫迪·本尼斯　[美] 穆罕默德·莫扎法里　[中] 林兴钦　著
(Walid Saad)　　(Mehdi Bennis)　　(Mohammad Mozaffari)　　(Xingqin Lin)

刘文雯　刘琛　译

机械工业出版社
CHINA MACHINE PRESS

图书在版编目（CIP）数据

无人机组网与应用：基于5G移动通信网络 /（美）瓦利德·萨德（Walid Saad）等著；刘文雯，刘琛译 . -- 北京：机械工业出版社，2022.1（2023.12 重印）
（现代通信网络技术丛书）
书名原文：Wireless Communications and Networking for Unmanned Aerial Vehicles
ISBN 978-7-111-69783-1

Ⅰ. ①无…　Ⅱ. ①瓦…②刘…③刘…　Ⅲ. ①无人驾驶飞机 - 第五代移动通信系统 - 组网技术 - 研究　Ⅳ. ① V279 ② TN929.53

中国版本图书馆 CIP 数据核字（2021）第 266665 号

无人机组网与应用：基于 5G 移动通信网络

出版发行：机械工业出版社（北京市西城区百万庄大街 22 号　邮政编码：100037）
责任编辑：赵亮宇　李美莹　　　　　　　　　　　责任校对：殷　虹
印　　刷：北京捷迅佳彩印刷有限公司　　　　　　版　　次：2023 年 12 月第 1 版第 2 次印刷
开　　本：186mm×240mm　1/16　　　　　　　　印　　张：15.5
书　　号：ISBN 978-7-111-69783-1　　　　　　　定　　价：139.00 元

客服电话：（010）88361066　68326294

版权所有·侵权必究
封底无防伪标均为盗版

译 者 序

近几年无人机技术飞速发展，已经广泛应用到民用和军事的很多领域当中。随着无人机技术逐渐成熟和制造成本大幅降低，无人机也已走进了千家万户。如果配置了无线通信接口，那么无人机将应用到更多新领域，也将使实现更多潜在的新应用成为可能。由于无人机是在三维空间中运行的，所以它的通信方式与传统的地面通信存在一些技术上的差异。本书就是在这种背景下，针对无人机在通信领域中三个关键角色（无人机基站、无人机终端和无人机中继）的通信技术和组网方式进行了深入的研究分析。

这是一本由无人机通信领域的著名高校教授和设备商资深工程师撰写的优秀读物，书中既有深厚的理论背景，又包含很多对典型应用和网络部署的考量。本书内容由浅入深，循序渐进，涵盖了无人机通信领域的大部分关键技术，讲解了大量的基础理论知识，同时引入了许多先进理念。通过理论公式推导和证明，先让读者理解各种技术背后的理论基础，然后对典型场景案例进行评估和分析，使读者对相关技术有更深入、更全面的了解。

本书适合作为无人机通信组网领域的高校教学研究用书和工程技术人员的参考用书。如果你对无人机通信组网技术感兴趣，相信本书不但有助于你夯实理论基础，还能拓展你在该技术领域的思维和眼界。

本书由爱立信中国研发部的两位系统工程师翻译，在此期间，我们得到了爱立信相关领域其他同事的大力支持。此外，机械工业出版社编辑朱捷先生在本书翻译过程中给予了耐心的指导和悉心的审阅，保证了本书翻译工作的顺利完成，在此对他表示感谢！我们在翻译过程中也是边翻译边学习，查阅了不少相关资料，从中也获得许多启发，受益匪浅。

无人机无线通信与组网技术涉及的范围很广，相关领域的发展也是日新月异，新技术层出不穷，加之时间紧、任务重、译者水平有限，书中难免存在不妥或者错误之处，真诚希望广大读者批评指正，在此表示衷心感谢！

译者

2021 年 10 月

致　　谢

　　本书得到了美国国家科学基金会的支持与资助，包括 CNS-1446621、IIS-1633363、CNS-1836802、CNS-1739642、OAC-1541105 和 OAC-1638283，还得到了芬兰科学院 CARMA 项目、INFOTECH 项目 NOOR 和 Kvantum 研究所战略项目 SAFAR 的资助。

目　录

第 1 章

UAV 的无线通信和组网简介

由于从嵌入式系统到自主性、控制、安全和通信等各种无人机相关领域的重大技术进步，过去的几年我们见证了无人驾驶飞行器（Unmanned Aerial Vehicle，UAV）领域的一场重大变革。无人驾驶飞行器通常被称为无人机（为简便起见，本文后续的"无人机"或者"无人驾驶飞行器"统称为 UAV）。UAV 技术的这些前所未有的进展使 UAV 能够在众多应用领域广泛部署，这些应用领域包括货品配送、监控、环境监测、交通管控、遥感以及搜索和救援。事实上，美国联邦航空管理局（FAA）的报告预计 2020 年 UAV 的销量将超过 700 万架，许多行业目前都在投资以 UAV 为中心的创新应用和研究。为了支持此类应用，必须解决关于 UAV 系统的众多研究挑战，从导航到自主性、控制、传感、导航和通信。特别是未来智慧城市中 UAV 的部署，很大程度上取决于它们是否配备了高效的通信和组网手段。为此，在本书中，我们全面论述了 UAV 技术相关的无线通信和组网研究的挑战和机遇。本章介绍了 UAV 技术，并对与 UAV 相关的无线通信和组网挑战进行了深入讨论。

1.1 UAV 技术演进概述

从本质上说，UAV 是一种无人驾驶的飞机或机器人，它可以在几乎不受限制的区域自主飞行，或者由操作者远程控制。在 20 世纪早期，UAV 技术的应用主要限于军事环境。例如，许多文献[1-4]将 UAV 的起源追溯到 19 世纪，当时无人操纵的气球被用来轰炸意大利的威尼斯城。然后，在 20 世纪初一些失败或未被使用的类 UAV 实验（如美国陆军的凯特灵虫子[5]）之后，军用 UAV 技术在第二次世界大战期间和整个冷战期间开始得到改进和发展。这些致力于提供无人驾驶飞机的早期尝试大多局限于定义明确和非常局限的军事任务，如侦察或战场检视。尽管应用空间有限，这些早期的 UAV 技术发展为现代商业 UAV 革命提供重要基础，从 21 世纪初开始多国政府推动的 UAV 新应用开始成型，如赈灾、搜救和基础设施检测。与此同时，第一个商用 UAV 许可证在 2006 年颁发。

在这次活动之后,法国公司 Parrot 在 2010 年推出了它们的 Parrot AR Drone,这可以说是首批可以由终端用户使用 WiFi 连接和智能手机进行操作的 UAV 之一。Parrot AR Drone 是推广用户操作 UAV 概念的重要的第一步,这种 UAV 既可以用于商业用途,也可以用于娱乐。

然而,UAV 技术的真正催化剂是杰夫·贝佐斯(Jeff Bezos)在 2013 年宣布他打算为亚马逊部署一个基于 UAV 的配送系统。此后其他大公司也提出了类似的想法,比如谷歌在 2014 年首次推出了 UAV 配送机翼项目。从那时起,对 UAV 技术商业应用的兴趣和投资在应用和技术方面开始呈指数级增长。最近,重要的通信、计算机视觉和机器学习技术已经成为 UAV 的固有装备,使其成为真正自主的多用途设备。这转而又带动了一波新创业、研究和标准化浪潮,聚焦于 UAV 技术面临的多方面技术性和社会性挑战。这些研究在多个应用领域取得的重大突破中迅速走向高潮。因此,我们必然会设想,在未来 5 年左右的时间里,UAV 将横跨全球经济的各个领域,首次在现实世界中得到部署。这些部署包括短期内首次引入 UAV 配送系统,以及长期内大量部署基于 UAV 的自主飞行的士。

近年来 UAV 技术的快速发展,自然会带来许多跨越多个领域的研究问题,包括导航、控制、机器学习和通信。特别是,UAV 几乎不受区域限制飞行的能力,加上它们的灵活性和敏捷性,使其在无线通信应用中特别具有吸引力。事实上,通信和组网为 UAV 提供了一个最重要的新兴应用,因此研究 UAV 在这一领域所带来的挑战和机遇至关重要。UAV 的无线通信组网应用和挑战取决于 UAV 的类型和相关的政府监管条例。因此,接下来,我们首先根据 UAV 的类型提供一个分类,然后深入研究无线通信和组网面临的挑战和机遇。

1.2　UAV 类型和监管条例

在深入研究 UAV 的无线通信挑战之前,我们将首先概述现有的不同 UAV 类型,以及关于其部署监管条例的最新进展。

1.2.1　UAV 的分类

总体来说,UAV 可以用来指代任何一种可远程控制的、具有多用途的可飞行的无人驾驶机器人。然而,根据不同的应用,人们可以选择不同类型的 UAV,同时考虑它们的性能(例如传感器、大小、重量、电池寿命等)和它们的飞行能力(例如高度、悬停能力等)。虽然有不同的方法来给 UAV 进行分类,但人们可以基于 UAV 的飞行高度和大小进行初始分类。特别是,UAV 一般可分为两大类:低空平台(Low-Altitude Platform,LAP)和高空平台(High-Altitude Platform,HAP)UAV。LAP 通常是小型 UAV,可以在几十米到几公里的低空飞行。LAP 能够快速移动,并且部署时非常灵活。例如,最近在终端用户和商业应用中考虑的大多数 UAV 本质上是 LAP，包括前面提到的 Parrot AR Drone 和流行的大疆幻影 UAV 系列。根据 FAA 的规定，在没有许可的情况下，LAP 可以在不超过 400 英尺[⊖]的高度飞行。如果要超过这个高度，LAP 操作者必须获得 FAA 的特别许可[6]。

与小而灵活的 LAP 相比，HAP 的机型更大、能力更强，通常用于高空飞行(一般在 17 公里以上)。HAP 通常是准静止的，用于执行长期任务。突出的例子包括空客的 Zephyr[7]和谷歌的 Loon 项目[8]。Zephyr 是一种平流层的 UAV，可以利用太阳能作为伪卫星运行。Loon[8]是一种 HAP 气球，可以放置在 18 公里的高度，为农村地区提供长期的无线连接。与 LAP 相比，HAP 通常机型更大，持续时间更长，因此它们可以被部署用于长期的类似卫星的任务。与此同时，由于 LAP 能够快速部署和移动，它们更适合时间敏感的任务。一般来说，HAP 可以连续运行几个月(如果克服了能源限制，甚至可以运行更长时间)。相比之下，目前的 LAP 技术将其连续运行时间限制在几个小时(取决于电池的性能以及需要时的再充能力)。当然，HAP 比 LAP 更昂贵。

根据所使用的机器人/UAV 类型，可以进一步对 LAP 和 HAP 进行分类，如图 1.1 所示。例如，LAP 可以进一步分为固定翼、旋翼和气球 UAV。与旋翼 UAV 相比，固定翼 LAP(如小型飞机)的重量更重并且速度更快，它们能够保持向前飞行。相反，如果有需要，旋翼 UAV 有能力悬停在一个特定的地理区域，同时保持静止。同时，HAP 可以进一步分为飞艇、飞机和气球。飞艇是 HAP 中机型最大的一类，它们有强大的动力和负载能力。它们通常以准静止方式部署，执行长期的连续任务(长达数年)。HAP 气球的重量相对较轻，可以连续运行几个月。它们主要用于执行静态任务。此外，HAP 飞机的重量也很轻，然而，与气球不同的是，HAP 飞机可以在一个区域内飞行和移动(通常是绕着一个圆圈飞行，但不如 LAP 灵活)。HAP 飞机也适用于长达几个月的任务。

从本书后面的章节中可以明显看出，各种类别的 HAP 和 LAP 都将在无线通信场景中扮演重要的角色。实际上，从无线和组网的角度，图 1.1 中显示的 LAP 和 HAP 的各种特性自然会影响它们所扮演的角色。

1.2.2　UAV 的监管条例

UAV 的应用领域不仅受其类型限制，而且还受到各国政府机构可能实施的监管条例的限制。例如，尽管 UAV 的应用领域包含数不胜数的用例，但这些用例都伴随着各种隐私、公共安全、安保、冲突避免和数据限制的问题。为了解决这些问题，近来人们做出了许多努力来提供监管条例以管控 UAV 的使用和操作，同时把它们的类型和能力考虑在内。出于监管目的，通常会考虑五个关键标准[9-10]：

1) 适用性：包括明确某些监管规则的适用范围(考虑 UAV 的类型、重量和作用)。

⊖　1 英尺＝0.3048 米。——编辑注

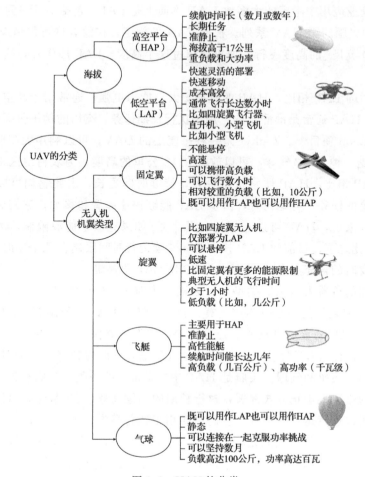

图 1.1 UAV 的分类

2) 操作限制：包括对 UAV 能够飞行或运转的位置的限制。例如，许多欧洲城市，如芬兰的赫尔辛基，最近指定了多个区域为 UAV 禁飞区。这样的位置限制自然会影响 UAV 的各类应用。

3) 管理流程：包括为了部署和使用 UAV，必须实施的精确、合法的流程。

4) 技术要求：包括对 UAV 通信、控制和机械性能的约束。

5) 道德约束：为了操作 UAV（以及任何其他自主系统），引入 UAV 操作者必须遵循的道德考量是必要的。这些考量包括如何保护生成数据的隐私，以及如何在商业和军事场景中使用 UAV。

不同国家和不同地理区域（例如城市或农村）的 UAV 监管条例有所不同。在美国，UAV 操作的监管条例是由 FAA 和美国国家航空航天局（NASA）发布的。例如，NASA 正计划与美国联邦通信委员会（FCC）和 FAA 合作开发 UAV 管控框架。FCC 目前正在调查，是否需要为操作 UAV 进行通信来制定一个新的频谱政策。在表 1.1 中，我们列出了不同国家的若干 UAV 监管条例[9]。在处理与 UAV 相关的研究问题，特别是通信问题时，必须考虑所有相关的监管条例。

表 1.1 没有特别许可下部署 UAV 的早期监管条例

国家	最大高度	与人的最小距离	与机场的最小距离
美国	122m	N/A	8km
澳大利亚	120m	30m	5.5km
南非	46m	50m	10km
英国	122m	50m	N/A
智利	130m	36m	N/A

1.3 UAV 的无线通信和组网

各种类型和大小的 UAV 为无线通信应用提供了充足的机会。一般情况下，所有类型的 UAV 都可以配备无线接口。这种接口可以运用在非授权 WiFi 频率或授权蜂窝网频率。当然，给 UAV 配备无线通信能力将为 UAV 技术的大量新应用领域铺平道路。在这些应用领域中，我们可以看到 UAV 在通信领域的三种主要角色：（a）UAV 可以作为空中基站（或接入点）部署，为不同地理区域提供无线组网和通信能力；（b）UAV 可以利用现有的基础设施（例如蜂窝或 WiFi）相互通信或与地面设备通信；（c）UAV 可以部署为空中中继，扩展现有无线基础设施的覆盖和连接。如表 1.2 所示，在所有这三种角色中，我们可以识别出常规网络、地面无线网络和必须支持 UAV 的无线网络之间的一些关键技术差异。

表 1.2 UAV 网络与地面网络对比

UAV 无线网络	地面无线网络
• 频谱稀缺	• 频谱稀缺
• 三维网络模型	• 主要是二维网络模型
• 由于高度而固有的 LOS 通信能力	• 很难保持 LOS 通信
• 复杂和严格的能源限制和模型	• 定义明确的能源限制和模型
• 高移动性带来的高动态性	• 移动性仅限于少数模型（如行人、汽车等）
• 悬停和飞行时间限制	• 没有固有的时间限制

对于这三种用例中的每一种，必须克服各种研究上的挑战，如下所述。

1.3.1 UAV 作为飞行的无线基站

UAV 在通信应用中的第一个用例是飞行基站（Base Station，BS）。在这个用例中，UAV 本身被用作无线通信服务的提供者。例如，LAP 可用于为覆盖不足或当前拥挤的地区（如热点地区）提供按需无线组网功能。事实上，LAP 的灵活性和敏捷性使得网络运营商可以在任何需要的时候使用它们提供快速和按需的连接。与此同时，HAP 可以被部署用于长期无线覆盖。事实上，在最近提出的为农村地区提供网络连接的提案(例如谷歌的Loon 项目)中，HAP 是核心组成部分。这是因为 HAP 可以长时间飞行，可以向地面无线基础设施稀少或难以部署的农村和偏远地区提供连续的宽带服务。此外，通过联合使用 LAP 和 HAP 作为飞行 BS，可以构建一个包含短期和长期覆盖解决方案的多层三维(3D)无线网络。这样一个完全成熟的基于 UAV 的无线网络被视为实现全球无线连接的一个重要的基石。表 1.3 总结了地面 BS 和 UAV BS 的主要区别。

表 1.3　UAV BS 与地面 BS 对比

UAV BS	地面 BS
● 部署在自然三维空间	● 部署在自然二维空间
● 独特的传播环境，几乎没有可用的模型	● 完善的传播环境模型
● 短期、变化频繁的部署	● 主要是长期的永久性部署
● 主要在不受限区域	● 一些选定的区域
● 移动性维度	● 固定和静态

当然，设计一个依赖于 UAV BS(LAP 或 HAP)的无线网络，也带来了一些独特的研究挑战和机遇，这些挑战和机遇源于表 1.3 所示的 UAV BS 独特特性。

● 飞行 BS 的部署本质上是在三维空间中完成的。实际上，高维度提供了一种新的自由度，网络运营商可以利用这种自由度来增强互联互通，例如在飞行 BS 和地面用户之间建立视距(Line-Of-Sight，LOS)链接。然而，UAV BS 的飞行特性也带来了新的研究挑战，如需要动态优化其部署位置并管理其移动性。

● 空对地无线信道提供了一种新的传播环境，其特性与传统的地面信道模型(如瑞利模型)显著不同。实际上，传播模型和测量是 UAV BS 的一个重要研究课题。同样的道理，为了部署一个充分成熟的 UAV 无线蜂窝网络，需要现实的空对空信道模型(例如，用于类型可能不同的多架 UAV 之间的通信)。我们注意到，传播挑战并不局限于 UAV 的 BS 角色，它们普遍存在于所有 UAV 无线通信角色中。

● 应对 UAV BS 必须明确地考虑 UAV 的动力学(例如控制)、移动性和飞行约束。例如，根据它们的等级(HAP 或 LAP)和类型，UAV 的电池和电源性能可能不同。这些性能将直接影响这些 UAV 在服务无线用户时能够提供的服务质量(QoS)。例如，旋翼 LAP 的悬停时间限制将限定这种 UAV 在给定地理区域能够提供的最长无线服务时间。因此，描述依赖于 UAV BS 的无线网络性能时，必须明确将这些UAV 特定的约束因素考虑在内。

● UAV BS 网络中的资源管理与经典蜂窝网络中的资源管理有本质上的不同。一方面，前面提及的飞行限制使得新的资源(如飞行时间、机载能源)必须和传统的无线资源(如频谱)一起管理。另一方面，UAV 的飞行和悬停能力带来了利用高频波段(如毫米波)的独特机会，这个机会得益于 UAV 可以轻松地建立 LOS 连接。因此，如何设计能够考虑到 UAV BS 这些特性的新型资源管理方案是一个非常重要的研究挑战。

1.3.2　UAV 作为无线网络用户终端

为了支持前面提到的各种 UAV 应用，UAV 必须能够与现有的无线网络进行通信，如蜂窝网络或 WiFi 网络。在这种情况下，UAV 充当无线网络用户终端（User Equipment，UE）的角色。当 UAV 被用作地面无线蜂窝网络的 UAV UE 时，它们通常被称为蜂窝连接的 UAV。蜂窝连接的 UAV UE 将使无数新的应用领域成为可能，在这些领域中，UAV 与地面蜂窝基础设施之间的通信对于 UAV 交付应用特定数据、获取控制信息和实现其任务目标是必要的。此类应用的例子包括配送 UAV、实时监控和多媒体传输，以及 UAV 辅助运输网络[11]。正如 UAV BS 用例中所讨论的，由于引入了不受区域限制飞行并在三维空间进行通信的空中 UAV UE，将带来一些地面网络不涉及的独特的无线网络挑战。特别是，部署蜂窝连接的 UAV UE 需要克服以下关键挑战：

- 部署 UAV UE 时，管理网络干扰变得更具挑战性。这是由于 UAV UE 将对地面 BS 和地面 UE 产生 LOS 干扰，这可能会导致显著的性能下降。因此，有必要引入新的干扰管理解决方案，这些解决方案将考虑 UAV UE 独特的三维特性及其性能。
- 目前的无线基础设施设计是为了最大限度地提高地面用户的性能。因此，许多设计选型都没有考虑到飞行用户的可能性。例如，目前蜂窝网络 BS 的部署方式是最大限度地扩大天线对地面的覆盖。因此，目前的 BS 天线向地面倾斜。但这些 BS 不能使用天线主瓣服务于飞行 UAV UE，必须依靠旁瓣或背瓣。所以，为共存的空中 UE 和地面 UE 优化天线的使用，是与蜂窝连接的 UAV UE 进行无线通信的一个关键挑战。
- 对于关键任务应用，如配送 UAV，UAV 将需要使用蜂窝基础设施来接收状态信息和控制数据。这类数据对时间非常敏感并且要求相当严格，因此需要开发新技术来保证 UAV UE 和地面蜂窝基础设施之间的低延迟和可靠通信。
- 考虑到地面用户和 UAV UE 传播环境的差异，网络运营商必须设计新的技术来识别地面和空中用户。当地面设备（例如智能手机）作为 UAV UE 连接到 UAV 时，如何识别设备变得特别具有挑战性。在这种情况下，网络不能依赖于传统的身份验证或报告机制，因此需要新的身份识别技术。设备识别是将 UAV UE 正确集成到蜂窝系统的必要步骤，因为它将使得系统能更好地映射空中和地面干扰，从而进行恰当的资源优化和管理。
- 大多数 UAV 系统基于特定的任务目标来规划其 UAV 飞行轨迹。事实上，以最小化任务时间的方式优化 UAV 的飞行轨迹是非常普遍的。然而，当 UAV 作为 UAV UE 部署在无线网络上时，其飞行轨迹不仅会影响任务目标，还会影响无线网络的性能。例如，如果某架 UAV UE 的飞行轨迹经过多个地面 BS，可能会对这些 BS 造成严重的 LOS 干扰，并降低无线系统的 QoS。因此，有必要开发新的无线感知轨迹优化解决方案，以平衡 UAV 系统的各种目标，包括任务目标和无线网络性能。

- 除了轨迹优化之外，切换和移动性管理也是部署了 UAV UE 的蜂窝网络面临的两个突出技术挑战。UAV UE 的移动比地面设备更具动态性，这将大大加剧这些挑战的难度。特别是，UAV UE 可以访问的路径和位置的多样性，以及它们的三维特性，将带来新的移动性管理挑战，这是地面蜂窝系统不涉及的。

- 与 UAV BS 场景一样，UAV UE 也将面临与空中传播环境相关的挑战，以及动态资源管理的需求。

1.3.3　UAV 作为中继

无线环境中 UAV 的第三个用例场景是，UAV 充当中继站，在发射机和接收机之间提供中继链路。UAV 中继适用于增强地面网络覆盖或跨越阻挡发射机和接收机之间 LOS 通信的障碍物(例如高山或高层建筑)。UAV 中继常用于提供移动自组网络的地面用户之间的连接。它的另一个重要应用是使用飞行自组网络向地面无线或蜂窝用户提供回传连接。在 UAV 中继用例场景中，UAV 充当一个收发机，从一个地面设备接收数据，然后(通过一个或多个跳点)把数据中继到其他设备。部署 UAV 中继与 UAV BS 以及 UAV UE 用例有许多相同的挑战，同时它也有自己独特的挑战：

- 为了进行合适的中继，UAV 必须依靠精心设计的协同通信机制。例如，UAV 可能采用经典的协同中继方案，如放大转发或解码转发。然而，对这些机制的基本性能限制的研究主要基于地面网络，因此，有必要对飞行的 UAV 网络的中继性能进行更全面的分析。此外，需要采用更先进的中继机制应对 UAV 的独特特性，如移动性和动态性。

- 为了进行合适的中继，UAV 需要协调它们的定位和潜在的传输。要做到这一点，UAV 必须依靠自己的控制系统。因此，需要一种新的通信和控制协同设计机制来联合考虑控制系统和通信系统的性能。这种机制也能够考虑可以影响 UAV 中继性能的外生因素，比如风。在这里值得一提的是，联合通信和控制的问题也与 UAV BS 用例相关。

- 中继的使用需要 UAV 在空中建立多跳通信链路。当 UAV 作为中继时，多跳机载网络的组建和优化是一个重大的研究挑战。例如，鉴于空对空链路还没有被很好地了解，设计能够适应该链路传播环境的动态路由和多跳通信算法是一个挑战。此外，为了了解飞行多跳 UAV 网络的性能限制，还需要针对多跳 UAV 中继的飞行特性制定比例法则。

- 在中继中使用 HAP 是一个有趣的研究挑战。HAP 可以提供稳定的连接，因此可能对中继来自地面用户和 LAP 的数据有帮助。然而，考虑到 HAP、LAP 和用户的通信距离可能很远，很有必要设计节能和可靠的通信方式。

1.4　小结和全书概述

显然，部署用于无线组网的 UAV 带来了大量的挑战、用例和机遇。在本书的其余章节，我们将探讨这些挑战和相关问题，同时关注以下主题：

- 在第 2 章中，我们将对 UAV 用于通信的各种应用进行深入的概述。这一概述将推动后续章节中不同的研究性问题。
- 在第 3 章中，我们着重于 UAV 通信的物理层，特别是空中无线用户的无线传播和波形设计。
- 在第 4 章中，我们提供严谨的 UAV 无线网络性能分析，同时关注覆盖率、速率和其他相关 QoS 指标等可实现的网络性能。
- 在第 5 章中，我们专注于 UAV(特别是 UAV BS)的部署。优化无线网络指标的同时研究最优化部署 UAV 的一些问题。
- 在第 6 章中，我们将注意力转向移动性管理问题，特别是部署了 UAV UE 的通信网络的无线感知路径规划问题。
- 在第 7 章中，我们介绍支持无线网络资源优化(例如空间、频谱或时间资源)的全面框架，同时考虑了 UAV BS 和 UAV UE 的独特特性。
- 在第 8 章中，我们研究 UAV 之间的协同问题，还会研究如何利用协同传输来提高 UAV UE 的无线通信性能。
- 在第 9 章中，我们对长期演进(LTE)无线蜂窝系统和新兴的第五代(5G)新无线网络等移动技术如何支持 UAV 提供全景和实用化的概述。
- 在第 10 章中，我们以对 UAV 网络安全的深入研究来结束本书。特别地，我们会讨论可用来减轻针对 UAV 系统的突出网络攻击的一些框架，特别是配备通信能力的 UAV 系统。

注释：在本书的其余章节，每一章都是独立的，并为探讨的研究问题开发了全面的分析模型，因此在每一章中使用的注释都是特定于该章的，不扩展到其他章节。

第 2 章

UAV 应用和用例

第 1 章为 UAV 的无线通信和组网提供了广泛的动机。在本章中，我们通过 UAV 在各种无线网络场景中的几个关键应用和用例的整体概述来进一步阐述第 1 章的动机。这些场景与第 1 章中讨论的所有 UAV 角色相关，包括 UAV BS 和 UAV UE。对于 UAV BS 的角色，我们关注 UAV 在各种应用中的使用，包括公共安全、物联网、缓存、边缘计算和智慧城市。然后，我们讨论了 UAV UE 的几个重要应用。这些应用将在接下来的章节中推动大量的分析和技术讨论。

2.1 用于公共安全场景的 UAV

洪水、火灾、地震等自然灾害和人为灾害对经济和人类生活产生了破坏性影响。在大规模灾难发生之后，无线地面基础设施（如 BS 和手机信号塔）经常遭到破坏，电信服务无法使用。这类服务对于联系灾民、急救人员和身处灾区的个人至关重要。在这些情况下，有必要建立健全、灵活、可靠的无线通信系统，为公共安全和灾害管理任务提供支持。的确，拥有可靠的无线连接可以大大减少灾难后的经济损失和死亡人数。显然，在这种场景中，仅仅依靠现有的地面基础设施是不恰当的。

为此，克服缺乏抗灾无线基础设施这一问题的一种有前途的方法是部署能够在灾难期间或灾难后向期望的地理区域提供无线服务的飞行 UAV BS（以图 2.1 为例）。考虑到 UAV BS 不会附着于地面基础设施，它可以自由且有效地在三维空间和几乎不受约束的区域中移动。因此，UAV BS 可以在受灾环境中提供一种快速支持必要的无线连接的方法。事实上，凭借灵活性、可重构性和移动性，UAV 空中无线网络能够在受灾地区的各类人员，比如急救人员、居民和潜在受害者之间实现可靠的连接。此外，空中 UAV BS 能够自主更新和优化位置，确保广阔地理区域内的用户得到完全覆盖，能够快速接收到实时性通信服务。实际上，UAV BS 是为公共安全场景提供连接的最有前途的技术之一。除了服务受灾地区，UAV BS 还可以给滞留在偏远地区的个人（例如迷失在山区的人）提供通信支持。此外，在公共安全实例中，人们还可以使用 UAV UE 为偏远地区或弱连接地区提供药品配送和其他紧急服务。显然，具有无线通信能力的 UAV BS 和 UAV UE 将在灾害管理、公共安全和紧急情况中发挥突出作用。近年来人们已经在探索这样的作用了，例如在飓风哈维期间使用 UAV 通信。第 3～7 章中，我们将探讨在这类场景中 UAV 通信的各种基础和理论挑战，第 9 章中，我们将从实际的蜂窝网络角度重新讨论这些挑战。

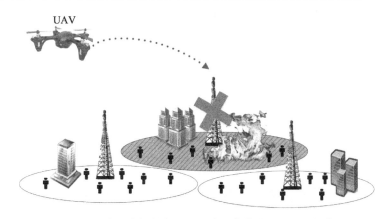

图 2.1　公共安全场景中具有无线通信能力的 UAV 的使用

2.2　用于信息传播的 UAV 辅助地面无线网络

考虑到 UAV 的灵活性、机动性以及建立 UAV 对地 LOS 通信的可能性高，配备通信能力的 UAV 可以用于信息传播以及地面无线和蜂窝网络的覆盖扩展[12-13]。例如，从图 2.2 中可以看出，UAV BS 可以在设备互联（Device-To-Device，D2D）通信网络和移动

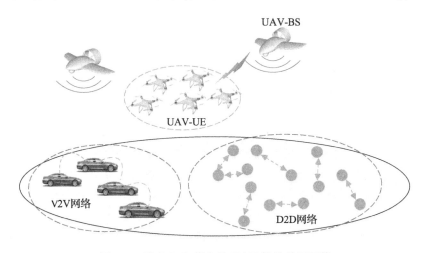

图 2.2　具有 D2D 能力的 UAV 辅助地面网络

自组网络中实现快速高效的信息传播。无线 D2D 设备自然面临着通信距离有限(由于能源限制)和在大型网络中干扰严重的问题。在这类场景中,移动 UAV(包括 UAV BS 和 UAV 中继)可以协助 D2D 网络迅速传播重要信息以及通过多点广播传输任何期望的数据到 D2D 设备,从而减少 D2D 传输次数,进而转化为降低网络干扰和减少设备能源消耗。UAV-D2D 集成网络的一个关键应用是在紧急情况下,需要在短时间内传播关键信息。事实上,UAV 可以与 D2D 网络协作,提高蜂窝网络的能效、连通性和频谱效率。我们还注意到,在 UAV 辅助地面网络中,UAV 移动性和设备集群的联合设计也可以带来可观的性能增益。

同时,UAV 还可以通过在车载网络内的车辆之间传播安全信息和交通信息来协助车辆对车辆(Vehicle-To-Vehicle,V2V)通信。在这种情况下,一个地面车辆网络可以利用专用 UAV BS 来发送此信息,或者它也可以依赖现有的能承担 UAV 中继角色的飞行 UAV UE 来传播信息。显然,通过利用第 1 章中讨论的 UAV 的三个关键角色,可以显著改善在支持 D2D 通信和 V2V 通信链路的各种地面网络中信息传播的覆盖率、可靠性、延迟和效率。

2.3　UAV 三维 MIMO 和毫米波通信

UAV 的另一个有前景的用例是增强高频毫米波频段的通信,以及利用有关全维 MIMO、大规模 MIMO 和可重构天线阵列系统的概念。最近在蜂窝网络中,三维 MIMO(水平垂直方向)受到了极大的关注[14-20]。正如我们可以从图 2.3 中看到的,三维波束赋形允许控制波束指向三维中的任何位置,这有利于干扰抑制[21]。与传统的二维 MIMO 系统相比,使用三维 MIMO 可以在各种指标(如数据速率)上获得优越的性能,而且它还可以同时支持更多的用户。当需要为位于不同仰角的大量用户(如位于高层建筑和街道的用户)提供服务时,三维 MIMO 尤其有效[12,20]。考虑到 UAV BS 可以轻而易举地部署在相对于地面用户的高海拔区域(以及相对于第 1 章所讨论的传统地面 BS),可以简单地识别出 UAV 和用户之间的仰角。此外,使用 UAV BS 时,在飞行的 UAV 和地面用户之间建立 LOS 链接的能力允许其使用稳健三维波束赋形技术。

同时,多架 UAV 可以协同使用,在空中形成单一、灵活、可重构的无线天线阵列系统[22]。对于这种基于 UAV 的天线阵列,每个天线单元都是一个可以调整位置的 UAV。与传统的固定天线阵列系统相比,这种基于 UAV 的天线阵列有许多优点:(1)可变数量的天线单元;(2)通过优化 UAV 的位置来最大化波束赋形增益;(3)移动 UAV 的机械波束赋形;(4)创建任意的二维和三维阵列几何形状。在第 8 章中,我们将深入研究这种 UAV 协同天线阵列的好处。

UAV 在无线领域的另一个有前景的应用是基于 UAV 的毫米波通信[12,23-25]。由于高频的传播损耗高,毫米波通信在发射机和接收机之间需要具有 LOS 链接。在这方面,能够建立 LOS 链接的 UAV 可以成为通过毫米波通信提供高容量无线服务的关键推动者。

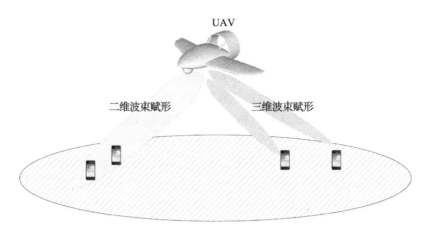

图 2.3　使用 UAV 进行三维波束赋形

正如我们将在第 9 章中简要介绍的，这种 UAV 的无线应用将特别适用于 5G 和后续演进系统[26]，其中毫米波通信将是蜂窝网络架构的核心。我们可以设想提供毫米波连接的 UAV BS，以及使用这种连接来向地面 BS 传输监控或虚拟现实数据的 UAV UE。UAV 的各种角色与高频、毫米波频段的融合将是 UAV 通信技术的一个很有前途的无线领域。

2.4　物联网系统中的 UAV

　　多样化物联网(IoT)设备的大规模部署(包括智能电表、可穿戴设备和无线植入设备)带来了新的无线组网挑战，这些挑战可能会受益于 UAV。特别是功率受限的小型物联网设备(比如那些用于许多关键物联网应用领域的设备——医疗保健、交通和智能城市等[27-30])需要一个稳健的无线网络基础设施，能够为其提供服务所需的长期覆盖。在这种情况下，必须认真对待许多基本挑战，比如连接性、覆盖率、可靠性、延迟和能源效率。具体而言，物联网设备的电池限制极大地影响了物联网通信的覆盖范围和可靠性。因此，必须拥有一个能够满足物联网深度覆盖、可靠性和能源效率要求的无线组网解决方案。此外，物联网设备的分散性和大规模特性导致需要一个灵活且可以深入覆盖非常大的地理区域的无线系统。

　　显然，为了解决此类物联网挑战，人们可以利用具有通信能力的 UAV。实际上，UAV 被视为满足物联网设备无线网络需求的主要推动者。例如，UAV BS 可以有效地支持跨越分散地理区域的上下行链路场景中的物联网服务。对于上行链路，UAV BS 可以根据物联网设备的位置动态移动，以高效可靠的方式收集物联网数据。本书将在第 5 章详细探讨 UAV 物联网数据收集的动态过程。对于下行链路，UAV 可以优化地部署在物联网设备附近，为物联网系统[31]提供深度覆盖。显然，UAV 的使用和物联网的部署将带来许多相互交织的无线通信方面的挑战和机遇。

2.5 用于虚拟现实应用的 UAV

UAV 的另一个用例是应用于虚拟现实(Virtual Reality,VR),如图 2.4 所示。在这个用例中,UAV 可以用于交付 VR 应用,收集 VR 用户的跟踪数据,监控 VR 用户的移动,为 VR 应用提供通用的无线连接。例如,UAV UE 可以配备摄像机收集地面 VR 用户请求的 360°内容[32-33]。例如,一个给定的地面 VR 用户可以使用带摄像机的 UAV UE 来融入 VR 环境,包括一座山、整个城市,或一个偏远的体育场。在这些场景中,UAV 作为 UAV UE,首先利用机载摄像机收集地面 VR 用户请求的 VR 图像,然后将这些 VR 图像传输给地面 BS。最后,BS 将 VR 图像发送给地面 VR 用户。为这类 VR 应用部署 UAV 需要面临许多挑战,例如:

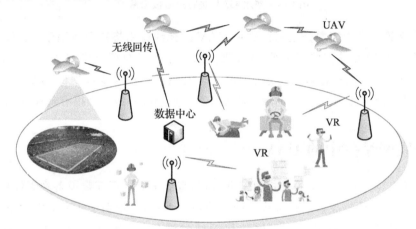

图 2.4 UAV 在虚拟现实和毫米波通信中的应用

- 高速率、低时延:VR 内容(比如一个完整的、让你身临其境的图像)的数据量通常会非常大。同时,每个 VR 用户的时延要求一般小于 20ms。因此,为了利用配备 VR 设备的 UAV UE 远程传输 VR 内容,需要设计新的无线通信技术,保证高数据速率和低延迟通信。
- 能源受限:使用摄相机捕捉 VR 图像会消耗 UAV 机载能源的大量能量。UAV(特别是 LAP)的电源通常由一个容量有限的电池提供。因此,需要新的技术来保证 VR 应用所需的 QoS,同时最小化 UAV 进行 VR 内容收集、处理和传输时所需的能耗。

除了数据收集和 VR 内容传输外,还可以利用配备传感器的 UAV UE 追踪 VR 用户。例如,在传统的 VR 系统中,在墙壁或天花板上安装的传感器可以很容易地检测到用户的身体运动(例如手的移动或方向的改变)。然而,这种传感器的静态部署限制了 VR 的应用范围,因为随着 VR 用户从一个位置移动到另一个位置(室内或室外),不断地改变传感器的位置显然是不现实的。例如,VR 用户可能会在客厅安装 VR 传感器。在这种情况下,即使用户的 VR 设备可以提供无线 VR 支持，但如果用户决定在另一个房间使用 VR 设备，那么要改变 VR 传感器的位置也会很麻烦。实际上，要为 VR 应用，特别是无线 VR 应用提供更无缝的支持，最好使用能够动态改变位置的传感器。在这种场景中，人们可以很容易地将这些 VR 传感器装备在 UAV UE 上，利用 UAV 的移动性来追踪每个 VR 用户的运动。当然，这样的场景也会带来许多挑战，从传感器数据收集的可靠性需求到低延迟传输需求。

最后，在 VR 用例中，UAV BS 还可以提供无线 VR 连接，特别是户外 VR 应用。此外，对于户外 VR 用户，也可以使用 UAV 中继将无法从地面 BS 直接传输的 VR 内容传送给地面 VR 用户。显然，VR 领域将引入大量 UAV 无线通信组网用例。

2.6　在地面网络无线回传中的 UAV

在传统的蜂窝网络中，将无线 BS 连接到核心网络的最常用方法是有线回传。然而，有线连接非常昂贵，而且由于地理局限和限制，可能无法部署[34-36]。为了克服有线回传的缺点，无线回传作为一种可靠和经济的解决方案而被引入。同时，由于障碍物的存在和潜在的无线干扰增加，无线回传可能会变得效率低下。这些因素会影响无线回传的性能，限制其使用[37]。为了应对这一限制，很自然地，UAV 应该可以补充和支持地面无线和有线回传网络。事实上，UAV 可以为地面网络提供成本效益高、可靠和高速的无线回传支持[38]。特别是可以实现 UAV 的最优布局（以回传为目的），以避免堵塞以及建立 LOS 和可靠的通信链路。此外，通过配备毫米波通信能力的 UAV，可以建立高速无线回传连接，以应对拥堵地区的高流量需求。使用 UAV 进行回传的另一个优势是，它们能够形成一个可重构的空中网络，并通过多跳 LOS 链路引入一个稳健的无线回传解决方案。采用灵活的 UAV 无线回传技术，可提高回传连接的容量、覆盖范围和可靠性。此外，可以降低传统有线回传相关的部署和维护费用。为了实现回传功能，UAV 承担 UAV 中继或 UAV BS 的角色。此外，正如我们将在第 7 章中看到的，人们可以利用 HAP 来进一步提供对地面网络以及基于 LAP 的 UAV 网络的回传支持。这一领域的另一个有前景的方向是将 HAP 和卫星网络相结合，以进一步增强回传能力[39]。

2.7　蜂窝连接的 UAV UE

正如我们在第 1 章和前面一些小节中所讨论的，UAV 也可以在蜂窝网络中充当飞行用户（即 UAV UE）。UAV UE 可广泛应用于各种场景，包括监控、包裹/药物配送、运输、物联网、遥感和 VR。一个显而易见的蜂窝连接的 UAV 应用例子是亚马逊的 Prime Air UAV 配送服务[40]。利用 UAV 的灵活性、机动性和三维移动性，可以有效地支持 UAV UE 的多种用例。一般来说，除了前面几节中讨论的几个场景，蜂窝连接的 UAV 的主要应用可以分为三个领域[11]，如图 2.5 所示：（1）基于 UAV 的配送系统（UAV-based Delivery System，UAV-DS）；（2）基于 UAV 的实时多媒体流（UAV-based Real-time Multimedia Streaming，UAV-RMS)网络；（3）支持 UAV 的智能交通系统（UAV-enabled Intelligent Transportation System，UAV-ITS)。

图 2.5 蜂窝连接的 UAV 的应用和用例

基于 UAV UE 的配送系统支持高效、低成本、快速的包裹、货物及其他物品运输。此外，正如前面所讨论的，UAV-DS 在执行关键任务中发挥着积极和重要的作用，比如飞行到从地面难以到达的偏远地区。此外，将飞行的士应用于公共交通是 UAV-DS 的另一个应用，它不是用来运送货物，而是用来运送乘客。同时，在 UAV-RMS 场景中，UAV UE 可以用于高速在线视频流/广播、虚拟现实和移动终端的实时跟踪。最后，UAV UE 可以成为智能交通系统的关键推动者，用于控制交通、报告事故、保障道路安全。此外，UAV-ITS 可以通过减少车辆对车辆通信中的网络拥塞以及持续跟踪车队系统的状态，给车队带来显著的便利。所有这些 UAV UE 的应用都带来了关键的无线组网挑战，我们将在后续章节，特别是第 6～10 章进行详细讨论。

2.8 智慧城市中的 UAV

实现智慧和互联城市所提出的全球愿景，会受到实际技术挑战的极大影响。其中的例子包括将智慧城市中提供的服务与物联网环境以及可靠的蜂窝基础设施（如图 2.6 所示）集成，该基础设施能够从灾难情境中迅速复原并且在不牺牲服务质量的情况下处理大量数据。UAV 辅助无线通信是一个很有前途的能克服这些挑战的解决方案。UAV 可以作为数据聚合器，有效地跨越来自不同地理区域的多个设备来收集数据，并将数据转发到功能强大的云上进行分析。此外，UAV BS 还可用于在紧急或灾难情况下增强无线网络的覆盖。UAV 还可用于感知城市无线电环境地图[41]，以帮助网络运营商优化频谱规划工作。此外，在智慧城市中用作其他商业用途的配送 UAV 可以被视为一种重要的 UAV UE 用例，其中 UAV 可以由地面和飞行 BS 提供服务。除了数据收集能力，UAV 还可以用作移动云计算平台[42-43]，有助于为计算和内存资源有限的设备提供雾计算和数据分流。请注意，在智慧城市环境中运行的 UAV 可能需要暂时放置在指定的建筑物上，用于充电等用途。在这种情况下，按需分配资源来适应 UAV 运营就成了一项挑战。在所有应用类型中，UAV UE 有望应用在智慧城市的空中。实际上，从无线连接和运营的角度来看，UAV 的所有角色都将成为智慧城市不可分割的一部分。

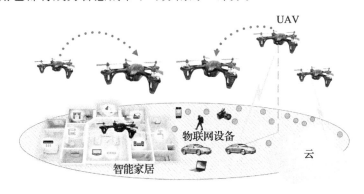

图 2.6　智能城市中的无人机

2.9　本章小结

在本章中，我们深入概述了 UAV 用于无线通信的各类应用。对于 UAV BS，我们介绍了 UAV 在各类应用中的使用，如公共安全、增强覆盖、多天线系统、物联网、缓存和智慧城市。此外，我们还讨论了 UAV UE 在蜂窝连接的 UAV 系统中支持 VR 应用、医疗交付和飞行的士场景等广泛用例的关键作用。在接下来的章节中，鉴于 UAV 在许多应用中的大量使用，我们将分析支持 UAV 的无线网络的设计考量、部署优化、基本限制和实现方面。特别地，第 3 章将专注于 UAV 通信的物理层和信道建模方面，特别是在蜂窝连接的 UAV 系统中。第 4 章将描述用于增强覆盖、物联网和缓存应用的 UAV BS 的部署优化技术。第 5 章将介绍 UAV BS 辅助无线网络的性能和基本权衡。第 6 章将重点讨论 UAV UE 的移动性管理。第 7 章将讨论如何优化 UAV BS 和 UAV UE 的无线资源。第 8 章将介绍在 UAV 系统中实现协同通信和可重构天线阵列的框架。第 9 章将重点讨论在 LTE 和新兴 5G 系统中使用 UAV 的实现方面。最后，第 10 章将介绍基于 UAV UE 的配送系统的安全挑战。

第 3 章

空中信道建模和波形设计

无线电信道在无线通信中起着至关重要的作用，对收发机设计、链路预算、干扰水平和网络管理都有重大影响。在过去几十年中，业界通过广泛的实验测量对无线电信道模型进行了完善，特别是针对由 sub-GHz 到毫米波频段的陆地无线环境。为了部署 UAV 无线通信系统和第 2 章中提及的相关应用，开发适用于 UAV 无线网络的综合信道模型势在必行。与陆地无线电信道相比，空中无线电信道有许多不同的特征。例如，在中等以及以上高度，发射机和接收机之间的 LOS 信道很难被空间传输环境中的其他物体阻挡。此外，由于机体运动遮挡信号造成的机身阴影也是一大特征。

波形设计也是无线通信系统的非常重要的一方面，需要针对 UAV 网络重点研究。波形是无线信号携带信息位的形式，影响其设计的主要因素包括频谱效率、能量效率、抗干扰性和实现复杂度。根据 UAV 的应用（如第 2 章所讨论）的不同，无线通信系统需要相应地选择不同的波形。对于需要高速传输的 UAV 通信系统（例如用于监控或热点覆盖），多载波波形是一个很好的选择，例如具备频谱效率高和数字化实现效果好等特性的正交频分复用（OFDM）。对于需要抗干扰的 UAV 通信系统，可以考虑选择扩频波形，例如具备低功率频谱密度和抗窄带干扰等特性的直接序列扩频（DSSS）。对于对功耗敏感的 UAV 物联网通信系统，可以使用单载波连续相位调制（CPM）波形，其具备恒定包络特性，且在非线性机制下的功放可以达到更高的能量效率。

本章重点介绍空中信道建模和波形设计。3.1 节着重介绍无线电波传播和建模的基本原理。3.2 节概述 UAV 的空中无线信道的显著特征，着重介绍它们与常见的陆地无线信道的区别。在 3.3 节中描述大尺度传播信道效应，包括路径损耗、阴影、LOS 概率、大气效应，以及近似波传播的射线追踪模型。在 3.4 节中，主要关注由于多径信号造成的小尺度传播效应，解释了关键的物理现象，包括时间选择性、频率选择性和空间选择性效应，讨论空中无线信道的关键测量参数与信号包络和能量分布的统计模型。在 3.5 节中，我们通过回顾一些基础背景和广泛使用的无线波形来探讨波形设计，包括 OFDM、DSSS 和 CPM，它们分别被采用在第四代/第五代、第三代和第二代移动通信系统中。由于波形设计是数字通信系统设计中的一个复杂的课题，我们在这里只是略做介绍，目的是通过一些典型案例的阐述来讨论 UAV 无线通信与组网的波形设计的关键因素。3.6 节是本章的小结。

3.1　无线电波传播和建模的基本原理

　　无线电传播是电磁波在环境中传播时的行为。除了 LOS 传播外，无线电波的基本传播现象还包括反射、衍射、折射、散射和吸收。图 3.1 展示了使用 UAV UE 在空地传播场景中无线电波传播的基本现象。下面我们简要描述这些传播现象。

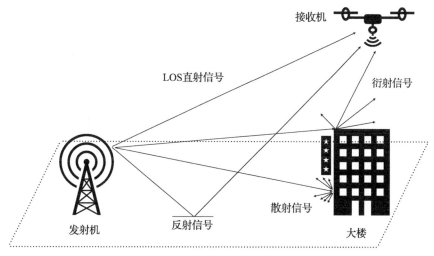

图 3.1　空地传播场景中 UAV UE 的无线电波传播现象

- 反射是指当无线电波入射到一个不同的介质时，无线电波的传播方向发生改变，从而使无线电波反射回第一种介质。反射能量的大小取决于材料特性、入射角度、无线电波频率和无线电波极化。
- 衍射是指无线电波传播在障碍物的边缘发生弯曲，从而绕到障碍物后面进行传播。衍射可以使无线电波能够克服地球的曲率并传播到地平线以外（例如频率低于 300kHz 的地波）。衍射能力取决于障碍物相对于波长的大小。一般而言，当两种无线电波遇到相同的障碍物时，波长较大的无线电波衍射得更强。
- 折射是指无线电波从一种介质传播到另一种介质时，传播方向发生改变。有趣的是，0.3～30MHz 频率范围内的无线电波射入天空时，可以从电离层（大气层中约 60 公里至 500 公里的区域）折射到地平线以外的陆地上，从而进行远程无线电通信。
- 散射是指无线电波从不规则的障碍物表面反射到不同的方向。在小于 6GHz 的无线信道中，散射是一种较弱的无线电波传播现象，但在毫米波频率中，衍射使得无线电波的传播变得有损且不可靠。

- 吸收是指无线电波在遇到障碍物时发生的能量损失现象。无线电波的衰减取决于障碍物的材质和波长。例如，渗透损失对于玻璃材料通常很低，但对于混凝土材料可能很高。低频无线电波可以穿透墙体，在 58~60GHz 频段的毫米波却可以被水和氧气大幅吸收。

无线电波传播的细节可以通过求解带边界条件的麦克斯韦方程组得到，这就需要充分地了解发生无线电波传播的环境中的物理对象的特性。在真实的传播环境中，通常很难得到电磁场的解析解。作为一种近似，射线追踪技术可以用于给定环境下无线电波传播的准确预测。该技术中，射线从源点产生，在环境中传播的每一条射线都可能经历反射、衍射、折射、散射和吸收。射线追踪技术所提供的模型是确定的。根据射线追踪环境和预测精度的要求，需要生成的射线数量会很高，这可能会导致较高的计算复杂度和较长的处理时间。另一个缺点是，该结果仅适用于进行射线追踪的特定场景。我们将在3.3.2 节中更详细地讨论射线追踪。

大尺度传播信道效应包括无线电信号随传播距离的变化而产生的路径损耗，以及由建筑物等大型物体遮挡信号而产生的阴影。小尺度传播信道效应是指在信号波长量级的小尺度空间上发生的多个信号路径的建设性或破坏性的重构。这些信道效应导致无线电信道随着时间、频率和空间变化。为了方便设计和分析具有时变信道的无线通信系统，通常使用基于经验测量的分析统计模型。这些统计模型也更适合用于表示信道的类别。它们被用来表征大尺度和小尺度的传播信道效应。

接下来，我们通过介绍无线信道的数学信道模型来描述信道在时间、频率和空间域的统计特性。考虑单发单收系统，用 $\vec{k}$ 表示参考坐标中从发射天线中发射的平面无线电波相位变化的波数向量。波数向量为 $\vec{k} = \dfrac{2\pi f_c}{c}\vec{u}$，其中 f_c 是无线电波的频率，c 是光速，$\vec{u} = \dfrac{\vec{k}}{\|\vec{k}\|}$ 是单位波数向量。$\vec{r}$ 表示接收天线的原始参考位置。假设接收天线的移动速度是 $\vec{v}$，接收天线在 t 时刻的位置向量为 $\vec{x}(t) = \vec{r} + \vec{v}t$。时变信道脉冲响应为：

$$h(t, \vec{r}) = \mathrm{e}^{-j\langle\vec{k}, \vec{x}(t)\rangle} = \mathrm{e}^{-j\frac{2\pi f_c}{c}\langle\vec{u}, \vec{v}\rangle t}\mathrm{e}^{-j\langle\vec{k}, \vec{r}\rangle} \tag{3.1}$$

式中 $\langle\vec{p}, \vec{q}\rangle$ 表示向量 $\vec{p}$ 和 $\vec{q}$ 的内积。我们可以看到无线电波频率 f_c 的偏移量 Δf 为：

$$\Delta f = \frac{f_c}{c}\langle\vec{u}, \vec{v}\rangle = \frac{v\cos(\varphi)}{c}f_c \tag{3.2}$$

式中 φ 表示单位波数向量 $\vec{u}$ 与速度向量 $\vec{v}$ 的夹角，$v = \|\vec{v}\|$ 是接收天线的移动速度。该无线信道的数学模型如图 3.2 所示。

众所周知，由于观测者相对于波源的运动而引起的波的频率变化就是多普勒频移效应。当观测者靠近或远离波源时，即 $\varphi = 0$ 或 $\varphi = \pi$，频率以最大多普勒频移值 $\Delta f = \dfrac{v}{c} f_c$ 增加或减少。由此可见，多普勒频移与频率和速度有关。

当电磁波在环境中传播时，由于路径损耗和阴影作用，波的强度减弱，到达接收天线时出现时延。时延和一些其他传播现象，如反射、衍射、折射和散射，会导致接收波的相位发生变化。在基带上，这些效应可以用一个复信道增益 $a(t)$ 来表示。相应地，时变信道脉冲响应为：

$$h(t,\ \tau,\ \vec{r}) = a(t)\mathrm{e}^{-j2\pi\Delta ft}\mathrm{e}^{-j\langle\vec{k},\vec{r}\rangle}\delta(\tau - \tau_d) \tag{3.3}$$

式中 $\delta(\tau)$ 表示狄拉克 δ 函数，τ_d 是时延。

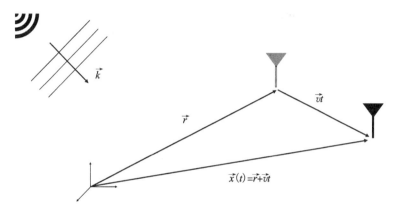

图 3.2　无线信道的数学模型

目前为止，我们假定只有单径无线电波信号到达接收天线。比如，由于散射，接收天线可能会接收到多个经历不同程度衰减、多普勒频移和时延的无线电信号。考虑到多径效应，时变信道脉冲响应可以表示为：

$$h(t,\ \tau,\ \vec{r}) = \sum_{l=0}^{L-1} a_l(t)\mathrm{e}^{-j2\pi\Delta f_l t}\mathrm{e}^{-j\langle\vec{k}_l,\vec{r}\rangle}\delta(\tau - \tau_{d,l}) \tag{3.4}$$

式中用下角标 l 来区分每条路径 l 的信道增益、多普勒频移、波数向量以及时延，L 表示多径的数量。

即使路径距离的改变很小，也能导致接收天线中接收波产生很大的相位变化。特别是路径距离改变大小为波长的四分之一 $\left(\text{即} \dfrac{c}{4f_c}\right)$ 时，会导致路径时延改变大小为 $\dfrac{1}{4f_c}$，相应的相位变化为 $\dfrac{\pi}{2}$。传播环境中物体的微小运动都可能导致每条路径的相位快速变化。假设路径距离以速度 v 改变，相位改变 $\dfrac{\pi}{2}$ 需要的时间为 $\dfrac{c}{4f_c v}$。对于 4G LTE 系统而言，载频是 2GHz，对于速度为 30km/h 的中等速度的无线设备，相位改变 $\dfrac{\pi}{2}$ 需要的时间为 4.5ms。

如果两条无线电波的时延差很小，接收机很难对其进行分辨。假设 W 是信道带宽，$\tau_{d,1}$ 和 $\tau_{d,2}$ 分别是无线电波 1 和 2 的时延，假设接收信号以奈奎斯特采样率 W 进行采样，无线电波 1 和 2 的时延差远小于采样间隔时，即 $|\tau_{d,1} - \tau_{d,2}| \ll \frac{1}{W}$，接收机无法对其分辨。对于无法分辨的路径，它们会耦合在一起以同一抽头出现在接收机上。因此，应该认为式(3.4)中每一项为组成多条路径的多径组件(即抽头)，而不是单独的一条路径。同一抽头的不同路径可能具有不同的复信道增益和不同的多普勒频移。因此，位于同一抽头内的多条路径的组合信号，其抽头的大小可能在短时间内发生显著变化。

多条路径的耦合导致接收信号强度的快速变化。这种现象被称为衰落。对于窄带信道，接收机无法在一个精细的尺度上分辨信号路径，因此抽头很少。在这种情况下，每个抽头都可能是多条路径的和。由于多径信号的耦合，接收信号更容易在强度上发生快速变化。相比之下，对于宽带信道，接收机可以在一个精细的尺度上分辨信号路径。如果在宽带信道中有更多的抽头，则每个抽头可以由更少的路径组成，因此抽头的振幅变化速度没有在相应的窄带信道中那样快。

衰落发生在精细的时间尺度上。由于发射机、接收机或传播环境中的散射体的运动，散射体会随着时间的推移而改变，从而产生多条路径。因此，信道抽头的情况(传播时延、多普勒频移和有效抽头的数量)可能会随着时间而改变。比式(3.4)更广义的信道模型需要考虑时变时延 $\tau_l(t)$、时变多普勒频移 $\Delta f_l(t)$，以及时变有效抽头数量 $L(t)$。然而，这些多径信号组合的变化通常发生在更大的时间尺度上，因此在式(3.4)中，假设它们在一段时间区间内不会发生变化。

3.2　空中无线信道的特征

上一节中所描述的无线电波传播和建模的基本原理不仅适用于地面无线信道，也适用于 UAV 网络(在其所有用例中)的空中无线信道。与地面无线信道相比，空中无线信道具有许多不同的特征。本节概述了空中无线信道的显著特征。在后面的章节中，我们将深入研究空中无线信道的不同特征对信道建模的影响。

首先，我们如下定义空对地(AG)信道、空对空(AA)信道和地对地(GG)信道。

- AG 信道是空中发射机和地面接收机之间的无线信道。
- AA 信道是空中发射机和空中接收机之间的无线信道。
- GG 信道是地面发射机和地面接收机之间的无线信道。

高度依赖性。无线信道的特征很大程度上取决于发射机和接收机所处的高度。由第 1 章和图 1.1 可知，UAV 的大小、形状和重量各不相同，飞行速度和高度也不同。UAV 可以在不同的阶段飞行在不同的高度。以 UAV 与地面站(GS)之间无线信道的路径损耗为例，当 UAV 在地面站天线高度以下飞行时，传播环境可能与地面无线信道相似，现有的地面无线信道模型在很大程度上可以适用。当 UAV 在地面站天线高度以上飞行时，由于空中通常没有物体，传播环境接近自由空间。在这种情况下，路径损耗可以用自由空间路径损耗或双径模型来表征。对于中等高度而言，可能需要重新测量来建立相应的路径损耗模型。由于高度依赖性，需要在飞行的不同阶段使用不同的空中无线信道模型或参数。参考文献[44]中将飞行分为三个主要阶段(停放与滑行、起飞与着陆、飞行途中)，并提出了一类空中宽带信道模型。同样地，参考文献[45]中描述了在 5GHz 频段的飞行阶段的信道特性(包括停放与滑行、起飞与着陆)，即飞机在机场附近时的信道模型。根据高度的信道模型也被 3G 合作项目(3GPP)用于 UAV 通信性能评估[21]。

机身阴影。空中无线信道的一个明显特征是机身阴影，通常是指飞机机身在发射机和接收机之间阻挡 LOS 路径(通常称为"镜面反射路径")。例如，当固定翼 UAV 正在进行倾斜转弯以改变航向时，UAV 机体可能会阻挡 LOS 路径。机身阴影的特性取决于飞机的结构、材料和飞行特性。小型 UAV 在飞行过程中的俯仰、横摇和偏航率的变化可能与大型固定翼 UAV 有很大的不同，导致机身阴影特征也不同。机身阴影可能会造成严重的信道阻碍。参考文献[46]的作者发现在倾斜转弯阶段机身阴影在 5.7GHz 频段可造成高达 28dB 的损失。参考文献[47]中报告了在 5GHz 频段内机身阴影损失平均为 15.5dB，机身阴影事件的持续时间平均为 35.2s。如果没有适当的措施，机身阴影可能会导致链路中断，从而使 UAV 通信中断。

高概率的 LOS 传播。与地面无线信道相比，由于空中没有其他物体，空中无线信道具有更高的 LOS 传播概率，如表 1.2 所示。尤其是对 AA 信道而言，发射机和接收机都在空中。对于 AG 信道，LOS 传播概率一般随天线在空中的高度增加而增加，如参考文献[48]所示。高概率的 LOS 传播通常有利于无线通信，因为它使得接收信号的强度更强。然而，在没有相应的干扰管理方案的情况下，高概率的 LOS 传播也可能导致更强的同信道干扰[49](在第 6 章中将从路径规划的角度讨论这个话题)。

多径分量。对于空中无线信道，由于地面物体表面的不规则的反射和散射，可能会存在多径。对于一架大型 UAV，其机体表面散射也可能导致多径。然而，由于天空中没有其他物体，无线电波在传播时很少受到散射。因此，对于空中无线信道而言，多径的数量往往较少，而且通常会随着天线在空中的高度增加而减少。当 LOS 路径存在时，LOS 路径上的能量与非 LOS(NLOS)路径上的能量之比为 K 因子，通常空中无线信道相对于地面无线信道而言具有更大的 K 因子。随着 K 因子的增大，信道更具确定性。参考文献[50]中报告了在郊区环境中，K 因子在 1GHz 频段的平均值为 14dB，在 5GHz 频段的平均值为 28.5dB。存在地面反射的情况下，反射路径可能会导致信号变化，这种情况可以用双径模型来描述。参考文献[51]中观察到这一点，基于 5GHz 频段的测量，它发现空中无线信道可以用 LOS 路径和地球表面反射和散射路径来建模。

天线配置。天线配置对无线信道建模有重大影响。例如，如果 UAV 在地面站下倾天线的旁瓣中，地球表面反射或散射路径会变得很强，因为它们被地面站天线的主瓣放大，而 LOS 路径被旁瓣放大[48]。这种情况下，在空中无线信道模型中正确地模拟地面反射或散射路径是很重要的。UAV 的天线类型（全向或定向）、位置（安装在 UAV 机身的底部或顶部）、方向以及极化等特性对空中无线信道建模都有影响[52]。

在本节中，我们概述了空中无线信道的一些显著特征，重点介绍其与我们熟知和广泛研究的地面无线信道的不同之处。空中无线信道还有其他重要的特征，如频率依赖性和多普勒效应。频率依赖性对于地面无线信道和空中无线信道都是常见的现象。例如，对流层的衰减在小于 6GHz 的频段中通常可以忽略，但在毫米波频段中就有很严重的影响。传播环境中发射机、接收机或周围物体的运动，会引起多普勒效应，即多普勒扩展和多普勒频移。对于空中无线信道，多普勒效应也表现出对高度的依赖性。当 UAV 接近地面时，可能会发生大的多普勒扩展。在高海拔处，多普勒扩展可能变小，并集中在由 UAV 运动引起的多普勒频移周围。其他一些 UAV 特定的电子和机械特性也可能对空中无线信道产生影响。更多细节可以见参考文献[52-53]及其他参考文献。

3.3　大尺度传播信道效应

大尺度传播信道效应主要包括无线电信号与传播距离相关的路径损耗、建筑物等大型物体对信号路径的遮挡造成的阴影。传播损耗通常表示为与距离有关的路径损耗和阴影损耗的总和。3.3.1～3.3.4 节中将介绍几种常用的空中无线信道路径损耗模型，在 3.3.5 节中讨论阴影效应，包括经典的对数-正态分布阴影、模型和空中无线信道中独有的机身阴影。除了路径损耗和阴影外，本节还描述了射线追踪模型、LOS 概率模型以及大气和天气效应。

3.3.1　自由空间路径损耗

自由空间路径损耗是描述无线信道路径损耗的基础。这是一个特别有用的模型，空中无线信道的特点是高概率的 LOS 传播。在不存在地面反射的高海拔地区，电磁波在 AA 信道中的传播接近于自由空间传播[54]。同样地，对于发射机或接收机在高空的 AG 信道，自由空间传播（可能需要经过一些修正）是描述在 LOS 存在时的 AG 信道路径损耗的一个相当准确的近似，这一点已被许多测量结果证实[51,55-58]。

描述自由空间电磁波传播的模型可以追溯到 Harold T. Friis 所做的工作[59]。假设 $u(t)$ 是发射机的复基带信号。对应的通带信号为 $s(t) = \Re(u(t)e^{j2\pi f_c t})$，其中 f_c 是载频，为了简便起见，我们假设初始相位为 0。对于与发射机距离为 d 的接收机而言，信号经历缩放因子 $\dfrac{\sqrt{G_t G_r} \lambda}{4\pi d}$ 的缩放和传播时延 $\dfrac{d}{c}$ 后，其中 λ 为载波波长，G_t 和 G_r 分别是发射和接收天线在 LOS 方向的天线场辐射模式，c 是光速，接收信号如下所示：

$$r(t) = \Re\left(\frac{\lambda\sqrt{G_t G_r}}{4\pi d} u\left(t - \frac{d}{c}\right) e^{j2\pi f_c\left(t - \frac{d}{c}\right)}\right) \tag{3.5}$$

$$= \Re\left(\frac{\lambda\sqrt{G_t G_r}}{4\pi d} e^{-j2\pi\frac{d}{\lambda}} u\left(t - \frac{d}{c}\right) e^{j2\pi f_c t}\right) \tag{3.6}$$

以 W(瓦特)为单位的接收功率 P_r 如下所示

$$P_r = P_t G_t G_r \left(\frac{\lambda}{4\pi d}\right)^2 \tag{3.7}$$

其中 P_t 表示发射功率。自由空间传播可以直观地理解为有效各向同性辐射功率(EIRP),它是发射功率与发射天线增益的乘积,即 $P_t G_t$。接收机的功率通量密度(W/m^2)等于 EIRP 除以半径为 d 的球体的表面积,即 $\frac{P_t G_t}{4\pi d^2}$。接收功率 P_r 是功率通量密度和有效天线面积的乘积。接收天线的增益与天线的有效面积和工作载波波长有关[59],如下所示:

$$G_r = \frac{4\pi}{\lambda^2} A_e \tag{3.8}$$

式中 A_e 表示有效天线面积,功率通量密度 $\frac{P_t G_t}{4\pi d^2}$ 与有效天线面积 $A_e = G_r \frac{\lambda^2}{4\pi}$ 相乘可得式(3.7)。

自由空间路径损耗 PL 定义为 $\frac{P_t}{P_r}$,由式(3.7)得到:

$$\text{PL} = \frac{1}{G_t G_r}\left(\frac{4\pi d}{\lambda}\right)^2 \tag{3.9}$$

可以看到,自由空间路径损耗正比于发射天线和接收天线之间距离的平方。随着距离的增加,接收到的能量会减少。此外,自由空间路径损耗与信号波长的平方成反比。1GHz 频段的自由空间路径损耗与 60GHz 毫米波频段的自由空间路径损耗相比,后者的自由空间路径损耗比前者高出 35dB 以上。这个简单的示例表明,与低于 6GHz 的频率相比,UAV 通信中若使用毫米波频率需要克服这一额外的路径损耗。

由于毫米波频率的天线外形很小,可以在发射机或接收机上使用更多的定向天线。自适应阵列可用于毫米波频率的 UAV 通信中。由自适应阵列形成的窄波束可以提供较高的天线增益,以减少毫米波波段的路径损耗。然而,阵列处理会给 UAV 带来计算量,其可行性取决于 UAV 的类型。

3.3.2 射线追踪

双径模型

在空中无线信道中,除了直射路径外,发射机和接收机之间还可能存在其他路径,特别是当 UAV 在较低高度飞行时。在这种情况下,仅仅使用自由空间路径损耗是不准确的。双径模型同时考虑了发射机和接收机之间的直射路径和地面反射路径，这对于空中无线信道建模来说是一个非常有用的模型。参考文献[51]中观察到，空中无线信道可以用基于 5GHz 频段测量的 LOS 路径和散射分量中的地表反射来建模。参考文献[50，61，62]中进行的一系列测量表明，传播路径的损耗在几个代表性地区(水面、丘陵和山区、郊区和近城市环境)大多遵循修正的双径模型。参考文献[63]中的另一项测量研究表明，在 5.7GHz 频段的海面上，大约 86％的测量信道可以用双径模型表示。

考虑平面地球双径模型，当发射机和接收机之间的最大距离不超过几十公里时，地面平坦度的假设是有效的。当收发机的距离更大时，可能需要考虑地球曲率，我们向感兴趣的读者推荐参考文献[61，64]中的一个曲面地球双径模型。

平面地球双径模型如图 3.3 所示。LOS 路径和地面反射路径的传播距离分别用 d_0 和 d_1 表示。接收到的信号是沿 LOS 路径的信号和沿地面反射路径的信号的叠加。类似于自由空间中的路径损耗模型，双径模型中的接收信号 $r_{2\text{ray}}(t)$ 可以表示为：

$$r_{2\text{ray}}(t) = \Re\left(\frac{\lambda}{4\pi}(r_{b,0}(t) + r_{b.1}(t))e^{j2\pi f_c t}\right) \tag{3.10}$$

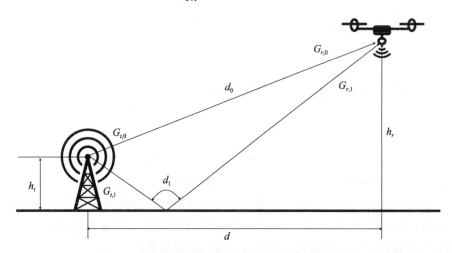

图 3.3　空地传播场景中的一种平面地球双径模型

其中，

$$r_{b,0}(t) = \frac{\sqrt{G_{t,0}G_{r,0}}}{d_0}e^{-j2\pi\frac{d_0}{\lambda}}u\left(t - \frac{d_0}{c}\right) \tag{3.11}$$

$$r_{b,1}(t) = \frac{\Gamma\sqrt{G_{t,1}G_{r,1}}}{d_1}e^{-j2\pi\frac{d_1}{\lambda}}u\left(t - \frac{d_1}{c}\right) \tag{3.12}$$

其中 $G_{t,0}$ 和 $G_{r,0}$ 分别是发射和接收天线在 LOS 径方向的天线场辐射模式，$G_{t,1}$ 和 $G_{r,1}$ 分别是发射和接收天线在地面反射路径方向的天线场辐射模式，Γ 是地面反射系数。

h_t 和 h_r 分别代表发射机和接收机的天线高度，LOS 路径和地面反射路径之间的传播

距离差 Δd 为

$$\Delta d = d_1 - d_0 = \sqrt{(h_t + h_r)^2 + d^2} - \sqrt{(h_t - h_r)^2 + d^2} \tag{3.13}$$

式中 d 表示发射机和接收机之间的水平距离。

- 当 d 远大于 $h_t + h_r$ 时，我们可以使用泰勒级数近似获得 Δd：

$$\Delta d = d_1 - d_0 \approx \frac{2h_t h_r}{d}, \quad d \gg h_t + h_r \tag{3.14}$$

相应地，两个接收信号分量的相位差 $\Delta \phi$ 为：

$$\Delta \phi = 2\pi \frac{\Delta d}{\lambda} \approx \frac{4\pi h_t h_r}{\lambda d} \tag{3.15}$$

- 当时延扩展 $\frac{\Delta d}{c}$ 远小于奈奎斯特采样间隔 $\frac{1}{W}$ 时，其中 W 是信号带宽，LOS 路径和地面反射路径是无法分辨的，并且在接收机的同一抽头系数中，在这种情况下，

$$u\left(t - \frac{d_0}{c}\right) \approx u\left(t - \frac{d_1}{c}\right) \tag{3.16}$$

换句话说，传输是窄带的。

- 当 d 很大时，以下近似值成立：

$$d_0 \approx d_1 \approx d \tag{3.17}$$

$$G_{t,0} \approx G_{t,1}, \quad G_{r,1} \approx G_{r,1} \tag{3.18}$$

地面的反射系数 $\Gamma \approx -1$[60]。

当 d 很大时，接收信号的能量近似表示为：

$$P_r \approx P_t \left(\frac{\lambda}{4\pi}\right)^2 \left\| \frac{\sqrt{G_{t,0} G_{r,0}}}{d_0} + \frac{\Gamma \sqrt{G_{t,1} G_{r,1}}}{d_1} e^{-j\Delta\phi} \right\|^2 \tag{3.19}$$

$$\approx P_t \left(\frac{\lambda}{4\pi}\right)^2 \frac{G_t G_r}{d^2} \left(\frac{4\pi h_t h_r}{\lambda d}\right)^2 \tag{3.20}$$

$$= P_t G_t G_r h_t^2 h_r^2 d^{-4} \tag{3.21}$$

其中，在第一行中使用了式（3.16）中的窄带近似，在第二行中使用了式（3.15）、式（3.17）和式（3.18）中的近似，而且 $\Gamma \approx -1$。注意，从第二行开始我们开始用 G_t 近似表示 $G_{t,0}$ 和 $G_{t,1}$，G_r 近似表示 $G_{r,0}$ 和 $G_{r,1}$。

双径模型路径损耗 $\mathrm{PL}_{2\mathrm{ray}}$ 定义为 $\frac{P_t}{P_r}$，由式（3.21）得到：

$$\mathrm{PL}_{2\mathrm{ray}} \approx \frac{d^4}{G_t G_r h_t^2 h_r^2} \tag{3.22}$$

由式（3.22）可以看出，当 d 值较大时，双径路径损耗随着距离的增大而增大到距离的四次方。相比之下，自由空间路径损耗只随着距离的增大而增大到距离的平方。在 d 较大的情况下，我们还可以从式（3.22）中观察到，双径路径损耗与载频无关。

对于平面地球双径模型，理解隐含在近似路径损耗（式（3.22））背后的一系列假设是很重要的。经验而言，如果两个接收信号分量的相位差 $\Delta\phi \approx \frac{4\pi h_t h_r}{\lambda d} < 0.6^{[65]}$，也意味着 $d > \frac{20\pi h_t h_r}{3\lambda}$，则这种近似是有效的。考虑在城市的宏站场景下，地面站的传输频段在 700MHz，高度为 25m，UAV 接收机在空中的高度为 h_r。把这些值代入 $d > \frac{20\pi h_t h_r}{3\lambda}$，可得 $d > 1222 h_r$。对于高度在 82m 以上的 UAV 而言，地面站和 UAV 之间的水平距离必须超过 100 公里，这样在式（3.22）中的路径损耗才能成立。但是如此大的收发机水平距离会破坏平面地球双径模型中最基本的平坦度的假设。

在发射机和接收机之间的水平距离 d 与 h_t 和 h_r 相比还不够大的情况下，参考文献 [64] 给出了双径模型损耗更精确的表征。

$$\text{PL}_{2\text{ray}} \approx \frac{1}{4G_t G_r} \left(\frac{4\pi d}{\lambda} \right)^2 \sin^{-2} \left(\frac{2\pi h_t h_r}{\lambda d} \right) \tag{3.23}$$

注意，当 d 远远大于 h_t 和 h_r 时，式（3.23）可以简化为式（3.22）。由式（3.23）可以看出，双径模型损耗的极大值和极小值交替存在。

- 当 $\frac{h_t h_r}{\lambda d} = \frac{n}{2}$，其中 $n = 1$, 2, $\cdots$ 时，$\text{PL}_{2\text{ray}}$ 趋近于无限大。在这种情况下，两个接收信号分量相位不一致，完全相互抵消，导致接收信号功率为零。

- 当 $\frac{h_t h_r}{\lambda d} = \frac{2n+1}{4}$，其中 $n = 0$, 1, $\cdots$ 时，$\text{PL}_{2\text{ray}} \approx \frac{4\pi^2 d^2}{\lambda^2 G_t G_r}$。在这种情况下，两个接收信号分量处于同一相位并构成正向相加，从而得到最大的接收信号功率。

我们还可以看到，$\frac{h_t h_r}{d}$ 经过 $\frac{\lambda}{4}$ 的改变后路径损耗从最大变为最小。将需要增加的距离定义为 $\Delta > 0$，得到以下公式：

$$\frac{h_t h_r}{d} - \frac{h_t h_r}{d + \Delta} = \frac{\lambda}{4} \tag{3.24}$$

简单的代数处理后可以得到：

$$\Delta = \frac{\lambda d^2}{4 h_t h_r - \lambda d} \tag{3.25}$$

注意，当 $d < \frac{4 h_t h_r}{\lambda}$ 时，式（3.25）才是有效的，因为当 $d \geqslant \frac{4 h_t h_r}{\lambda}$ 时 Δ 是负数，与假设 $\Delta > 0$ 相矛盾。这一结果导致了一个有趣的观察结果：极大值和极小值交替出现的双径模型路径损耗模式取决于临界距离 $\frac{4 h_t h_r}{\lambda}$。在临界距离处，达到了双径路径损耗的最后一个最小值，之后，路径损耗随着距离的四次方急剧增加。

在垂直区域中，我们不失一般性地固定 h_t，考虑路径损耗从最大值过渡到最小值所需的 h_r 变化，很容易看出所需的高度变化等于 $\frac{\lambda}{4h_t}$。与水平区域不同，这里不存在临界高度值。换句话说，对于以双径模型建模的空中无线信道，UAV 垂直移动时接收信号功率经历一系列的极大值和极小值。相比之下，当 UAV 水平移动时，接收到的信号功率仅在临界距离内经历一系列的极大值和极小值。

具有极大值和极小值交替的双径路径损耗是多径衰落的一个例子，也称为小尺度衰落。我们将在 3.4 节中详细探讨小尺度衰落。

一般射线追踪

自由空间模型和双径模型是最简化的电磁传播模型。一般射线追踪可用于估计无线信道特性，如路径损耗、到达角（AoA）、出发角（AoD）和抽头时延[66-67]。根据几何光学和衍射理论，一般射线追踪是求解高频区域麦克斯韦方程组的一种数值方法。

射线追踪的基本概念是射线概念，我们在前面讨论自由空间和双径模型时使用过，但没有明确的定义。对于无线电传播建模，可以假设射线在均匀介质或包含能量和能量传播的通路中沿直线传播，射线的传播遵循反射、折射和衍射定律[68]。我们可以把源点发出的射线分为四种类型：直射射线、反射射线、衍射射线和散射射线。然而，这种分类并不是互斥的，一条射线可能会经历反射、衍射和散射的组合。

直射射线是从源点直接到场点的射线，例如自由空间路径损耗模型中所考虑的射线。反射射线在到达场点之前要经历一次或多次反射。反射射线的传播方向遵循反射定律。反射场可以由菲涅耳方程确定。决定反射机理的主要因素包括频率、入射角度、反射面电导率和入射波的极化。在双径路径损耗模型中，我们已经考虑了一个反射射线的例子。

衍射是射线在障碍物的拐角发生弯曲绕射。与反射射线相比，衍射射线更难描述。入射射线可以产生连续的衍射射线。衍射系数的计算比较复杂，不同的公式会导致不同的结果。衍射可以用衍射的几何理论[69]或改进的均匀衍射理论[70]等来表征。将衍射物体视为一个楔形而非一个更一般的形状，楔形衍射可以被用来进一步简化衍射表征[71-72]。这些方法更适合于计算机模拟，而不是系统性能的分析研究。

散射是光线从物体表面不规则地反射到不同的反射方向。散射射线的路径损耗与入射段长度和反射段到达场点长度的乘积成正比，这是由于散射后的扩散损耗造成的。例如，散射导致自由空间路径损耗与距离的四次方成正比。虽然散射是一种较弱的传播现象，但也不能忽略[73]，特别是在毫米波频率中[74]。对于来自建筑物的散射，散射的射线可以分为镜面反射分量和非镜面反射分量[75]，并使用有效粗糙度的概念来建模[76]。

确定从源点到场点的射线是射线追踪的关键。基本的射线追踪方法可能包括三个步骤：射线发射、射线追踪和射线接收[77]。在射线发射中，会产生大量射线并尽可能均匀地从源点发出。在射线追踪中，从源点追踪一条射线，并确定它是否与传播环境中的任何物体相交。这通常是计算量最大的一步。如果射线的功率下降到某一阈值以下，或者它经历了一定次数的反射、衍射和/或散射,那么它就会在追踪过程中终止。在射线接收中,如果射线照亮接收场点,则认为一条射线到达了场点,然后计算各自的场。我们通过参考文献[68,78]来获得更深入的射线追踪方法概述。

射线追踪是一种流行的确定性无线电信道建模方法,在特定环境中再现电磁波。它的主要优点是高准确率[79],并能在测量不足或难以测量的情况下对无线信道进行评估。它的主要缺点是它只适用于所调查的特定环境。它的计算量很大,但有一些方法可以实现更好的计算效率[68]。

射线追踪作为一种有效的传播建模方法,已被应用于空中无线信道建模中。参考文献[55]中利用射线追踪模拟来研究路径损耗和阴影模型。参考文献[80]中射线追踪模拟被用来验证在城市环境中 AG 无线电传播所提出的理论 LOS 模型。为了更好地理解低空海洋 UAV 通信的无线信道,参考文献[81]中开发了一个模拟器来生成一个随机海面并收集仿真结果,在固定发射机和接收机位置的前提下,描述了作为频率和可观察到海面高度的函数的海洋无线信道。参考文献[82]中还进行了一项射线追踪工作,用于海面上的海洋无线信道建模。

为了验证实验结果,参考文献[83]对城市地形进行了射线追踪分析。在参考文献[57]中提出了一种基于城市环境特性的 AG 路径损耗的统计传播模型,并通过射线追踪模拟验证了该模型的有效性。这项工作[84]还使用射线追踪模拟来研究毫米波频率(28GHz和60GHz)的 AG 信道。

综上所述,射线追踪具有良好的物理基础,是一种强大的传播建模方法。将射线追踪方法用于空中无线信道建模,并结合经验和分析的方法,会在 UAV 无线通信系统和组网的空中无线信道建模中发挥越来越重要的作用。

3.3.3 对数距离路径损耗模型

无线电传播的大尺度信道效应的本质是路径损耗随距离呈指数增长。路径损耗随距离增加的速率称为路径损耗指数。例如,自由空间路径损耗指数为2,双径路径损耗指数为4(距离较大时)。对数距离路径损耗模型是对自由空间路径损耗模型和双径路径损耗模型的推广,它将路径损耗指数作为模型的参数,并根据传播环境来确定。对数距离路径损耗模型在真实的传播环境中依然是非常简化的,但它抓住了无线电传播的大尺度信道效应的本质。因此,它被广泛应用于各种无线通信系统的设计中,不仅应用于地面无线通信系统,也应用于 UAV 无线通信系统。

基本对数距离路径损耗

基本对数距离路径损耗的公式可以表示为:

$$PL = K \left(\frac{d}{d_0}\right)^{\alpha} \tag{3.26}$$

其中,K 为无单位缩放因子,d_0 为天线远场的参考距离。路径损耗在 dB 尺度下表示为:

$$PL(dB) = K(dB) + 10\alpha \log_{10}\left(\frac{d}{d_0}\right) \tag{3.27}$$

参考距离 d_0 是在靠近发射机的测量中确定的。由于天线近场效应的影响，该模型一般只适用于 $d > d_0$ 的远场。K 值可以通过在距离 d_0 处的实地测量来确定。路径损耗指数 α 依赖于传播环境。通常 α 通过最小化模型与经验测量值之间的均方误差来确定。地面无线电环境的典型辐射值范围从 2 到 6[65]。参考文献[85]中也提出将 α 建模为高斯随机变量，然而这种方法并不常见。

对于空中无线电环境，已经进行了一些测量并获得相应的路径损耗指数。表 3.1 列出了文献中的针对不同环境的 α 值。由表 3.1 可以看出，现有的测量主要关注的是 LOS 传播条件，而对于 NLOS 传播条件的测量结果比较少。原因可能有两方面：（1）LOS 传播条件在许多现有 UAV 应用中很常见；（2）在 NLOS 场景中进行空中无线信道测量可能更具挑战性，特别是在城市低空环境中。

从表 3.1 可以进一步看出，空中无线信道的路径损耗指数往往小于地面无线信道，这与我们的直观想象一致。表 3.1 中的大多数路径损耗指数值在 1.5 到 3.0 之间，这是测量中几乎普遍存在 LOS 传播的结果。有趣的是，在测量中观察到一些罕见的小路径损耗指数（小于 1.5），特别是在海面上。参考文献[63]中描述了一个测量场景中的路径损耗指数值为 0.14，并指出这是由于海面上的蒸发波导造成了无线电波传播的增强。

表 3.1　不同空中传播环境下的路径损耗指数

参考文献	场景	UAV 类型	LOS/NLOS	高度①(m)：(地面站，飞行器)	频段(GHz)	路径损耗指数
[61]	水上	S-3B 维京航空	LOS, NLOS	(4.9～235，762～808) AMSL	0.996～0.977　5.030～5.091	1.9(淡水)；1.9(海水)　1.9(淡水)；1.5(海水)
[63]	海上	里尔 35-A	LOS, NLOS	(2.1～7.65，370～1830) AMSL	5.7	0.14～2.46
[62]	山区	S-3B 维京航空	LOS, NLOS	(346.6～2760.6，1089～4029) AMSL	0.968	1.3～1.8
[86]	农村	商用 UAV	LOS	(—，15～120) AGL	5.060　0.8	1.0～1.8　2.0～2.9
[87]	开阔地、郊区	四旋翼直升机	LOS	(0.07～1.5，4～16) AGL	3.1～5.3	2.54～3.04
[50]	郊区、近城市	S-3B 维京航空	LOS, NLOS	171～776，762～1745) AMSL	0.968　5.060	1.7　1.5～2.0
[88]	复杂环境	—	LOS, NLOS	(—，457～975) AMSL	2	4.1
[89]	开阔地	四旋翼直升机	LOS	(3，20～110) AGL	5.2	2.01
[45]	机场附近	比奇 B99	LOS	(2，最大 914) AGL	5.8	2.0～2.25
[90]	私人机场	高级传呼机	LOS	最大(4.3，46) AGL	5	1.80
[91]	私人机场	自主设计	LOS	(—，最大 125) AGL	2.4	1.92(AA)；2.13(AG)
[92]	—	ARE UAV	LOS	(2.4，200) AGL	2.4	2.34

①AMSL：平均海平面以上。AGL 地面以上

修正对数距离路径损耗

除了式(3.27)所给出的基本形式之外,对数距离路径损耗模型还有其他的修正形式。与基本形式(式(3.27))极为相似的一种形式是浮动截距模型:

$$PL(dB) = 10\alpha \log_{10}(d) + \beta \tag{3.28}$$

与式(3.27)相比,浮动截距模型忽略了参考距离 d_0 和参考距离 d_0 处的路径损耗值 K。相反,浮动截距模型依赖于两个参数: α 和 β,其中,斜率 α 表示路径损耗参量, β 表示截距。通常,通过最小化模型和经验测量值之间的均方误差共同确定 α 和 β 的值。

在参考文献[86]中,浮动截距模型被用于在蜂窝网络中的 UAV 无线电通信信道建模。考虑到空中无线信道对 UAV 高度的依赖,参考文献[86]的作者将浮动截距模型扩展为高度依赖 α 和 β 的形式:

$$PL(dB) = 10\alpha(h_u)\log_{10}(d) + \beta(h_u) \tag{3.29}$$

式中 $h_u \in [1.5, 200]$ m 表示 UAV 的高度, $\alpha(h_u)$ 和 $\beta(h_u)$ 由下式可得。

$$\alpha(h_u) = \max(3.9 - 0.9\log_{10}(h_u), 2) \tag{3.30}$$

$$\beta(h_u) = -8.5 + 20.5\log_{10}(\min(h_u, h_{FSPL})) \tag{3.31}$$

式中 h_{FSPL} 是假设的自由空间传播的高度。

另一类修正的对数距离路径损耗模型阐明了基本形式(式(3.27))中因子 K 对天线特性、某些传播环境因子和频率的依赖性。参考文献[87]中给出了以下改进的对数距离路径损耗模型:

$$PL(dB) = PL_0(dB) + 10\alpha \log_{10}\left(\frac{d}{d_0}\right) - 10\log_{10}\left(\frac{\Delta h}{h_{opt}}\right) + $$
$$C_p + 10\log_{10}\left(1 + \frac{\Delta f}{f_c}\right) \tag{3.32}$$

式中 PL_0 是在参考距离 d_0 的路径损耗, $\Delta h = |h_{gnd} - h_{opt}|$, h_{gnd} 是 UAV 的高度, h_{opt} 是给定的环境中最低的 UAV 路径损耗对应的高度, C_p 是一个关于捕获方向和 UAV 天线辐射方向误差造成的损耗常数, f_c 是载频, Δf 是多普勒频移。

3.3.4　经验路径损耗模型

在空中无线信道中,尤其是当 UAV 低空飞行时,附近地面的杂波,如建筑物和树木造成的复杂反射、衍射和障碍物引起的散射很难被自由空间路径损耗模型、双径路径损耗模型和对数距离路径损耗模型准确建模。文献中提出了许多经验路径损耗模型来预测空中无线信道的路径损耗。对于给定路径损耗模型的经验测量通常是在给定频率和距离范围的特定传播环境下进行的。这些模型可能会在被测量的环境之外找到应用,但是在将经验模型应用到一般情况时需要对环境进行验证。在本节中,我们介绍了几个空中信道建模中的经验路径损耗模型。

多斜率对数距离路径损耗模型

多斜率对数距离路径损耗模型是对单斜率对数距离路径损耗模型的扩展。它本质上是经验测量值的分段线性近似。模型可以指定 $N-1$ 个断点($d_1, \cdots, d_{N-1}$),每段都对应不同的斜率。多斜率对数距离路径损耗模型已被用于地面无线信道路径损耗的建模(见参考文献[93])。

多斜率对数距离路径损耗模型的一种特殊情况是只有一个断点的双斜率模型:

$$
\mathrm{PL(dB)} = \begin{cases} K\,(\mathrm{dB}) + 10\alpha_1 \log_{10}\left(\dfrac{d}{d_0}\right) & \text{如果 } d_0 \leqslant d \leqslant d_1 \\ K\,(\mathrm{dB}) + 10\alpha_1 \log_{10}\left(\dfrac{d_1}{d_0}\right) + 10\alpha_2 \log_{10}\left(\dfrac{d}{d_0}\right) & \text{如果 } d > d_1 \end{cases} \tag{3.33}
$$

在该双斜率模型中,路径损耗随着距离的增大而以 α_1 为斜率呈指数级增长,达到断点距离 d_1,之后路径损耗随着距离的增大而以 α_2 为斜率呈指数级增长,达到断点距离 d_2。

在空中无线信道建模中,双斜率模型被用于 L 波段 960~977MHz 和 C 波段 5.030~5.091GHz 的基于经验测量的水上路径损耗建模[61]。参考文献[94]中也使用双斜率模型来拟合在 5.76GHz 频段的郊区场景中收集的经验测量数据。

参考文献[48]中收集了在载频为 1.8GHz 的直升机测量的路径损耗测量数据。结果如图 3.4 所示。测量中地面站高度约为 50m,周围物体(树木、建筑物等)高度约为 25m,UE 高度离地约为 50m。从测量数据中我们可以看出断点的存在:在 10km 左右的断点距离处,路径损耗以接近 2 的速度呈指数增长,之后,路径损耗以更快的速度随着距离呈指数增长。图 3.4 表示了用于地面 UE 的 3GPP 农村宏站的 LOS 和 NLOS 路径损耗模型以及自由空间路径损耗基准。如图 3.4 所示,3GPP 用于地面 UE 的农村宏站的 LOS 和 NLOS 路径损耗模型对于 UAV UE 可能不够准确,因此,3GPP 在 Release 15 中开发了用于 UAV UE 的新的空中信道模型[21]。

依赖高度的双径模型

在一系列简化假设下,得到式(3.22)和式(3.23)中的双径路径损耗表达式。如果仅考虑窄带传输,则双径路径损耗为:

$$
\mathrm{PL(dB)} = -20\log_{10}\left(\frac{\lambda}{4\pi}\right) - 10\log_{10}\left|\frac{\sqrt{G_0}}{d_0} + \frac{\Gamma\sqrt{G_1}}{d_1}\mathrm{e}^{-j\phi}\right|^2 \tag{3.34}
$$

式中 λ 是波长,G_0 和 G_1 分别是收发天线在 LOS 方向和地面反射方向的辐射场,d_0 和 d_1 分别是 LOS 路径和地面反射路径的传播距离,$\phi = \dfrac{2\pi(d_1 - d_0)}{\lambda}$ 是两个接收信号之间的相位差,Γ 是地面反射系数。

参考文献[83]中观测了路径损耗与仰角[55]的相关性,基于双径路径损耗模型,

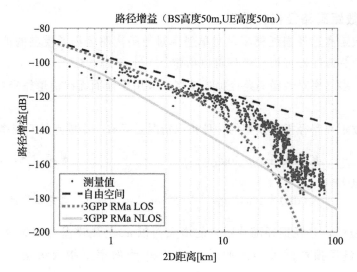

图 3.4　使用测量数据说明 AG 信道路径损耗中的断点[48]

式(3.34)提出了 AG 无线信道的依赖高度的双径模型：

$$PL(dB) = -20\log_{10}\left(\frac{\lambda}{4\pi}\right) - 10\alpha(h)\log_{10}\left|\frac{\sqrt{G_0(h)}}{d_0} + \frac{\Gamma}{d_1}\sqrt{G_1(h)}\,e^{-j\phi}\right| \qquad (3.35)$$

其中 $\alpha(h)$、$G_0(h)$、$G_1(h)$ 与 UAV 天线高度 h 有关。在经验测量的基础上，作者引入了三个不同的高度区，并分配了不同的模型参数，详见参考文献[83]。

附加路径损耗模型

附加路径损耗模型通过添加附加的路径损耗对参考路径损耗进行扩展。例如在参考文献[56]中选择自由空间路径损耗作为参考路径损耗，而在参考文献[95]中选择平均地面路径损耗作为参考路径损耗。

参考文献[56]中开发的经验附加路径损耗模型提供了城市街道环境中 AG 无线信道路径损耗的分析。地面站周围的建筑以及传播环境往往是非常复杂和具有挑战性的，但对于新兴 UAV 应用而言，城市街道环境可能变得越来越普遍。参考文献[56]中将附加损耗 PL_{excess} 分为两部分：

$$PL_{excess}(dB) = PL_{lb}(dB) + PL_{rt}(dB) \qquad (3.36)$$

类似的方法已用于地面无线信道路径损耗建模(见参考文献[96])。PL_{lb} 包含了由最接近地面站的建筑所造成的衍射损耗。最接近建筑的模型是通过建筑物两个外墙的刃边的平均来建模的。为了近似计算衍射损耗，Deygout 的方法可以用于一个刃边衍射强于另一刃边的情况[64]。具体来说，衍射损耗可以进一步分解为两项：一项是由于主衍射边(即最接近地面站的衍射边)引起的，另一项是由于辅衍射边引起的。PL_{lb} 还进一步包括除了在最后一幢建筑发生衍射并到达地面站的直射衍射之外的其他衍射的损耗，例如街道对面的反射衍射[97]。PL_{rt} 包括 UAV 与最后一个建筑物之间的多个建筑物所造成的衍射损耗。

3.3.5 阴影

我们先前讨论的确定性路径损耗模型没有考虑由于不同位置、大小和介电特性的遮挡对象以及反射表面和散射对象的变化而可能产生的随机变化。这些随机效应引起的关于路径损耗的随机变化就是慢衰落，需要统计模型来描述这种随机衰减。路径损耗的随机衰减可以由对数正态分布阴影模型来表示[60,65]，这在参考文献[98]中首次得到证实，后来被许多室内和室外测量验证。

在对数正态阴影模型中，路径损耗的随机衰减(dB)能从以 χ_{dB} 为随机变量的对数正态分布中获得：

$$f_{\chi_{dB}}(x) = \frac{1}{\sqrt{2\pi}\sigma_{\chi_{dB}}} \exp\left(-\frac{(x - \mu_{\chi_{dB}})^2}{2\sigma_{\chi_{dB}}^2}\right) \tag{3.37}$$

式中，$f_{\chi_{dB}}(x)$ 为 χ_{dB} 的概率密度函数，$\mu_{\chi_{dB}}$ 为均值，$\sigma_{\chi_{dB}}$ 为标准差。由于阴影造成的平均衰减可以纳入确定性路径损耗模型中，在这种情况下，对数正态分布阴影模型的平均 $\mu_{\chi_{dB}} = 0$。

由于不同通信链路中的遮挡对象在距离较近的情况下具有很强的相关性，因此对遮挡对象的空间自相关特性进行表征是非常重要的。阴影的空间自相关通常采用一阶自回归过程来建模。在该模型中，对于被距离定值 δ 分离的两个位置，阴影的空间自相关 $R(\delta)$ 为[99]：

$$R(\delta) = \mathbb{E}[(\chi_{dB}(d) - \mu_{\chi_{dB}})(\chi_{dB}(d+\delta) - \mu_{\chi_{dB}})] = \sigma_{\chi_{dB}}^2 \exp(-\delta/d_c) \tag{3.38}$$

其中，d_c 是非相关距离，在该点的自相关值为 $\sigma_{\chi_{dB}}^2/e$。

对数正态分布阴影模型在空中无线信道建模中也被广泛采用。表3.2 总结了在不同空中传播环境下测量的 $\sigma_{\chi_{dB}}$。在地面宏站中典型的 $\sigma_{\chi_{dB}}$ 在 5~12dB 之间，在地面微站中典型的 $\sigma_{\chi_{dB}}$ 在 4~13dB 之间。相比之下，由表3.2 可以看出，在空中无线信道中，$\sigma_{\chi_{dB}}$ 的数值较小，且天线高度越高，$\sigma_{\chi_{dB}}$ 的数值越小。这些结果与我们的直觉一致：随着天线高度的增加，遮挡物越来越少，反射和散射的随机性越来越小，阴影变化也越来越小。

表 3.2　不同空中传播环境下对数正态阴影测量的标准差

文献①	高度(m)：(地面站，飞行器)	频段(GHz)	$\sigma_{\chi dB}$
[62]	(346.6~2760.6，1089~4029)AMSL	0.968	3.2~3.9
		5.060	2.2~2.8
[50]	(171~776，762~1745)AMSL	0.968	2.6~3.1
		5.060	2.9~3.2
[86]	(—，15~120)AGL	0.8	3.4~6.2
[87]	(0.07~1.5，4~16)AGL	3.1~5.3	2.8~5.3
[45]	(20，最大914)AGL	5.8	1.2~9.8
[88]	(—，457~975)AGL	2	5.24

①关于每个参考文献中测量设置的更多信息请参见表3.1

在空中无线信道中，如 3.2 节所强调的，一种明显的阴影现象是机身阴影。机身阴影是指在飞机机动过程中，机身会遮挡 LOS 路径。机身阴影特性取决于飞机的结构、材料和飞行特性，与当地地面条件和链路距离无关[47]。目前，针对载人飞机高空飞行的机体阴影问题研究较多，而针对 UAV 低空飞行的机体阴影问题研究比较少。

对于飞机与卫星之间的信道，参考文献[100]中表明机翼阴影在 20GHz 频段可以产生高达 15dB 的衰减。参考文献[101]中模拟了机身阴影并发现在 5.12GHz 频段内阴影衰减高达 15dB。参考文献[46]中研究了在直线航线和圆弧形航线两种不同的飞行机动下，飞机在俯仰、横摇和偏航时的机身阴影。测量期间，载频为 5.7GHz 频段，飞机高度保持在 3.2 公里。结果表明，直线航线和圆弧形航线的阴影量分别可达 9.5dB 和 28dB。根据它们的测量结果，作者建议阴影效应可以用对数正态分布近似，其标准差范围在 6.49dB 到 6.77dB 之间。

参考文献[47]中，基于 200 多个飞机机翼阴影对机身阴影深度、持续时间和多天线分集增益进行测量。在 C 波段（5060MHz）和 L 波段（968MHz），阴影损耗平均值分别为 15.5dB 和 10.8dB。阴影效应在 C 波段的平均持续时间为 35.2s，在 L 波段的平均持续时间为 25.5s。该参考文献中提出了一种复现阴影的算法，并证明了多天线的部署能够有效地缓解机体的阴影。在参考文献[102]中还观测到了飞机进行大幅转弯时的机身遮挡。

参考文献[103]中通过 HAP 模拟研究无线网络中的阴影。基于四种不同类型的环境（郊区、城市、密集城市和城市高层建筑）和三个不同频段（2.0GHz、3.5GHz、5.5GHz）的考虑，提出了依赖仰角的阴影模型如下：

$$\chi_{dB}=\begin{cases}\chi_{dB,LOS} & \text{LOS} \\ \chi_{dB,NLOS}+\chi_{dB,\theta} & \text{NLOS}\end{cases} \quad (3.39)$$

其中，$\chi_{dB,LOS}$ 是一个期望为 0 的对数正态分布随机变量，标准差为 3~5dB，$\chi_{dB,NLOS}$ 是一个期望为 0 的对数正态分布随机变量，标准差为 8~12dB。$\chi_{dB,\theta}$ 是用仰角 θ 表示的附加的对数正态分布阴影。为了对模拟结果进行最佳拟合，推导出以下式来逼近期望 $\mu_{\chi_{dB},\theta}$ 和方差 $\sigma_{\chi_{dB},\theta}$：

$$\mu_{\chi_{dB},\theta}, \ \sigma_{\chi_{dB},\theta}=\frac{g+\theta}{h+i\theta} \quad (3.40)$$

其中 g、h 和 i 为经验参数（区别于 $\mu_{\chi_{dB},\theta}$ 和 $\sigma_{\chi_{dB},\theta}$）。

3.3.6 LOS 概率

在无线电频率（射频）链路设计中，确保收发天线之间有通畅的 LOS 是一个重要的考虑因素。在这一节中，我们首先介绍一些基本的概念，以区分 LOS 路径和无阻碍 LOS 传播，如菲涅耳区和刃边衍射模型。然后再讨论空中无线信道下的 LOS 概率建模。

LOS 路径和无阻碍 LOS 传播

LOS 路径是我们在本章中已经介绍并一直使用的一个概念，它有一个直接的含义——发射和接收天线之间的最短直接路径。无阻碍 LOS 传播是我们在本章前面提到的一个概念，确切地定义有些复杂。要被认为是无阻碍的，LOS 路径和一些相邻空间(通过菲涅耳区的概念定义)应该是没有被遮挡的。

菲涅耳区的概念如图 3.5 所示，在发射机和接收机之间放置一个透明的平面。这个平面垂直于 LOS 路径。它与发射机的距离为 d_1，与接收机的距离为 d_2。图 3.5 显示了一组同心圆，圆心是 LOS 路径和平面的交点。对于第 n 个同心圆上的一点，考虑由两段组成的路径：第一段为发射机到第 n 个同心圆上某一点的直接路径，第二段为该点到接收机的路径。这条路径的长度比 LOS 路径的长度大 $\frac{n\lambda}{2}$，两条路径的长度差称为剩余路径长度。

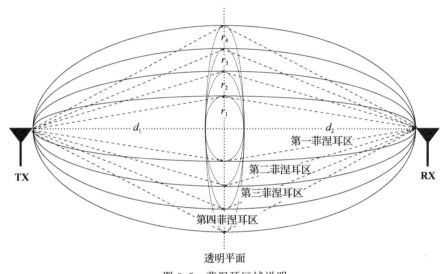

图 3.5　菲涅耳区域说明

定义 r_n 为第 n 个同心圆的半径。若 d_1，$d_2 \gg r_n$，其半径可近似为[65]：

$$r_n \approx \left(\frac{n\lambda d_1 d_2}{d_1+d_2}\right)^{\frac{1}{2}} \tag{3.41}$$

可以看出，同心圆的半径取决于频率和平面的位置。当 $d_1 = d_2$ 时，即平面位于发射机和接收机之间时，同心圆半径最大。

通过连接所有剩余路径长度为 $\frac{n\lambda}{2}$ 的点，并遍历所有的 n 可以构造一系列同心椭球体。第一菲涅耳区是最里面的椭球空间，LOS 路径从该空间通过；第二菲涅耳区是第二内层的椭球空间中不包括第一菲涅耳区的区域。对于无阻碍的无线传播，第一菲涅耳区在一定程度上不受阻碍。如果在第一菲涅耳区引入障碍物，则被障碍物反射或衍射的信号与接收机上的 LOS 信号会根据总相位差进行叠加或相消。当障碍物阻挡了直接的 LOS 路径，信号会显著地损耗。衍射信号到达接收机的能量取决于频率、障碍物的形状、障碍物在 LOS 路径上的高度以及发射机/接收机/障碍物的相对位置。在保持至少 60％的第一菲涅耳区不受阻碍的情况下传播，可以被认为是无阻碍的 LOS 传播。

估计衍射信号的衍射损耗是很复杂的，最简单且常用的模型是菲涅耳刃边衍射模型。该模型的几何形状如图 3.6 所示。Δd 表示衍射路径与 LOS 路径的剩余路径长度，对于阴影中的接收机，Δd 可以近似表示为：

$$\Delta d \approx \frac{(d+d')}{2dd'}h^2 \qquad (3.42)$$

其中 d 为发射机到刃边的距离，d' 为刃边到接收机的距离，h 为刃边相对于 LOS 路径的高度。

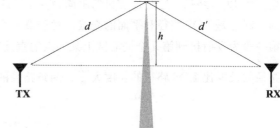

图 3.6　菲涅耳刃边衍射模型

衍射信号传播的额外距离长 Δd，导致相对 LOS 路径的相移为：

$$\Delta\phi = \frac{2\pi\Delta d}{\lambda} = \frac{\pi}{2}v^2 \qquad (3.43)$$

其中菲涅耳–基尔霍夫衍射参数 v 为：

$$v = \left(\frac{2(d+d')}{\lambda dd'}\right)^{\frac{1}{2}}h \qquad (3.44)$$

相较于自由空间传播，衍射增益为：

$$G_d(\mathrm{dB}) = 20\log_{10}\left|\int_v^\infty \left(\frac{1+j}{2}\right)\mathrm{e}^{-j\frac{\pi t^2}{2}}\mathrm{d}t\right| \qquad (3.45)$$

式(3.45)有一些近似方程(见参考文献[60])。菲涅耳刃边衍射模型也用于空中信道的建模。例如参考文献[104]结合了双径反射模型和刃边衍射模型来模拟蜂窝连接 UAV 的路径损耗。

散射可能导致接收到的信号相较于只用反射和衍射模型预测更强。粗糙表面引起散射，其效果不同于平滑表面引起的镜面反射。散射物体的表面粗糙度和雷达截面(RCS)是影响室外无线电传播的两个最重要的因素[65]。

对于一个给定的入射角 θ_i，如果表面的最小突起到最大突起大于临界高度 h_c，那么这个表面可以认为是粗糙的。h_c 为：

$$h_c = \frac{\lambda}{8\sin\theta_i} \qquad (3.46)$$

RCS(单位 m^2)定义为散射功率密度(观测方向上的)与入射功率密度的比值，即：

$$\sigma_{\mathrm{rcs}} = \lim_{r\to\infty}\frac{4\pi r^2 S_s}{S_i} \qquad (3.47)$$

式中，σ_{RCS} 为 RCS，S_s 为散射功率密度，S_i 为入射功率密度，r 为散射物体到观测点的距离。随着 RCS 的增加，可以预期从散射射线将接收到更高的能量。

空中信道的 LOS 概率建模

LOS 概率建模是空中信道建模的重要组成部分。在不同的空中传播环境下，已经有大量的研究工作来描述 LOS 概率。参考文献[80]中使用了单刃边衍射模型来确定 AG 信道的 LOS 概率。射线追踪模拟结果验证了该模型的正确性。由于该模型假设街道角度均匀分布，该模型可能更适合街道密集和不规则的欧洲城市。

参考文献[48]中利用瑞典斯德哥尔摩附近农村地区的高分辨率数字地图和射线追踪模拟来收集 LOS 概率统计数据。在模拟中，地面站的高度高于地面 35m。结果如图 3.7 所示，这是乡村地图数据得到的 LOS 概率。图 3.7 还给出了地面 UE 的 3GPP LOS 概率公式。

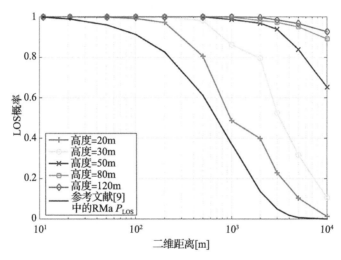

图 3.7 利用瑞典斯德哥尔摩附近农村地区的地形图进行模拟射线追踪获得的 LOS 概率统计。图例中 RMa P_{LOS} 的 "原始参考文献[9]" 参考了 3GPP 技术报告 38.901，该报告记录了 3GPP 对频率为 $0.5 \sim 100\text{GHz}$ 的信道模型的研究[105]。由参考文献[48]转载

从图 3.7 可以得出结果：天线高度越高，无线信道的 LOS 概率越高。

基于国际电信联盟(ITU)推荐的统计模型[106]，参考文献[57]和参考文献[107]中提出了一个修正的 sigmoid 函数来模拟 AG 信道中 LOS 的概率。该模型已经被几个其他工程用于 UAV 通信系统的分析[108-110]。

紧接着，我们描述了 ITU 推荐的统计模型[106]。该模型描述了在建筑物阻挡情况下，发射机和接收机之间存在 LOS 路径的可能性。建筑物模型比较简单，它基于与城市环境有关的三个统计参数：

- α，建筑物所覆盖的土地面积与总土地面积之比(无量纲)。
- β，单位面积平均建筑物数量(建筑/km²)。
- γ，描述瑞利分布建筑物高度的尺度参数，概率密度函数 $f_H(x)$ 为：

$$f_H(x) = \frac{x}{\gamma^2} e^{-\frac{x^2}{2\gamma^2}}, \quad x \geqslant 0 \tag{3.48}$$

式中，H 表示建筑物随机高度，单位为米。

在这个模型中，假设建筑物被排列在一个规则的网格上，射线传输 1km 穿过 $\sqrt{\alpha\beta}$ 个建筑物。发射机和接收机之间传播路径上的建筑数的期望为 N_b：

$$N_b = \lfloor d_r \sqrt{\alpha\beta}/10^3 \rfloor \tag{3.49}$$

其中 d_r 为从发射机到接收机的水平距离，单位是米。通过下取整 $\lfloor \cdot \rfloor$ 得到建筑物的整数高度。

对于一个给定的收发机对，当且仅当位于发射机和接收机之间的各建筑物低于直射路径在建筑物正上方的点的高度时，LOS 路径才存在。从图 3.8 可以看到，模型假设地形是平坦的，或者在感兴趣的区域上有恒定的坡度。

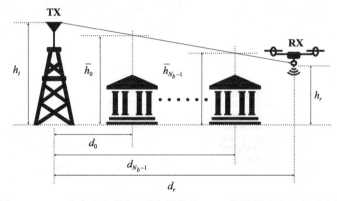

图 3.8　ITU 在参考文献[106]中推荐的 LOS 统计模型的几何示意图

定义 $\overline{h}_j$ 为直射路径在建筑物上方与之相交点的高度，$j = 0，\cdots，N_b - 1$。通过简单的几何分析，可以看出 $\overline{h}_j$ 为：

$$\overline{h}_j = h_t - \frac{d_j(h_t - h_r)}{d_r} \tag{3.50}$$

其中 h_t 和 h_r 分别为发射机和接收机的高度，d_j 为发射机到建筑物 j 的水平距离。

定义 $\{H_j\}_{j=0,\cdots,N_b-1}$ 为一个随机变量序列，H_j 为建筑物 j 的高度，模型假设 $\{H_j\}_{j=0,\cdots,N_b-1}$ 独立同分布（均为式（3.48）中的瑞利分布）。LOS 路径存在的概率 p_{LOS} 可计算如下：

$$p_{\text{LOS}} = \mathbb{P}\left(\bigcup_{j=0,\cdots,N_b-1}\{H_j < \overline{h}_j\}\right) = \prod_{j=0}^{N_b-1} \mathbb{P}(H_j < \overline{h}_j) \tag{3.51}$$

其中第二个等式服从 $\{H_j\}_{j=0,\cdots,N_b-1}$ 独立同分布的假设。通过 $F_H(x) = 1 - e^{-\frac{x^2}{2\gamma^2}}$，$x \geqslant 0$ 给出的瑞利分布的累积分布函数，可得：

$$p_{\mathrm{LOS}} = \prod_{j=0}^{N_b-1} \left(1 - e^{-\frac{\bar{h}_j^2}{2\gamma^2}} \right) \tag{3.52}$$

更进一步地，假设模型中，发射机和接收机之间建筑物是均匀分布的。发射机到建筑物 j 的距离为：

$$d_j = \left(j + \frac{1}{2} \right) \frac{d_r}{N_b}, \quad j = 0, \cdots, N_b - 1 \tag{3.53}$$

将式(3.49)、式(3.50)和式(3.53)代入式(3.52)得：

$$p_{\mathrm{LOS}} = \prod_{j=0}^{\lfloor d_r\sqrt{\alpha\beta}/10^3 \rfloor - 1} \left[1 - \exp\left[- \frac{\left(h_t - \dfrac{\left(j + \dfrac{1}{2} \right)(h_t - h_r)}{\lfloor d_r\sqrt{\alpha\beta}/10^3 \rfloor} \right)^2}{2\gamma^2} \right] \right] \tag{3.54}$$

正如强调的，LOS 概率(式(3.54))是独立于频率的。这是因为模型考虑的是 LOS 路径的概率(通常称为几何或光学 LOS)，而不是无阻碍的 LOS 传播(通常称为无线电 LOS)概率。后者依赖于菲涅耳区，其半径依赖于频率，如之前所讨论的。

参考文献[107]中提出 LOS 概率(式(3.54))可以用修正的 sigmoid 函数近似，

$$p_{\mathrm{LOS}}(\theta) = \frac{1}{1 + a\exp(-b(\theta - a))} \tag{3.55}$$

式中，θ 为天线在空中相对于地面观测点的仰角，a 和 b 是与传播环境有关的模型参数。在分析研究中，这种近似可能更为友好。

3.3.7　大气和天气效应

电磁波的传播受到大气效应的影响。气态分子(如氧气和水蒸气)对信号有一定的衰减作用。衰减可以用附加路径损耗因子来模拟，这些损耗因子以分贝为单位相加。随着 UAV 高度的增加，大气中湿度、压力和温度的变化对电磁波传播的影响也不同。

值得注意的是，大气效应并不总是对电磁波的传播起到衰减作用。1.3.3 节中指出一些在海上场景的空中信道测量观测到非常小的路径损耗(小于 1.5)。参考文献[63]中解释，这是海面上的蒸发波导导致了无线电波的传播增强。蒸发波导引起的类似信号增强也在参考文献[111]和参考文献[112]中有报道。

蒸发波导是蒸气压从海面(水蒸气饱和)上升到水蒸气气压达到与环境一致的高度时快速下降的结果，体现在修正折射率数值的减少。蒸发波导可以看作电磁波传播的天然波导。根据环境的不同，蒸发波导的高度可能从几米到几十米不等。

众所周知，天气会影响电磁波的传播。天气衰减通常是距离、降雨率和雨滴的大小和形状的联合函数。这种影响在毫米波波段比在 6GHz 以下的频段更明显，因为雨滴相对于毫米波的尺寸更大。随着链路距离的增加，天气衰减在毫米波频段可能会变得非常明显。因此，在设计毫米波 UAV 通信系统时，需要考虑天气的影响，特别是雨水的衰减效应[113]。

在预报方法中需要计算降雨衰减。ITU 推荐的一种模型可见参考文献[114]。在该模型中，具体衰减量 γ_{rain}(dB/km)与降雨率 R(mm/h)的函数呈幂次关系：

$$\gamma_{\text{rain}} = k(f) R^{a(f)} \tag{3.56}$$

其中 $k(f)$ 为乘性系数，$a(f)$ 为幂指数，二者均与频率 f 有关。系数 $k(f)$ 和 $a(f)$ 为：

$$\log_{10} k(f) = \sum_{j=1}^{4} a_{k,j} \exp\left(-\left(\frac{\log_{10} f - b_{k,j}}{c_{k,j}}\right)^2\right) + m_k \log_{10} f + c_k \tag{3.57}$$

$$\alpha(f) = \sum_{j=1}^{5} a_{\alpha,j} \exp\left(-\left(\frac{\log_{10} f - b_{\alpha,j}}{c_{\alpha,j}}\right)^2\right) + m_\alpha \log_{10} f + c_\alpha \tag{3.58}$$

其中 f(单位为 GHz)在 1GHz 到 1000GHz 之间。系数 $k(f)$ 中的常数 $\{a_{k,j},\ b_{k,j},\ c_{k,j},\ m_k,\ c_k\}$ 和系数 $\alpha(f)$ 中的常数 $\{a_{\alpha,j},\ b_{\alpha,j},\ c_{\alpha,j},\ m_\alpha,\ c_\alpha\}$ 可见参考文献[114]。

3.4 小尺度传播信道效应

小尺度传播信道效应描述了无线电信号随时间、频率和空间快速波动的现象。小尺度传播信道效应的根本原因是无线信道中引入的多径分量。地面上的移动接收机可以接收来自不同方向、具有不同传播时延和多普勒频移的无线电波。这些无线电波可能具有随机分布的振幅、相位和到达角。在 3.3.2 节中，射线追踪模型捕获了确定性信道的多径效应。

本节主要介绍多径空中无线信道的统计特性。在这里，我们将使用 3.1 节中介绍的一般信道模型(式(3.4))来分析信道的小尺度传播信道效应。注意，式(3.4)中的模型描述了信道脉冲响应(CIR)，它是时间(t)、时延(τ)和空间($\vec{r}$)的函数。为了更清晰地看到频率依赖性，可以通过傅里叶变换将 CIR 中的时延域变换为频域：

$$h(t,\ f,\ \vec{r}) = \int_{-\infty}^{\infty} h(t,\ \tau,\ \vec{r}) \mathrm{e}^{-j2\pi f\tau} \,\mathrm{d}\tau \tag{3.59}$$

其中 $h(t,\ f,\ \vec{r})$ 称为信道传输函数(CTF)。

在统计信道建模中，信道(式(3.59))通常被建模为一个广义平稳随机过程。这意味着信道的自相关在时间、频率和空间上是不变的。因此，可以表示为：

$$R_h(\Delta t,\ \Delta f,\ \Delta\vec{r}) = \mathbb{E}[h(t,\ f,\ \vec{r}) h^*(t + \Delta t,\ f + \Delta f,\ \vec{r} + \Delta\vec{r})] \tag{3.60}$$

其中，Δt，Δf，$\Delta\vec{r}$ 分别表示时间、频率和空间差异。

对于 UAV 通信系统，其传播环境可能是快速变化的(由于 UAV 的高速移动)，信道可能只在很小的空间内是静止的[61]。这并不是空中无线信道的独自具备的现象，在地面高速车载信道特性中也考虑了静态信道的空间间隔或者时间[115-116]。本节分别分析了时间、频率和空间选择性，以及相应的多普勒扩展，时延扩展和角度扩展。除非另有说明，我们将假定该信道是宽平稳的。应该认识到，小尺度信道效应是在平稳空间或平稳时间内进行分析的，在平稳空间或平稳时间内，广义平稳信道假设是有效的。

3.4.1 时间选择性和多普勒扩展

时间选择性是指无线信道 $h(t, f, \vec{r})$ 相对于时间的变化。为了简单起见，我们省略了参数 f 和 $\vec{r}$，在本节中信道用 $h(t)$ 表示。时间选择性的一种度量是相干时间，用 T_c 表示，在相干时间内不同时刻的信道是相关的。信道自相关函数为 $R_h(\Delta t) = \mathbb{E}[h(t)h^*(t+\Delta t)]$，相干时间可以定义为满足 $R_h(T_c) = 0.5R_h(0)$ 的时间间隔。相干时间越长，信道的时间选择性越小。我们可以将信道分为快衰落或慢衰落，这取决于它的相干时间相对于传输块的传输持续时间。如果相干时间比传输块的传输时间短得多（或长得多），该信道被归类为快衰落（或慢衰落）。

时间选择性是由发射机、接收机和周围物体的运动引起的，这些运动可能导致多径分量上不同的时变多普勒偏移。由多普勒效应引起的多径分量的不同相移，对其进行建设性和或破坏性叠加（耦合）可以影响合成信号的幅值。多普勒频谱 $S_h(\mu)$ 可以通过傅里叶变换计算自相关函数 $R_h(\Delta t)$，将信号从时间域转换到多普勒域得到。所谓的多普勒扩展 D_s 是多普勒频谱的均方根，定义为 $D_s = \sqrt{\mathbb{E}[\mu^2] - (\mathbb{E}[\mu])^2}$，其中 $\mathbb{E}[\mu^n]$ 是多普勒频谱 $S_h(\mu)$ 的 n 阶矩，$\mathbb{E}[\mu^n] = \int_{-\infty}^{\infty} \mu^n S_h(\mu)\mathrm{d}\mu \Big/ \int_{-\infty}^{\infty} S_h(\mu)\mathrm{d}\mu$。相干时间与多普勒扩展呈倒数关系：多普勒扩展越小，相干时间越长。

对于空中无线信道，有三种典型的分量：LOS 分量、地面反射分量和漫散射分量[117]。由于发射机和接收机的相对运动，LOS 分量会发生频移，通常地面反射和散射对多普勒扩展的影响最大。参考文献[118]中提出了一个简化的随机模型来表征漫散射分量的多普勒频谱。推导出的多普勒频谱为：

$$S_h(\mu) = \begin{cases} \dfrac{P_d f_\Theta(\theta)}{(v/\lambda)^2 - (\mu - f_c)^2} & |\mu - f_c| < \dfrac{v}{\lambda} \\ 0 & \text{否则} \end{cases} \tag{3.61}$$

其中，P_d 表示漫散射分量的总接收功率，$f_\Theta(\theta)$ 是漫散射分量相对于飞机速度 v 方向的到达角的概率密度函数。参考文献[119]在二维模型中进一步考虑了地面散射体的几何形状，并扩展了这个模型，所得理论结果与测量数据能够较好地吻合。

参考文献[120]将参考文献[119]中的二维模型进一步扩展为三维几何随机信道模型，结果表明特定的飞行轨迹间接影响多普勒功率谱。假设地面散射均匀，且两架 UAV 在相同高度、相同速度、相同方向相继飞行，随着时延的增加，多普勒频谱变宽。对于地面镜像反射路径相应的时延而言，多普勒频谱呈"W"型。有趣的是，多普勒频谱与我们熟悉的 Jakes 频谱一致。在相同的场景下，假定两架 UAV 相向飞行，多普勒频谱的形状却不相同。对于给定的时延，多普勒频谱只显示正频率。进一步观察发现多普勒频谱的位置根据时延的不同而变化。

一些其他的工作也测量或模拟了 AG 信道中的多普勒效应[45,121-123]。参考文献[44]提供了一种适用于不同场景的多普勒功率谱模型,包括停放、滑行、起飞、着陆和飞行途中,建议参数集是基于已发表的测量结果和经验数据而来。最近的一项工作[124]给出了在典型机场环境下 970MHz 频段测量多普勒功率剖面的结果。地面站天线被放置在一座高 23 米的建筑屋顶上,研究了如下三种飞行场景。

- 飞行途中:飞机以平均速度 216m/s 的速度在 8.5～10.5km 的海拔高度范围飞行时,无线电收发距离从 140km 到 350km 不等。结果发现,所有多径分量到达时的多普勒频移与 LOS 路径相同。这是因为多径分量主要来自地面站天线周围的物体,因此在很高的高度上看到的到达角与 LOS 路径大致相同,这与我们的直观感觉是一致的。

- 攀升和下降:飞机以 170m/s 的平均速度在 3～9km 的海拔高度范围飞行时,无线电收发距离从 20km 到 50km 不等。结果发现,几乎所有的多径分量都以与 LOS 路径相同的多普勒频移到达。然而,与飞行途中方案相比,多普勒扩散增加了。

- 起飞和着陆:飞机以 90m/s 的平均速度在 30～330m 的海拔高度范围飞行时,无线电收发距离从 0.5km 到 7.5km 不等。结果发现,多径分量对多普勒频率的贡献很大,而非 LOS 路径。这是因为当飞机在接近地面站飞行时,例如在起飞和着陆阶段,飞机看到了各种不同到达角下的散射物体。

3.4.2 频率选择性和时延扩展

频率选择性是指无线信道 $h(t, f, \bar{r})$ 相对于频率的变化。为了简单起见,我们省略了参数 t 和 $\bar{r}$,在本节中信道用 $h(f)$ 表示。频率选择性的一个度量是相干带宽(用 B_c 表示),它是不同频率的信道相关的频率范围。信道自相关函数为 $R_h(\Delta f) = \mathbb{E}[h(f)h^*(f + \Delta f)]$,相干带宽可以定义为满足 $R_h(B_c) = 0.5R_h(0)$ 的频率间隔。相干带宽越宽,信道的频率选择性越低。根据其相干带宽相对于信号带宽的不同,我们可以将信道分为频率选择性衰落或平坦衰落。如果相干带宽比信号带宽窄(或者宽),则该信道被归类为频率选择性衰落(或者平坦衰落)。

频率选择性是由到达接收机的多条传播路径距离不同而引起的相应的时延造成的。通过对自相关函数 $R_h(\Delta f)$ 进行傅里叶变换将从频域转换到时延域,可以计算功率时延模型 $S_h(\tau)$,它描述了分布的多个传播路径的延迟和幅度。功率时延的均方根就是时延扩展 $T_s = \sqrt{\mathbb{E}[\tau^2] - (\mathbb{E}[\tau])^2}$,其中 $\mathbb{E}[\tau^n]$ 是功率时延 $S_h(\tau)$ 的 n 阶矩,$\mathbb{E}[\tau^n] = \int_{-\infty}^{\infty} \tau^n S_h(\tau)d\tau \Big/ \int_{-\infty}^{\infty} S_h(\tau)d\tau$。相干带宽和时延扩展的关系呈倒数关系:时延扩展越小,相干带宽越大。

为了测量不同环境下空中无线信道的功率时延分布,并估计相应的时延扩展,进行了大量的传播研究。表 3.3 列出了文献报道的在不同环境下测量的 T_d 值，表 3.3 表明时延扩展值取决于地理环境。例如参考文献[88]给出了不同仰角下的时延扩展统计，结果与直觉一致，时延扩展随仰角的增大而减小。表 3.3 中的时延扩展值大多在几十纳秒左右，很少超过几百纳秒。这主要是测量环境中普遍存在 LOS 传播的原因。

表 3.3　不同的空中传播环境下的测量时延

文献[①]	环境	频段(GHz)	T_d(ns)
[61]	水面；奥克斯纳德	5.030~5.091	9.8(平均)
			9.8(中位数)
			364.7(最大值)
			2.0(标准差)
	水面：克利夫兰	5.030~5.091	9.8(平均)
			9.8(中位数)
			73.3(最大值)
			1.1(标准差)
[63]	海面：1.83km AMSL	5.7	20~38(中位数)
	海面：0.91km AMSL	5.7	30~35(中位数)
	海面：0.37km AMSL	5.7	335~480(中位数)
[62]	山区	5.030~5.091	10.1(平均值)
			9.8(中位数)
			177.4(最大值)
			4.4(标准差)
	丘陵：拉筹伯	5.030~5.091	17.8(平均值)
			11.3(中位数)
			371.3(最大值)
			12.5(标准差)
	丘陵：棕榈谷	5.030~5.091	19.3(平均值)
			11.7(中位数)
			1044.3(最大值)
			51.1(标准差)
[87]	开阔地，郊区	3.1~5.3	≤2
[50]	靠近城区：克利夫兰	5.030~5.091	12.8(平均值)
			10.6(中位数)
			217.5(最大值)
			8.5(标准差)
	靠近城区：拉筹伯	5.030~5.091	13.9(平均值)
			11.0(中位数)
			1190.8(最大值)
			13.6(标准差)
	城区：棕榈谷	5.030~5.091	59.6(平均值)
			11.0(中位数)
			4242.9(最大值)
			134.4(标准差)
	城区：克利夫兰	5.030~5.091	9.9(平均值)
			9.6(中位数)
			2029.5(最大值)
			17.4(标准差)

(续)

文献[①]	环境	频段(GHz)	T_d(ns)
[88]	复杂环境	2	98.1(7.5°EA[②])
			54.9(15°EA)
			24.3(22.5°EA)
			18.3(30°EA)

①关于每个参考文献中测量设置的更多信息请参见表 3.1
②EA：仰角

针对这些测量结果，可以使用不同的模型来表征空中无线信道的功率时延特性。例如 Saleh-Valenzuela 模型[125]，该模型是为室内环境提出的一种的功率时延分布模型，用于对具有"簇"特性的空中无线信道多径的功率时延分布进行建模。根据 Saleh-Valenzuela 模型，复基带信道响应为：

$$h(t) = \sum_{k=0}^{\infty} \sum_{l=0}^{\infty} a_{k,l} \delta(t - \tau_k - \tau_{k,l}) \tag{3.62}$$

其中 k 是簇的索引，τ_k 是簇 k 中第一条路径的到达时间，$\tau_{k,l}$ 是簇 k 中第 l 条路径相对于 τ_k 的到达时间，$a_{k,l}$ 是簇 k 中第 l 条路径的复增益。

在 Saleh-Valenzuela 模型中均方值 $\{\mathbb{E}[|a_{k,l}|^2]\}_{k,l}$ 呈双指数分布：各簇中的第一条路径指数倍衰减，簇中其他路径也呈指数倍衰减，数学上表示为：

$$\mathbb{E}[|a_{k,l}|^2] = \mathbb{E}[|a_{0,0}|^2] \exp(-\tau_k/\Gamma) \exp(-\tau_{k,l}/\gamma) \tag{3.63}$$

式中，Γ 为簇的第一条路径的幂衰减率，γ 为每个簇内其他路径的幂衰减率。

一些研究针对不同的空中环境进行了一系列测量，并提供了功率时延截面的测量结果[50,61,62]。这些结果已被用来建立随机抽头时延线模型，可用于 UAV 通信系统的链路级模拟。

3.4.3　空间选择性和角度扩展

空间选择性是指无线信道 $h(t, f, \vec{r})$ 相对于空间的变化。为了简单起见，我们省略了参数 t 和 f，在本节中信道用 $h(\vec{r})$ 表示。空间选择性在多天线系统中特别重要，不同天线接收的信号可能经历不同的传播环境和不同的衰减。空间选择性的一种度量是相干距离，用 D_c 表示，它是不同天线接收的信号相关的最大天线间距。信道自相关函数为 $R_h(\Delta \vec{r}) = \mathbb{E}[h(\vec{r}) h^*(\vec{r} + \Delta \vec{r})]$，相干距离定义为适用于 $R_h(\Delta \vec{r}) \leq 0.5 R_h(\vec{0})$ 的最大位置的位移，$\Delta \vec{r}$ 满足 $\|\Delta \vec{r}\| \leq D_c$。相干距离越大，信道的空间选择性越小。

通过对自相关函数 $R_h(\Delta \vec{r})$ 进行傅里叶变换将从空间域转换到波数域，可以计算波数谱 $S_h(\vec{k})$。波数谱的均方根就是波数扩展 $W_s = \sqrt{\mathbb{E}[(\vec{k})^2] - (\mathbb{E}[\vec{k}])^2}$，其中 $\mathbb{E}[(\vec{k})^n]$ 是波数谱 $S_h(\vec{k})$ 的 n 阶矩，$\mathbb{E}[(\vec{k})^n] = \int_{-\infty}^{\infty} (\vec{k})^n S_h(\vec{k}) d\vec{k} \Big/ \int_{-\infty}^{\infty} S_h(\vec{k}) d\vec{k}$。相干距离与波数扩展呈倒数关系，波数扩展越小，相干距离越大。

为了理解波数谱的物理意义，我们可以展开波数向量 $\vec{k}$ 与位置向量 $\vec{r}$ 的内积，

$$\langle \vec{k}, \vec{r} \rangle = \frac{2\pi f_c \|r\|}{c}(\cos\phi\sin\theta + \sin\phi\sin\theta + \cos\theta) \tag{3.64}$$

其中，ϕ 和 θ 分别表示水平到达角和垂直到达角。我们可以看到，波数谱模型是对角度域中不同多径传播路径功率分布的建模。相反，我们可以直接看到功率角谱 $S_h(\phi, \theta)$ 描述了接收信号相对于到达角的功率分布。同样，我们可以将角度扩展的概念定义为功率角谱的标准差。相干距离与角度扩展也是互为倒数的关系。

假设功率角谱在水平域和垂直域可以分离，就可以在水平到达角和垂直到达角上分别生成功率角谱。以水平域为例，单极化的功率角谱截面可由截断拉普拉斯分布模型表示：

$$S_h(\phi) = \frac{1}{(1-e^{-\sqrt{2}\pi/\sigma})\sqrt{2}\sigma}e^{-\left|\frac{\sqrt{2}\phi}{\sigma}\right|}, \quad \phi \in [-\pi, \pi) \tag{3.65}$$

其中 σ 是缩放尺度参数。

空间选择性和角度扩展在现有技术中还没有被广泛地应用于空中信道建模中。参考文献[126]中利用现有的三维角度空间接收能量分布的分析和经验结果，来分析空地信道的角度扩展、角度收缩、最大衰落方向等。通常，基于几何的随机信道模型，可以分析或模拟 UAV 多天线系统的空间选择性和角度扩展。基于几何的随机信道模型的基本思想是在传播环境中根据给定的分布引入散射对象。在参考文献[127]中可以找到这样的模型，它也推导出了相应的到达角解析密度函数。在参考文献[128-132]中还提出了几种可以用于空中信道建模的基于几何的随机信道模型。

3.4.4　包络和功率分布

窄带信道的时变包络，或宽带信道中的多径分量的包络，通常用瑞利分布来建模，其概率密度函数 $f_{|h|}(x)$ 为：

$$f_{|h|}(x) = \frac{x}{\sigma^2}e^{-\frac{x^2}{2\sigma^2}}, \quad x \geqslant 0 \tag{3.66}$$

式中，σ 为缩放尺度参数。σ 的物理意义是平均信道增益为 $2\sigma^2$。信道对应的功率（即幅值的平方 $|h|^2$）呈指数分布，其概率密度函数 $f_{|h|^2}(x)$ 为：

$$f_{|h|^2}(x) = \frac{1}{\sigma^2}e^{-\frac{x}{\sigma^2}}, \quad x \geqslant 0 \tag{3.67}$$

当存在大量统计独立的反射和散射路径时，瑞利衰落模型是合理的。这是一个简单可解析的模型。然而，在将此模型应用于空中无线信道时必须谨慎，因为其中经常存在镜像 LOS 分量，并且可能没有足够数量的统计独立的反射路径和散射路径。

另一个常用的模型就是莱斯模型，在这个模型中，随机独立的反射路径和散射路径叠加在一个平稳的非衰落分量上（例如 LOS 分量）。莱斯分布信道包络的概率密度函数为：

$$f_{|h|}(x) = \frac{x}{\sigma^2} e^{-\frac{x^2+A^2}{2\sigma^2}} I_0\left(\frac{Ax}{\sigma^2}\right), \quad x \geq 0 \tag{3.68}$$

式中，$A \geq 0$ 为平稳非衰落分量的峰值，$I_0(.)$ 为修正的零阶一类贝塞尔函数。莱斯衰落模型的平均信道增益为 $A^2 + 2\sigma^2$，即平稳非衰落分量的幂次方和随机多径的幂次方之和。它们之间的比值 $A^2/2\sigma^2$ 为 K 值因子，经常用于描述莱斯衰落。当 $K \to 0$ 时，莱斯分布退化为瑞利分布。当 $K \to \infty$ 时，平稳非衰落分量占主导地位，而多径衰落分量消失。

莱斯模型被广泛用于空中信道建模，因为它具有很高的 LOS 概率[45,50,61-62,133]。对于 NLOS 情况，瑞利模型可能提供更好的拟合[45,88,133]。表 3.4 列出了文献中记录的不同环境下的莱斯 K 值因子。参考文献[50，61，62]给出了淡水和海洋情景、丘陵和山区环境以及靠近城市和郊区环境的 K 值因子，如表 3.4 所示。参考文献[45]中给出了在不同阶段(停放、滑行、起飞/着陆和飞行途中)飞行的莱斯 K 值因子。飞行途中阶段的 K 值因子最大。这与我们的直觉一致，也和其他测量结果一致。如参考文献[88]所示，小仰角的 K 值因子比大仰角的 K 值因子要小。

表 3.4 不同空中传播环境下的莱斯 K 值因子

文献[①]	环境	频段(GHz)	K 值因子(dB)
[61]	水面	5.030～5.091	27.3～31.3(平均值)
			11.1～12.4(最小值)
			33.0～35.6(最大值)
			1.8(标准差)
		0.960～0.977	12.5～12.8(平均值)
			8.7～9.4(最小值)
			16.5～20.7(最大值)
			1.2～1.5(标准差)
[62]	丘陵、山区	5.030～5.091	28.8～29.4(平均值)
			22.2～23.1(最小值)
			35.3～40.5(最大值)
			2.0～2.1(标准差)
		0.960～0.977	12.8～13.8(平均值)
			4.0～5.1(最小值)
			16.6～16.9(最大值)
			0.8～1.3(标准差)
[50]	靠近城市、郊区	5.030～5.091	27.5～29.8(平均值)
			7.9～12.7(最小值)
			33.7～40.2(最大值)
			1.8～2.4(标准差)
		0.960～0.977	12.4～14.9(平均值)
			−87.1～7.8(最小值)
			14.7～27.5(最大值)
			1.2～2.3(标准差)

（续）

文献[①]	环境	频段（GHz）	K 值因子（dB）
[45]	停放	5.8	1.5（中位数）
			—2（最小值）
			5（最大值）
	滑行	5.8	6（中位数）
			5（最小值）
			7（最大值）
	起飞和着陆	5.8	10（中位数）
			5（最小值）
			15（最大值）
	飞行途中	5.8	⩾17（中位数）
			15（最小值）
			⩾20（最大值）

①关于每个参考文献中测量设置的更多信息请参见表3.1

更一般的衰落分布 Nakagami 衰落分布为：

$$f_{|h|}(x) = \frac{2m^m x^{2m-1}}{\Gamma(m)P_r^m} \mathrm{e}^{-\frac{mx^2}{P_r}}, \qquad x \geqslant 0 \tag{3.69}$$

式中 $\Gamma(.)$ 为伽马函数，P_r 为平均接收功率，$m \geqslant 0.5$ 为衰落参数。当 $m=1$ 时，Nakagami 衰落退化为瑞利衰落。当 $m=(K+1)^2/(2K+1)$ 时，Nakagami 衰落近似为参数为 K 值的莱斯衰落。当 $m \to \infty$ 时，信道变为确定性信道。一些文献还考虑了 Nakagami 衰落模型用于空中信道建模[87,89,134]。

3.5　波形设计

　　波形是无线信号携带信息位的形状和形式。就像在其他无线网络中一样，设计一个合适的波形对于 UAV 无线通信系统是必不可少的。在本节中，我们将回顾波形基础，如功率谱密度（PSD），这是频谱管理的一个重要概念。在第 2 章概述了许多不同的 UAV 应用，选择单一波形不可能适合所有 UAV 无线通信系统。因此，我们选择了一些常见的波形选择的例子，包括正交频分复用（OFDM）、扩频和连续相位调制（CPM），来讨论 UAV 无线通信系统和组网设计的主要考虑因素。这些波形都被用于 UAV 系统的无线通信中[135]。对于更通用的数字通信系统的波形设计的一般处理，可见参考文献[136,137]。

3.5.1　波形基础知识

　　从通带信号的复基带表示形式着手，通带信号 $s_p(t)$ 可以写成如下形式：

$$s_p(t) = \sqrt{2}s_I(t)\cos(2\pi f_c t) - \sqrt{2}s_Q(t)\sin(2\pi f_c t) \tag{3.70}$$

其中 $s_I(t)$ 和 $s_Q(t)$ 为实数信号，它们分别为通带信号 $s_p(t)$ 的同相分量和正交分量。定义通带信号 $s_p(t)$ 的复基带等效形式 $s_b(t)$ 可以表示为：

$$s_b(t) = s_I(t) + js_Q(t) \tag{3.71}$$

不难看出，$s_p(t) = \Re(\sqrt{2}s_b(t)\mathrm{e}^{j2\pi f_c t})$。

通带信号携带的信息包含在其复包络（即基带信号中捕获的幅度和相位变化）中。由于固定载频 f_c 造成的快速相位变化不携带信息，因此在基带表示形式中被略去。UAV 通信系统中的载频 f_c 的选择主要取决于给系统分配的频谱[138]。

由于无线电频谱的稀缺性和相邻频段波形的潜在干扰，不同系统在同一频段或相邻频段的共存至关重要。例如，美国联邦机构和军方将 1755～1850MHz 频段用于 UAV 系统，而该频段中的 1755～1780MHz 部分曾在 2015 年被拍卖用于商业无线服务[139]。现在一些联邦系统将无限期地保留在 1755～1780MHz 频段内，该频段内的一些其他系统将转移到另一个频段。

为了便于共存，必须确定波形的频谱占用率。我们对有限功率信号 $s(t)$ 的功率谱密度定义如下：

$$S_s(f) = \lim_{T_w \to \infty} \frac{|S_{T_w}(f)|^2}{T_w} \tag{3.72}$$

其中 $S_{T_w}(f)$ 是 $S_{T_w}(t) = s(t)I_{\left[-\frac{T_w}{2}, \frac{T_w}{2}\right]}(t)$ 的傅里叶变换，T_w 是观测窗长，$I_A(x)$ 是集合 A 的指示函数，如果 $x \in A$，则 $I_A(x) = 1$，否则 $I_A(x) = 0$。

调制是将位信息转换成可以通过带限信道发送的波形。线性调制是一种基本的基带传输技术，其基带传输波形可以写成：

$$u(t) = \sum_{n=-\infty}^{\infty} b[n]g_{tx}(t - nT) \tag{3.73}$$

其中 $\{b[n]\}$ 为固定的星座图中的数据符号，$g_{tx}(t)$ 为固定的基带波形，T 为符号持续时间。假设 $\{b[n]\}$ 为零均值且不相关，则线性调制信号 $u(t)$ 的功率谱密度为：

$$S_u(f) = \frac{|G_{tx}(f)|^2}{T}\mathbb{E}[|b[n]|^2] \tag{3.74}$$

其中 $G_{tx}(f)$ 是 $g_{tx}(t)$ 的傅里叶变换。我们可以看到，对于不相关的调制符号，线性调制信号的功率谱密度是由调制波形的频谱决定的，其形状应该设计成符合监管要求的波形，例如带内功率谱密度和带外杂散。

除了通过传输滤波器 $g_{tx}(t)$ 外，传输符号还必须通过信道 $g_{ch}(t)$ 和接收滤波器 $g_{rx}(t)$。接收滤波器输出的无噪声波形为：

$$r(t) = \sum_{n=-\infty}^{\infty} b[n]g(t - nT) \tag{3.75}$$

其中 $g_{ch}(t) = (g_{tx}(t) * g_{ch}(t) * g_{rx}(t))(t)$ 是描述整个系统响应的复合滤波器。如果我们以速率 $1/T$ 对接收波形 $r(t)$ 采样，可以得到 $r(nT)$。那么问题是：什么时候 $r(nT) = b[n]$，$\forall n$？答案是奈奎斯特准则：当 $n = 0$ 时，$g(nT) = 1$，否则，$g(nT) = 0$，满足上述条件时可以避免码间干扰（ISI）。

众所周知，最小带宽的奈奎斯特波形为 $g(t)=\mathrm{sinc}\left(\dfrac{t}{T}\right)$，其中 $\mathrm{sinc}(x)=\dfrac{\sin(\pi x)}{\pi x}$。sinc 脉冲随着 $1/t$ 衰减，这是缓慢的但却可以导致信号 $r(t)$ 大幅波动。随着 $1/t^3$ 快速时间衰减的奈奎斯特波形是升余弦脉冲 $g(t)=\mathrm{sinc}\left(\dfrac{t}{T}\right)\dfrac{\cos\left(\pi a\,\dfrac{t}{T}\right)}{1-\left(\dfrac{2at}{T}\right)^2}$，其中 a 是由快速时间衰减造成的附加带宽。在实践中，由于信道不受控制，发射和接收滤波器被设计成级联形式 $(g_{\mathrm{tx}}*g_{\mathrm{rx}})(t)$ 以满足奈奎斯特准则。一种典型的选择是将发射和接收滤波器设置为奈奎斯特脉冲响应的平方根（频域中）。

3.5.2　正交频分复用

OFDM 是一种多载波调制技术，它将数据流分成多个子流，在不同的正交子载波上传输。OFDM 是一种流行的无线通信方案，已在 4G LTE、5G New Radio(NR)和 IEEE 802.11 WiFi 规范等无线系统中采用。许多 UAV 已经装备了 WiFi 和 LTE 芯片，使得 OFDM 成为 UAV 无线通信系统的一个组成部分。OFDM 被用于宽带空中多载波（B-AMC）系统中，它是计划在 L 波段的一个空中数据通信系统。L 波段空中数字通信系统（LDACS）的第一选择也是利用 OFDM 调制技术[135]。许多关于 UAV 无线通信和网络的研究工作都假设使用了 OFDM[140-141]。

在时间间隔 $[0,T]$ 内的 OFDM 发射波形可以写成：

$$u(t)=\sum_{k=0}^{N-1}B[k]\mathrm{e}^{j2\pi\frac{k}{T}t}I_{[0,T]}(t) \tag{3.76}$$

其中 k 是子载波索引，$B[k]$ 是在频率 k/T 上的子载波 k 传输的符号。携带 $B[k]$ 的波形 $g_{\mathrm{tx},k}(t)=\mathrm{e}^{j2\pi\frac{k}{T}t}I_{[0,T]}(t)$ 的傅里叶变换等于 $G_{\mathrm{tx},k}(f)=T\mathrm{sinc}(Tf-k)\mathrm{e}^{-\frac{\pi}{T}}$。如果 T 足够大使得 $1/T$ 相对于信道相干带宽 B_c 很小，那么第 k 个子载波的信道增益近似为常数 $G_{\mathrm{ch}}(f)\approx G_{\mathrm{ch}}\left(\dfrac{k}{T}\right)$。波形 $g_{\mathrm{tx},k}(t)$ 是信道的近似特征函数，即：

$$(g_{\mathrm{tx},k}*g_{\mathrm{ch}})(t)\approx G_{\mathrm{ch}}\left(\frac{k}{T}\right)g_{\mathrm{tx},k}(t) \tag{3.77}$$

当 $T\to\infty$ 时近似变为确定。

为了解调 $B[l]$，接收机将接收波形与 $\mathrm{e}^{-j2\pi\frac{l}{T}}$ 在区间 $[0,T]$ 的积分进行相乘得到：

$$\frac{1}{T}\int_0^\infty((u*g_{\mathrm{ch}})(t))\mathrm{e}^{-j2\pi\frac{l}{T}}\mathrm{d}t\approx\frac{1}{T}\sum_{k=0}^{N-1}G_{\mathrm{ch}}\left(\frac{k}{T}\right)B[k]\int_0^T\mathrm{e}^{j2\pi\frac{k-l}{T}t}\mathrm{d}t \tag{3.78}$$

$$=\sum_{k=0}^{N-1}G_{\mathrm{ch}}\left(\frac{k}{T}\right)B[k]\frac{\mathrm{e}^{j2\pi(k-l)}-1}{j2\pi(k-l)} \tag{3.79}$$

$$= G_{ch}\left(\frac{l}{T}\right)B[l] \tag{3.80}$$

式中第一行由式(3.77)而来。最后一行等式表明，如果频率间隔整数倍的 $1/T$，则不同的子载波在区间 T 内正交。

OFDM 得到广泛应用的原因是利用快速傅里叶变换(FFT)和逆傅里叶变换(IFFT)可以实现成本效益极佳的离散 OFDM。波形 $u(t)$ 可以用采样率 $\frac{1}{T_s} = \frac{N}{T}$ 的时间采样 $\{b[n]\}$ 表示，

$$b[n] = u(nT_s) = \sum_{k=0}^{N-1} B[k]\mathrm{e}^{j2\pi\frac{n}{N}k} \tag{3.81}$$

它是符号序列 $\{B[k]\}$ 的逆离散傅里叶变换(DFT)。接收机可以对接收到的时间样本 $\{b[n]\}$ 进行逆 DFT 变换以恢复原始数据序列 $\{B[k]\}$。

大多数情况下，通过选择足够大的 N 使得 $\frac{1}{T} \ll B_c$，进而消除符号间干扰。一个常见的消除所有符号间干扰的方法是在发射机的 IFFT 之后增加一个长度为 N_{cp}(不小于信道时延扩展)的循环前缀。循环前缀在接收机 FFT 之前被移除。这些操作实际上是对离散传输信号和信道脉冲响应进行循环卷积(本质上是线性卷积)。因此，FFT 在接收机处的无噪声输出形式为 $Y[k] = H[k]B[k]$，其中 $H[k]$ 为长度为 L 信道脉冲响应为 $\{h[n]\}_{n=0}^{L-1}$ 的 FFT 形式。数据符号 $B[k]$ 可以通过单抽头频域均衡器来恢复，也就是说，$H^*[k]Y[k]$ 消除了信道的影响。这使得 OFDM 中的信道均衡很容易在多径宽带信道中实现。

增加循环前缀会损失 $\frac{N_{cp}}{N_{cp}+N}$ 的时间和不用于数据通信的平均功率。选择循环前缀的长度 N_{cp} 是为了应对通信系统中遇到的典型信道时延扩展。一方面，OFDM 符号长度 N 应尽可能大，使得循环的前缀开销最小。另一方面，OFDM 符号长度 N 应尽可能小，使得信道在符号长度 N 上近似恒定，以避免载波间的干扰。在 UAV 通信系统的设计中，必须考虑多普勒频移和多普勒扩展。多普勒效应主要取决于飞机的频率、速度和机体外形。由飞机运动引起的大的多普勒频移可以在收发机上进行适当的估计和补偿。多普勒扩展造成了接收信号频率的不确定性。较大的子载波间隔可以忽略多普勒扩展效应[140,142]。这等价于调整 N 使信道在 OFDM 符号长度上近似恒定。

OFDM 波形 $u(t)$ 可以看作是 N 个窄带线性调制信号的联合。由式(3.74)可得 OFDM 波形 $u(t)$ 的功率谱密度为：

$$S_u(f) = T\sum_{k=0}^{N-1}\mathbb{E}[|B[k]|^2](\mathrm{sinc}(Tf-k))^2 \tag{3.82}$$

其中，假设在不同子载波上传输的数据符号是不相关的。码元速率为 N/T，而大部分信号功率包含在 $\left[-\frac{N}{2T}, \frac{N}{2T}\right]$ 的频率范围内。由于接近奈奎斯特信令速率，OFDM 具有很高的频谱效率。

OFDM 的主要缺点是传输信号的峰均比（PAPR）比较高。高 PAPR 要求功率放大器必须回退到导致低功效的线性状态。文献中提出了许多解决方案来缓解 OFDM 中的 PAPR 问题，比如削去一些导致高 PAPR 的传输序列[143]。

3.5.3 直接序列扩频

扩频是一种通过增加传输信号带宽来缓解 ISI 和窄带干扰的调制技术。将信号隐藏在噪声底层之下的固有特性和对窄带干扰的抵抗力使扩频特别适合军用通信系统。直接序列扩频（DSSS）和跳频扩频（FHSS）是两种常见的扩频技术。在 DSSS 中，数据信号乘以一个被称为扩展码的伪随机序列。DSSS 是基于码分多址（CDMA）的 3G 移动系统的基本组成部分。CDMA 与 OFDM 一起，也被用于宽带甚高频（B-VHF）项目，这是首个采用多载波技术的空中通信系统[135]。一些 UAV 无线通信和网络的研究工作已经考虑使用 CDMA 与 DSSS[144-146]。在 FHSS 中，波形的中心频率跳跃在不同的频率上，由一个伪随机序列决定。参考文献[147]结合 DSSS 和 FHSS 来减少 UAV 通信和控制中的干扰。

下面我们将重点介绍比较常用的 DSSS。在 DSSS 中发送一个符号 b，一个向量 b $(c[0], \cdots, c[K-1])^T$ 就会被发送，其中 $(c[0], \cdots, c[K-1])^T$ 为扩频码，K 为扩频码的长度。换句话说，K 个码片被用来传输单个符号。扩展波形可以写成：

$$c(t) = \sum_{k=0}^{K-1} c[k]\psi(t - kT_c) \tag{3.83}$$

其中 T_c 为码片持续时间，而 $\psi(t)$ 为调制码片的波形。我们假设所有的符号 $\{B[n]\}$ 使用相同的扩频波形。则传输信号可以写成：

$$u(t) = \sum_n b[n]c(t - nT) = \sum_n \sum_{k=0}^{K-1} c[k]b[n]\psi(t - kT_c - nT) \tag{3.84}$$

其中 T 为符号持续时间，$T = KT_c$。数据速率 $1/T$ 通常比决定传输带宽的码片速率 $1/T_c$ 小得多。比值 $K = T/T_c$ 通常称为系统的处理增益。

考虑到多径信道 $h(t) = \sum_{l=0}^{L-1} a_l\delta(t - \tau_l)$，$a_l$ 和 τ_l 分别是第 l 条路径的复增益和时延。无噪声接收信号为：

$$r(t) = (u * h)(t) = \sum_n b[n]\sum_{k=0}^{K-1} c[k]\sum_{l=0}^{L-1} a_l\psi(t - \tau_l - kT_c - nT) \tag{3.85}$$

在接收机解调不需要进行均衡。这是由于在扩频系统中，考虑到符号持续时间 T 相对于信道时延扩展通常很大，ISI 是可以忽略的。瑞克接收机是一种常见的忽略 ISI 的 DSSS 解调接收机结构。瑞克接收机涉及相关的 L 抽头的接收信号 $r(t)$，每个信号是扩展波形不同的移位产生的。我们现在考虑 $r(t)$ 和 $c(t - \tau)$ 相关的一般操作，其中 τ 是延迟。计算其相关性可得估计统计量 $Z(\tau)$：

$$Z(\tau) = \int r(t)c^*(t - \tau)\mathrm{d}t \tag{3.86}$$

$$= \sum_{k=0}^{K-1} c^*[k] \int r(t) \psi^*(t - \tau - kT_c) dt \quad (3.87)$$

$$= \sum_{k=0}^{K-1} c^*[k] (r * \psi_{\mathrm{mf}})(kT_c + \tau) \quad (3.88)$$

其中，$\psi_{\mathrm{mf}}(t) = \psi^*(-t)$ 是码片波形 $\psi(t)$ 的匹配滤波器。我们可以看到，解扩是扩频码 $\{c[k]\}$ 和匹配滤波器 $\psi_{\mathrm{mf}}(t)$ 在采样时刻 $\{kT_c + \tau\}$ 输出的离散相关。

瑞克接收机中为了解调符号 $b[n]$，需要将接收到的信号 $r(t)$ 与 L 抽头 $a_l c(t - \tau_l)$，$l = 0, \cdots, L-1$ 做相关，其相干合并的结果为：

$$Z[n] = \sum_{l=0}^{L-1} a_l^* Z(nT + \tau l) \quad (3.89)$$

其中 $Z[n]$ 表示决定 $b[n]$ 的估计统计量。瑞克接收机本质上是 L 支路信号的时间分集合并。

3.5.4　连续相位调制

在 CPM 中，基带信号的形式是 $e^{j\theta(t)}$，其中 $\theta(t)$ 是数据编码关于时间 t 的连续函数。发射信号具有恒包络特性且对振幅失真不敏感。因此，功率放大器可以在非线性状态下工作，以获得较高的功率效率。一个典型的 CPM 例子是在 2G 全球移动通信系统（GSM）中使用的高斯最小频移键控（GMSK）。GMSK 调制也用于 2007 年提出的通用多信道空中通信系统（AMACS），同时也是 LDACS 的第二选择[135]。最近的一些研究工作也考虑将 GMSK 用于 UAV 无线通信系统[148-149]。

连续相位函数 $\theta(t)$ 与瞬时频率函数 $u(t)$ 的关系如下：

$$\theta(t) = 2\pi \int_{-\infty}^{t} u(\tau) d\tau \quad (3.90)$$

其中，瞬时频率是线性调制的：

$$u(t) = \sum_{n} b[n] g(t - nT) \quad (3.91)$$

式中 $\{b[n]\}$ 是数据符号，$g(t)$ 是频率响应。

我们可以通过频率脉冲来确定 CPM 系统。一个例子是最小频移键控（MSK），符号 $\{b[n]\}$ 取二进制值 $\{+1, -1\}$，其脉冲的频率是矩形的，

$$g(t) = \frac{1}{4T} I_{[0,T]}(t) \quad (3.92)$$

对于 MSK 系统，有两种可能的频率偏移，分别为 $\pm \frac{1}{4T}$。频率间隔为 $\frac{1}{2T}$，这是相干频移键控中保持正交性所需的最小间隔。

为了提高频谱效率，我们可以使用更平滑的脉冲。一种常见的选择是高斯脉冲，其传递函数的形式为：

$$G(f) = e^{-\beta^2 f^2} \tag{3.93}$$

其中，β 是一个域与 $G(f)$ 的 3dB 带宽 B_{3dB} 相关的参数，$\beta = \dfrac{\left(\frac{1}{2}\log_e 2\right)^{\frac{1}{2}}}{B_{3dB}}$。高斯脉冲的时域形式为：

$$g(t) = \frac{\sqrt{\pi}}{\beta} e^{-\frac{\pi^2}{\beta^2} t^2} \tag{3.94}$$

具有高斯脉冲形状的 MSK 称为 GMSK。

CPM 是一种记忆调制技术。可以采用一种基于 CPM 的网格结构和维特比算法的最大似然方法进行解调。最大似然方法对于频率选择信道来说是相当麻烦的，因为扩展网格结构的状态数随信道时延的扩展呈指数增长。为了降低复杂度，一种流行的方法是使用 CPM 信号的 Laurent 表示，将一个 CPM 信号分解为多个并行线性调制信号的和。然而，Laurent 表示的调制脉冲不是奈奎斯特脉冲，也不是奈奎斯特脉冲的平方根。因此，ISI 被引入到模型中，这是由于 CPM 具有记忆特性造成的。色散信道进一步造成了码间干扰。Laurent 表示的优点是可以利用用于线性调制的均衡技术来解调接收的 CPM 信号。

3.6 本章小结

空中信道建模和波形设计无疑是 UAV 无线通信和组网中最基本的两个方面。在本章中，我们介绍了关于 UAV 无线通信系统信道建模和波形设计关键方面的背景和知识，为本书的其余部分建立基础。信道建模和波形设计是无线通信中非常重要的课题。对于一般的建模方案，我们推荐感兴趣的读者参考经典教科书[60,64-65,136-137]。

与地面无线信道相比，空中无线信道在许多方面的特性都有很大的不同，这是由于 UAV 可能在不同的高度飞行。本章阐明了空中无线信道的显著特征，对空中无线电传播和信道建模的主要领域进行了基本分析，并对文献中关键的空中无线信道测量结果进行了回顾。可见，尽管空中无线信道具有明显的特点，但基本的信道建模原则在很大程度上仍遵循一般无线信道所建立的理论和建模方法。UAV 应用的激增对新的测量和模型提出了要求，这可以帮助设计相应的 UAV 无线通信系统。

本章还回顾了波形设计的关键基础知识。我们讨论了一些常见的波形选择的例子，包括 OFDM、扩频和 CPM，它们已经被考虑用于 UAV 的无线通信和组网中。在介绍这些波形选择的例子时，特别关注和考虑了 UAV 无线通信的相应设计的需求。虽然单一波形不太可能适合所有的 UAV 无线通信系统，但 OFDM 已成为目前主要无线标准的主导波形，因此具有最大的潜力。正如将在后续章节中看到的，不同类型的信道模型和波形可能使用在不同的场景中，这取决于正在解决的问题、正在处理的 UAV 应用、UAV 的角色（BS 或 UE），以及对可处理性的需求。

第 4 章

性能分析和权衡

在本章中，我们将重点讨论 UAV BS 性能的极限和度量标准。在 4.1 节中，我们将首先简要概述性能分析的方法论，比如随机几何学。在 4.2 节中，我们将介绍几种详细的案例来分析 UAV 无线通信的性能极限，并揭示 UAV 各种特性的影响，如高度、移动性、LOS 通信、仰角。我们尤其关注 UAV 网络，包括底层的 D2D 网络。在 4.3 节中将对本章进行一个简短的总结。

4.1 UAV 网络建模：挑战与工具

为了表征设计参数对 UAV 无线通信系统的影响，需要对系统性能进行综合分析[31,150]。在这方面，UAV 集成通信系统的性能应考虑各种度量标准，包括延迟、覆盖率、速率和通信链路可靠性。实际上基本性能分析能够说明在 UAV 无线网络设计中的关键权衡。在描述 UAV 无线网络的性能时，UAV 的特点(如在第 1 章中讨论的)，如它们的移动性、依赖高度的信道(如第 3 章中展示的)、电池寿命和飞行时间限制，都需要考虑在内。特别是 UAV 飞行时间以及其传输功率会影响 UAV 系统的无线通信性能，尤其是在第 5 章的 UAV 部署、第 6 章的移动性和第 7 章的资源管理中，这将作为示例进行详细说明。

同时，UAV 与地面网络共存时的性能分析是有效设计地空一体化无线网络的关键。由于 UAV 与地面网络之间存在相互干扰，因此表征 UAV 与地面基站的异构网络的性能具有一定的挑战性。事实上，我们需要强大的数学工具来彻底分析 UAV 无线网络的性能。

随机几何(SG)提供了强大的数学工具，可用于许多不同的领域，如生态学、大地测量学和宇宙学。近年来，SG 成为一种非常流行的分析蜂窝无线网络和自组网络性能的工具[151-152]。评估关键性能指标(如覆盖率、速率和吞吐量)的基础是将无线节点的位置赋值为随机点过程，然后获得统计分布。泊松点过程(Poisson Point Process，PPP)和泊松簇过程(Poisson Cluster Process，PCP)是广为人知的过程，并且在蜂窝网络的性能分析中广泛应用。这些过程的图解如图 4.1 和图 4.2 所示。鉴于 SG 在二维蜂窝网络性能分析中的有效使用和 SG 数学工具可用于 n 维中，SG 将为三维 UAV 网络性能分析提供行之有效的工具[153]。为此，需要采用合适类型的点过程对 UAV 的位置进行建模。例如，当在热点地区部署 UAV 以提升网络容量时，可以使用泊松和二项簇过程[152]。同时，为了避免碰撞和干扰管理，必须保证 UAV 之间的最小距离，可以采用 Matern 硬核点过程[151] 等方法。事实上，通过利用 SG 工具以及 UAV 和地面网络的适当点过程，可以对 UAV 无线网络的性能进行分析。这种严格的性能分析是无线网络中设计和部署 UAV 的必要步骤，它可以揭示 UAV 通信的内在的性能权衡。

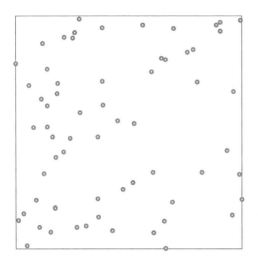
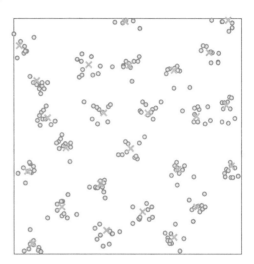

图 4.1　用户位置(灰度点)建模的二维 PPP 图示　　图 4.2　用户位置(灰度点)建模的二维 PCP 图示

4.2　UAV BS 下行链路性能分析

在本节中，我们研究了与地面 D2D 通信网络共存的 UAV 通信系统的性能。我们可以根据覆盖范围和系统总速率来评估这个网络的下行链路性能。在所考虑的模型中，UAV BS 服务于分布在某一个地理区域的地面用户。除了由 UAV BS 服务的地面用户外，还有一些 D2D 用户存在于与 UAV BS 相同的频段下。更准确地说，我们考虑两种类型的用户：(1) 下行链路用户(DU)，由 UAV BS 在下行链路传输链路中提供服务；(2) D2D 用户，直接相互通信，与下行链路用户共享资源。在该网络中，D2D 传输与 UAV BS 的传输存在互相干扰。为了评估该网络的性能，我们考虑了两种场景：(1) 静态 UAV BS 场景；(2) 移动 UAV BS 场景。通过利用 SG 的工具，我们得到了描述下行链路用户和 D2D 用户下行链路覆盖率的封闭式表达式。此外，我们通过 UAV BS 高度和 D2D 用户密度的影响来评估系统的整体性能。对于静态 UAV BS 场景，我们确定了下行链路用户覆盖率最大的最优 UAV BS 高度，并分析了 UAV 高度对下行链路用户和 D2D 用户网络总速率的影响。在移动 UAV 场景中，我们阐述了时延和覆盖率之间的权衡,并推导出了 D2D 的中断概率。

4.2.1　系统建模

下面我们针对一个包含了下行链路用户和 D2D 用户的圆形地理区域进行研究。用 R_c 表示所考虑的地理区域的半径。在这里,单个 UAV BS 用于为地面用户提供下行无线服务。下行链路用户和 D2D 用户的密度在基于 PPP 的区域内均匀分布,密度分别为 λ_{du} 和 λ_d。下行链路用户和 D2D 用户的平均数量取决于它们的密度以及地理区域的大小。D2D 发射机和接收机对之间的距离是固定的[154]。一个 D2D 接收机接收到与它相关的 D2D 发射机的信号,同时也干扰了其他 D2D 发射机和 UAV BS。工作在 UAV BS 下的下行用户在该区域受到来自 D2D 发射机的干扰。

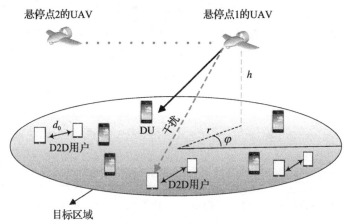

图 4.3　系统模型说明

对于给定的 D2D 接收机,可以写出信干噪比(SINR)表达式:

$$\gamma_d = \frac{P_{r,d}}{I_d^c + I_u + N} \tag{4.1}$$

其中 $P_{r,d}$ 表示 D2D 用户接收到的信号功率,I_d^c 是所有 D2D 用户的聚合干扰。I_u 是 UAV BS 对 D2D 发射机造成的干扰,N 是噪声功率。此外还有:

$$P_{r,d} = P_d d_0^{-\alpha_d} g_0 \tag{4.2}$$

$$I_d^c = \sum_{i \neq 0} P_d d_i^{-\alpha_d} g_i \tag{4.3}$$

$$I_d = \sum_i P_d d_i^{-\alpha_d} g_i \tag{4.4}$$

其中 g_0 为 D2D 发射机与目标接收机之间的信道增益。同样,g_i 是 D2D 接收机和第 i 个干扰 D2D 发射机之间的信道增益。我们还考虑了在地面链路上进行小尺度的瑞利衰落信道[154-156],并定义 D2D 用户的发射功率为 P_d,用 d_i 表示 D2D 接收机与干扰发射机之间的距离,使用 d_0 来表示每个 D2D 发射机/接收机对之间的固定距离。最后,α_d 是 D2D

通信的路径损耗指数。

UAV BS 覆盖的下行链路用户的下行链路 SINR 为：

$$\gamma_u = \frac{P_{r,u}}{I_d + N} \tag{4.5}$$

其中 $P_{r,u}$ 为接收到的 UAV BS 的信号功率，I_d 为所有地面 D2D 发射机的干扰之和。

考虑 SINR 的度量标准，下行链路用户和 D2D 用户的覆盖率可以表示为：

$$P_{\mathrm{cov,du}}(\beta) = \mathbb{P}[\gamma_u \geqslant \beta] \tag{4.6}$$

$$P_{\mathrm{cov},d}(\beta) = \mathbb{P}[\gamma_d \geqslant \beta] \tag{4.7}$$

其中 β 是建立连接所需的 SINR 阈值，γ_u 是下行链路用户的 SINR，γ_d 是 D2D 发射机的 SINR。

在 UAV 对地信道模型中，我们考虑常用的 LOS/NLOS 概率模型，其中 LOS 和 NLOS 链路可以以特定的概率生成[157]。此外，与 LOS 链路相比，NLOS 链路有更高的衰减。基于 3.3.6 节中讨论的概率性 AG 信道模型，地面用户接收到的信号功率为[158]：

$$P_{r,u} = \begin{cases} P_u \, |X_u|^{-\alpha_u} & \text{LOS 链路} \\ \eta P_u \, |X_u|^{-\alpha_u} & \text{NLOS 链路} \end{cases} \tag{4.8}$$

其中 P_u 为 UAV BS 的发射功率，$|X_u|$ 为 UAV BS 到用户的距离，α_u 为空地链路的路径损耗指数。此外，η 是一个与 NLOS 链路相关的衰减因子。请注意，正如第 3 章所讨论的，LOS 概率是传播环境、障碍物、仰角以及 UAV BS 和地面用户位置的函数。UAV BS 与地面用户之间存在 LOS 链路的概率为[158]：

$$P_{\mathrm{LOS}} = \frac{1}{1 + C \exp(-B[\theta - C])} \tag{4.9}$$

其中 C 和 B 是环境相关常数。θ 表示 UAV BS 和地面用户之间的仰角，$\theta = \dfrac{180}{\pi}\arcsin\left(\dfrac{h}{|X_u|}\right)$，$|X_u| = \sqrt{h^2 + r^2}$。NLOS 概率 $P_{\mathrm{NLOS}} = 1 - P_{\mathrm{LOS}}$。显然，增加仰角会导致 UAV BS 和地面用户之间的 LOS 链路概率更高。

基于所考虑的模型，我们研究了 UAV BS 无线网络的两种场景：静态 UAV BS 网络（如悬停）和移动 UAV BS 网络。我们将对这两种基于 UAV 的无线通信系统场景进行全面的性能分析，包括覆盖率和平均总速率。此外，还将分析 UAV BS 高度和 D2D 用户密度对系统整体性能的影响。

4.2.2　静态 UAV BS 场景

现在我们对覆盖区域为圆形、区域中心高度为 h 的静态 UAV 网络的性能进行分析。我们推导了 UAV BS 下行链路用户的覆盖率，以及 D2D 用户的覆盖率。需要注意的是，当地面用户在地理区域内均匀分布时，将 UAV BS 部署在区域中心，可以使得下行链路覆盖性能最优。

D2D 用户覆盖率

设(r, φ)为典型的 D2D 接收机在极坐标系统中的位置，其中r和φ分别为位置的半径和角弧度。考虑每个 D2D 发射机/接收机对之间的固定距离为d_0，基于参考文献[31]中的推导，我们可以对关于典型 D2D 发射机覆盖率的结果做如下说明。

定理 4.1 位于(r, φ)处的距发射机距离为d_0的 D2D 接收机，其覆盖率为：

$$P_{\text{cov},d}(r, \varphi, \beta) = \exp\left(\frac{-2\pi^2 \lambda_d \beta^{2/\alpha_d} d_0^2}{\alpha_d \sin(2\pi/\alpha_d)} - \frac{\beta d_0^{\alpha_d} N}{P_d}\right) \times$$

$$\left[P_{\text{LOS}} \exp\left(\frac{-\beta d_0^{\alpha_d} P_u |X_u|^{-\alpha_u}}{P_d}\right) + P_{\text{NLOS}} \exp\left(\frac{-\beta d_0^{\alpha_d} \eta P_u |X_u|^{-\alpha_u}}{P_d}\right)\right]$$

$$(4.10)$$

且$|X_u| = \sqrt{h^2 + r^2}$。

从定理 4.1 可以看出，当 UAV BS 高度增加时，UAV BS 对 D2D 用户的干扰并不总是减少的。事实上，当 UAV BS 的高度增加时，D2D 用户的覆盖率可以降低，也可以增加。这是因为随着 UAV BS 高度的增加，UAV 对地距离和 LOS 概率都增加，对 D2D 覆盖率产生了相互冲突的影响。另一个观察结果是，当 D2D 用户的发射功率增大时，D2D 的覆盖率也随之增大。同时，增加 UAV BS 发射功率，导致 UAV 的干扰较大，D2D 覆盖率较低。为了提高 D2D 的覆盖率，可以考虑三种方法：(1) 增加 D2D 的发射功率；(2) 减少 D2D 用户数量（即 D2D 密度）；(3) 减小 D2D 发射/接收对之间的距离。简而言之，定理 4.1 清楚地说明了 UAV BS 飞行对地面网络性能的影响。

现在，我们使用定理 4.1 来确定给定的地理区域内 D2D 用户的平均覆盖率。对于均匀分布的地面用户，我们有$f(r, \varphi) = \frac{r}{\pi R_c^2}$，$0 \leqslant r \leqslant R_c$，$0 \leqslant \varphi \leqslant 2\pi$。D2D 用户的平均覆盖率为：

$$\overline{P}_{\text{cov},d}(\beta) = \mathbb{E}_{r,\varphi}\left[P_{\text{cov},d}(r, \varphi, \beta)\right]$$

$$= \exp\left(\frac{-2\pi^2 \lambda_d \beta^{2/\alpha_d} d_0^2}{\alpha_d \sin(2\pi/\alpha_d)} - \frac{\beta d_0^{\alpha_d} N}{P_d}\right) \times \int_0^{R_c} \mathbb{E}_{I_u}\left[\exp\left(\frac{-\beta d_0^{\alpha_d} I_u}{P_d}\right)\right] f(r, \varphi) \mathrm{d}r \mathrm{d}\varphi$$

$$= \exp\left(\frac{-2\pi^2 \lambda_d \beta^{2/\alpha_d} d_0^2}{\alpha_d \sin(2\pi/\alpha_d)} - \frac{\beta d_0^{\alpha_d} N}{P_d}\right) \times \int_0^{R_c} \mathbb{E}_{I_u}\left[\exp\left(\frac{-\beta d_0^{\alpha_d} I_u}{P_d}\right)\right] \frac{2r}{R_c^2} \mathrm{d}r$$

$$(4.11)$$

如式 (4.11) 所示，面积越大，平均覆盖率越高。当 UAV BS 部署在更大的地理区域时，UAV BS 与 D2D 距离将增加，因此，D2D 用户受到 UAV BS 的干扰较少。现在我们可以给出两种空间情况下 D2D 覆盖率的封闭表达式。

备注 4.1 对于$P_u = 0$或$h \to \infty$，将 D2D 用户的平均覆盖率简化为[159]：

$$\overline{P}_{\mathrm{cov,d}}(\beta) = \exp\left(\frac{-2\pi^2\lambda_d\beta^{2/\alpha_d}d_0^2}{\alpha_d\sin(2\pi/\alpha_d)} - \frac{\beta d_0^{\alpha_d}N}{P_d}\right) \tag{4.12}$$

显然，式(4.12)表示在 UAV 覆盖模式下未干扰 D2D 用户的 D2D 覆盖率。

下行链路用户覆盖率

在本节中，我们找到了与 UAV BS 通信的下行链路用户覆盖率的上界和下界。

定理 4.2　下行链路用户的覆盖率的范围为：

$$\overline{P}_{\mathrm{cov,\,du}}^{L}(\beta,\,h) = \int_0^{R_c}P_{\mathrm{LOS}}(r,\,h)L_I\left(\frac{P_u|X_u|^{-\alpha_u}}{\beta} - N\right)\frac{2r}{R_c^2}\mathrm{d}r +$$

$$\int_0^{R_c}P_{\mathrm{NLOS}}(r,\,h)L_I\left(\frac{\eta P_u|X_u|^{-\alpha_u}}{\beta} - N\right)\frac{2r}{R_c^2}\mathrm{d}r \tag{4.13}$$

$$\overline{P}_{\mathrm{cov,\,du}}^{U}(\beta,\,h) = \int_0^{R_c}P_{\mathrm{LOS}}(r,\,h)U_I\left(\frac{P_u|X_u|^{-\alpha_u}}{\beta} - N\right)\frac{2r}{R_c^2}\mathrm{d}r +$$

$$\int_0^{R_c}P_{\mathrm{NLOS}}(r,\,h)U_I\left(\frac{\eta P_u|X_u|^{-\alpha_u}}{\beta} - N\right)\frac{2r}{R_c^2}\mathrm{d}r \tag{4.14}$$

其中，$\beta N < P_u\|X_u\|^{-\alpha_u}$。对 $T>0$ 我们有：

$$L_I(T) = \left[1 - \frac{2\pi\lambda_d\Gamma(1+2/\alpha_d)}{\alpha_d-2}\left(\frac{T}{P_d}\right)^{-2/\alpha_d}\right] \times \exp\left(-\pi\lambda_d\left(\frac{T}{P_d}\right)^{-2/\alpha_d}\Gamma(1+2/\alpha_d)\right) \tag{4.15}$$

$$U_I(T) = \exp\left(-\pi\lambda_d\left(\frac{T}{P_d}\right)^{-2/\alpha_d}\Gamma(1+2/\alpha_d)\right) \tag{4.16}$$

其中 $\Gamma(t) = \int_0^{\infty}x^{t-1}\mathrm{e}^{-x}\mathrm{d}x$ 表示伽马函数。

证明　这个证明来自参考文献[31]，它展示了产生这一结果的关键步骤。首先，我们可以发现，当用户位于 $(r,\,\varphi)$ 时，下行链路用户的覆盖率为：

$$P_{\mathrm{cov,du}}(r,\,\varphi,\,\beta) = \mathbb{P}[\gamma_u \geqslant \beta] = P_{\mathrm{LOS}}(r)\mathbb{P}\left[\frac{P_u r^{-\alpha_u}}{I_d+N} \geqslant \beta\right] + P_{\mathrm{NLOS}}(r)\mathbb{P}\left[\frac{\eta P_u r^{-\alpha_u}}{I_d+N} \geqslant \beta\right]$$

$$= P_{\mathrm{LOS}}(r)\mathbb{P}\left[I_d \leqslant \frac{P_u r^{-\alpha_u} - \beta N}{\beta}\right] + P_{\mathrm{NLOS}}(r)\mathbb{P}\left[I_d \leqslant \frac{\eta P_u r^{-\alpha_u} - \beta N}{\beta}\right] \tag{4.17}$$

由于 D2D 用户产生的总干扰的 CDF 没有封闭的表达式形式[161-162]，我们给出了 CDF 的上界和下界。考虑两类 D2D 发射机[163]：

$$\begin{cases}\Phi_1 = \{\Phi_B \mid P_d d_i^{-\alpha_d}g_i \geqslant T\} \\ \Phi_2 = \{\Phi_B \mid P_d d_i^{-\alpha_d}g_i \leqslant T\}\end{cases} \tag{4.18}$$

其中 T 为获取 D2D 用户干扰的 CDF 的阈值。

让 I_{d,Φ_1} 和 I_{d,Φ_2} 分别表示集合 Φ_1 和集合 Φ_2 中的 D2D 干扰功率，然后有：

$$\mathbb{P}[I_d \leqslant T] = \mathbb{P}[I_{d,\Phi_1} + I_{d,\Phi_2} \leqslant T] \leqslant \mathbb{P}[I_{d,\Phi_1} \leqslant T]$$

$$= \mathbb{P}[\Phi_1 = 0] = \mathbb{E}\Big[\prod_{\Phi_B} \mathbb{P}(P_d d_i^{-\alpha_d} g_i < T)\Big]$$

$$= \mathbb{E}\Big[\prod_{\Phi_B} \mathbb{P}\Big(g_i < \frac{T d_i^{\alpha_d}}{P_d}\Big)\Big] \overset{(a)}{=} \mathbb{P}\Big[\prod_{\Phi_B} 1 - \exp\Big(-\frac{T d_i^{\alpha_d}}{P_d}\Big)\Big]$$

$$\overset{(b)}{=} \exp\Big(-\lambda_d \int_0^\infty \exp\Big(-\frac{T r^{\alpha_d}}{P_d}\Big) r\,\mathrm{d}r\Big)$$

$$= \exp\Big(-\pi\lambda_d \Big(\frac{T}{P_d}\Big)^{-2/\alpha_d} \Gamma(1 + 2/\alpha_d)\Big) \tag{4.19}$$

在过程(a)中，我们使用了瑞利衰落的性质，而过程(b)遵循了泊松点过程的 PGFL。

D2D 用户干扰的 CDF 的上界可以推导为：

$$\mathbb{P}[I_d \leqslant T] = 1 - \mathbb{P}[I_d \geqslant T]$$

$$= 1 - (\mathbb{P}[I_d \geqslant T \mid I_{d,\Phi_1} \geqslant T]\mathbb{P}[I_{d,\Phi_1} \geqslant T] +$$

$$\mathbb{P}[I_d \geqslant T \mid I_{d,\Phi_1} \leqslant T]\mathbb{P}[I_{d,\Phi_1} \leqslant T])$$

$$= 1 - (\mathbb{P}[I_{d,\Phi_1} \geqslant T] + \mathbb{P}[I_d \geqslant T \mid I_{d,\Phi_1} \leqslant T] \times \mathbb{P}[I_{d,\Phi_1} \leqslant T])$$

$$= 1 - (1 - \mathbb{P}[\Phi_1 = 0] + \mathbb{P}[I_d \geqslant T \mid I_{d,\Phi_1} \leqslant T] \times \mathbb{P}[\Phi_1 = 0])$$

$$= \mathbb{P}[\Phi_1 = 0](1 - \mathbb{P}[I_d \geqslant T \mid \Phi_1 = 0]) \tag{4.20}$$

我们还有：

$$\mathbb{P}[I_d \geqslant T \mid \Phi_1 = 0] \overset{(a)}{\leqslant} \frac{\mathbb{E}[I_d \geqslant T \mid \Phi_1 = 0]}{T}$$

$$= \frac{1}{T}\mathbb{E}\Big[\sum_{\Phi} P_d d_i^{-\alpha_d} g_i \mathbb{1}(P_d d_i^{-\alpha_d} g_i \leqslant T)\Big]$$

$$= \frac{1}{T}\mathbb{E}_{d_i}\Big[\sum_{\Phi} P_d d_i^{-\alpha_d} \mathbb{E}_{g_i}\Big[g_i \mathbb{1}\Big(g_i \leqslant \frac{T d_i^{\alpha_d}}{P_d}\Big)\Big]\Big]$$

$$= \frac{1}{T}\mathbb{E}_{d_i}\Big[\sum_{\Phi} P_d d_i^{-\alpha_d}\Big[\int_0^{\frac{T d_i^{\alpha_d}}{P_d}} g\,\mathrm{e}^{-g}\,\mathrm{d}g\Big]\Big]$$

$$= \frac{2\pi P_d \lambda_d}{T}\int_0^\infty r^{-\alpha_d}\Big(\int_0^{\frac{T r^{\alpha_d}}{P_d}} g\,\mathrm{e}^{-g}\,\mathrm{d}g\Big) r\,\mathrm{d}r$$

$$= \frac{2\pi\lambda_d \Gamma(1 + 2/\alpha_d)}{\alpha_d - 2}\Big(\frac{T}{P_d}\Big)^{-2/\alpha_d} \tag{4.21}$$

在过程(a)中，我们使用马尔可夫不等式，其中 $P(X \geqslant L) \leqslant \dfrac{\mathbb{E}[X]}{L}$ 且 $X \geqslant 0$ 是一个随机变量，$L > 0$。$\mathbb{1}(.)$，表示值为 0 或 1 的指标函数。

因此，我们可以将 D2D 用户干扰 CDF 的下界(L_I)和上界(U_I)表示为：

$$L_I(T) = \left[1 - \frac{2\pi\lambda_d\,\Gamma(1+2/\alpha_d)}{\alpha_d-2}\left(\frac{T}{P_d}\right)^{-2/\alpha_d}\right] \times \exp\left(-\pi\lambda_d\left(\frac{T}{P_d}\right)^{-2/\alpha_d}\Gamma(1+2/\alpha_d)\right)$$

$$(4.22)$$

$$U_I(T) = \exp\left(-\pi\lambda_d\left(\frac{T}{P_d}\right)^{-2/\alpha_d}\Gamma(1+2/\alpha_d)\right) \tag{4.23}$$

因此，$L_I(t) \leqslant \mathbb{P}\{I_d \leqslant T\} \leqslant U_I(t)$。

已知式(4.17)、式(4.22)和式(4.23)，下行链路用户的平均覆盖率的边界为：

$$\overline{P}^L_{\text{cov, du}}(\beta) = \int_0^{R_c} P_{\text{LOS}}(r) L_I\left(\frac{P_u\,|X_u|^{-\alpha_u}}{\beta} - N\right)\frac{2r}{R_c^2}\mathrm{d}r +$$

$$\int_0^{R_c} P_{\text{NLOS}}(r) L_I\left(\frac{\eta P_u\,|X_u|^{-\alpha_u}}{\beta} - N\right)\frac{2r}{R_c^2}\mathrm{d}r \tag{4.24}$$

$$\overline{P}^U_{\text{cov, du}}(\beta) = \int_0^{R_c} P_{\text{LOS}}(r) U_I\left(\frac{P_u\,|X_u|^{-\alpha_u}}{\beta} - N\right)\frac{2r}{R_c^2}\mathrm{d}r +$$

$$\int_0^{R_c} P_{\text{NLOS}}(r) U_I\left(\frac{\eta P_u\,|X_u|^{-\alpha_u}}{\beta} - N\right)\frac{2r}{R_c^2}\mathrm{d}r \tag{4.25}$$

由此证明了定理 4.2。　□

根据定理 4.2，当 $T \gg P_d$，可以看到 $U_I(T) = L_I(T) \approx 1 - \pi\lambda_d\left(\frac{T}{P_d}\right)^{-2/\alpha_d}\Gamma(1+2/\alpha_d)$。也就是说，随着 D2D 发射功率的降低，上界和下界会变得更接近。对于 $\lambda_d \to \infty$，有 $U_I = L_I = 0$。在这种情况下，$\overline{P}_{\text{cov,du}} = 0$ 是由于 D2D 发射机对 AG 链路中的下行链路用户的大量干扰造成的。除此之外，在更高的高度部署 UAV BS 可以获得更高的 LOS 机会，进而导致更高的覆盖率。但是，由于 $|X_u|$ 随着 h 的增加而增加，因此考虑到 L_I 和 U_I 的降低，下行链路用户的覆盖率也会降低。实际上，可以通过适当调整 UAV BS 的高度来最大化下行链路用户的覆盖率。

从定理 4.2 中可以看到，随着 R_c 的增加，下行链路用户的覆盖率会减小。相比之下，R_c 值越大，D2D 用户的覆盖率就越大。同时，通过减少 D2D 发射机的数量可以提高下行链路用户的平均覆盖率。根据参考文献[31]中的结果，可以表述如下命题，确定网络中没有干扰 D2D 用户时下行链路用户的覆盖率。

命题 1　当 $P_d \to 0$ 且 $\lambda_d \to 0$ 时，下行链路用户的覆盖率可以表达为：

$$\overline{P}_{\text{cov, du}}(\beta) = \int_0^{\min\left\{\left[\left(\frac{P_u}{\beta N}\right)^{2/\alpha_u} - h^2\right]^{0.5},\,R_c\right\}} P_{\text{LOS}}(r)\frac{2r}{R_c^2}\mathrm{d}r + \int_0^{\min\left\{\left[\left(\frac{\eta P_u}{\beta N}\right)^{2/\alpha_u} - h^2\right]^{0.5},\,R_c\right\}} P_{\text{NLOS}}(r)\frac{2r}{R_c^2}\mathrm{d}r$$

$$(4.26)$$

式(4.26)所表示的下行链路的最大覆盖率可以在没有 D2D 干扰的情况下得到。

系统总速率

在这里，我们给出了下行链路用户和 D2D 用户的平均可实现的传输速率（即空对地传输速率）[164]：

$$\overline{C}_{du} = W\log_2(1+\beta)\overline{P}_{cov,du}(\beta) \tag{4.27}$$

$$\overline{C}_d = W\log_2(1+\beta)\overline{P}_{cov,d}(\beta) \tag{4.28}$$

其中 W 为下行链路用户和 D2D 用户可用的传输带宽。

所有下行链路用户和 D2D 用户的网络中平均总速率为：

$$\overline{C}_{sum} = R_c^2\pi\lambda_{du}\overline{C}_{du} + R_c^2\pi\lambda_d\overline{C}_d \tag{4.29}$$

考虑到 $\mu = \dfrac{\lambda_{du}}{\lambda_d}$，那么有：

$$\overline{C}_{sum} = \lambda_d R_c^2\pi[\mu\overline{P}_{cov,du}(\beta) + \overline{P}_{cov,d}(\beta)]W\log_2(1+\beta) \tag{4.30}$$

在所考虑的圆形地理区域中，下行链路用户和 D2D 用户的数量分别由 $R_c^2\pi\lambda_d$ 和 $R_c^2\pi\lambda_{du}$ 表示。

我们可以看到平均总速率 $\overline{C}_{sum}$ 是 λ_d 与下行链路用户和 D2D 链路的覆盖率的递增函数。但随着 D2D 用户数量的增加，覆盖率降低。因此，更高的 λ_d 并不一定会导致更高的总速率。事实上，可以通过优化调整 D2D 用户的密度来最大化系统的总速率。例如，在一个实际的蜂窝系统中，网络运营商可以适当地安排 D2D 传输以控制这个密度。

同时，$\overline{C}_{sum}$ 依赖于覆盖率和阈值（β）。随着 β 的增加，覆盖率降低，而 $\overline{C}_{sum}$ 的对数函数随着 β 的增加而增加。在这样的权衡下，可以通过优化阈值来获得最优的总速率。

4.2.3 移动 UAV BS 场景

现在我们考虑一个 UAV BS 可以移动的网络。在这个场景中，利用 UAV BS 的移动性为特定地理区域内的用户提供全域覆盖。具体来说，UAV 移动和悬停在一些预先定义的位置，这些位置称为悬停点，以便为下行链路用户提供无线连接。在 UAV BS 移动的无线网络中，我们希望找到最小的 UAV BS 悬停点数量（M）以及悬停点的位置，以满足区域内所有下行链路用户的覆盖要求。该问题本质上是用最少的移动来完全覆盖所考虑的圆形区域。为了解决这个问题，我们使用数学中的圆盘覆盖问题[165]。圆盘覆盖问题处理的是用最小数量的小圆盘覆盖大圆盘的问题。这个问题的目标是解决如何用最小数量的具有指定半径且大小相同的圆盘完全覆盖给定的大圆盘。

图 4.4 可作为分析 UAV BS 移动场景的圆

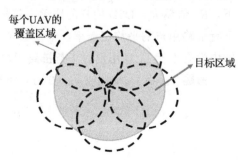

图 4.4 五个圆盘覆盖问题

盘覆盖问题的说明示例。其中，每个小圆盘的中心对应一个 UAV BS 的悬停点，其半径表示 UAV BS 的覆盖半径。表 4.1 给出了不同数量的 UAV BS 悬停点下 UAV BS 移动以完全覆盖圆形覆盖区域的最小覆盖半径[165-166]。根据地理区域的大小以及 UAV BS 的覆盖范围，可以确定该区域内为下行链路用户提供全覆盖所需的最小悬停点数量（及其位置）。接下来我们将讨论基于圆盘覆盖的 UAV BS 移动场景的性能分析。

表 4.1　覆盖问题中圆盘的数量和半径

悬停点个数	最小覆盖半径(R_{min})
$M=1, 2$	R_c
$M=3$	$\frac{\sqrt{3}}{2}R_c$
$M=4$	$\frac{\sqrt{2}}{2}R_c$
$M=5$	$0.61R_c$
$M=6$	$0.556R_c$
$M=7$	$0.5R_c$
$M=8$	$0.437R_c$
$M=9$	$0.422R_c$
$M=10$	$0.398R_c$
$M=11$	$0.38R_c$
$M=12$	$0.361R_c$

我们需要找到满足下行链路用户覆盖所需要的 UAV BS 最大覆盖半径。下行链路用户的覆盖率超过目标的范围 ε 对应的 UAV BS 的覆盖半径。因此，位于 UAV BS 覆盖范围内的所有下行链路用户将视为被 UAV BS 覆盖且至少覆盖率为 ξ。现在可以定义 UAV BS 的最大覆盖范围如下：

$$R_m = \max\{R \mid P_{\text{cov,du}}(\beta, R) \geqslant \varepsilon, P_u, h\} = P_{\text{cov,du}}^{-1}(\beta, \varepsilon) \tag{4.31}$$

其中 h 和 P_u 为 UAV 的高度和发射功率。同时，ε 表示下行链路用户需求的覆盖率。

现在，我们确定实现该区域全覆盖所需的最小 UAV BS 悬停点数量：

$$\begin{cases} L = \min\{M\} \\ P_{\text{cov,du}}(r, \varphi, \beta) \geqslant \varepsilon \end{cases} \tag{4.32}$$

其中 M 为悬停点个数，L 为 M 的最小值。我们还有：

$$R_{\min,L} \leqslant R_m \leqslant R_{\min,L-1} \rightarrow \min\{M\} = L \tag{4.33}$$

对于表 4.1，$R_{\min,L-1}$ 和 $R_{\min,L}$ 分别表示使用 $L-1$ 和 L 个圆盘完全覆盖圆形区域所需的最小半径。

在这种情况下，为了确保 UAV BS 在覆盖该区域的同时使用最小的发射功率，应该有：

$$P_{u,\min} = \underset{P_u}{\text{argmin}}\{P_{\text{cov,du}}^{-1}(\beta, \varepsilon) = R_{\min,L} \mid h\} \tag{4.34}$$

在式（4.34）中，$P_{u,\min}$ 为 UAV 发射功率最小值。因此，该区域可以在相应最小的 UAV BS 发射功率和最少的悬停点下被完全覆盖。

之后我们将分析悬停点的数量如何影响下行链路用户的覆盖时间和 D2D 用户的中断概率。

现在考虑 M 次实例中移动 UAV BS 的情况。在每次实例中，UAV BS 和 D2D 链路都同时进行业务传输。在这 M 次实例中，飞行的 UAV BS 悬停在 M 个点上，为地面上的下行链路用户提供全下行链路覆盖。在这种情况下，随着 M 的增加，UAV BS 的总覆盖时间也会增加，因为随着悬停点的增加，UAV BS 需要更多次的移动。在这里，UAV

BS 在服务下行链路用户时飞行的总时间称为时延或延迟。该时延与悬停点之间的距离、UAV BS 的速度以及 UAV 在每个悬停点的传输时间有关。这个时延为:

$$\tau = T_{tr} + MT_s \tag{4.35}$$

其中, T_{tr} 为 UAV BS 的总飞行时间, M 为悬停点个数。T_s 为 UAV BS 在各悬停点的传输时间。正如在前面的章节中讨论的,飞行时间取决于各种因素,如 UAV BS 的速度、区域面积的大小和悬停点的位置。例如,当 $M=3$ 和 $M=4$ 时,飞行时间分别为 $\dfrac{\sqrt{3}R_c}{v}$ 和 $\dfrac{3R_c}{v}$,其中 v 是 UAV BS 的移动速度,R_c 是所考虑的圆形区域的半径。传输时间 T_s 受多址方案的影响。时分多址(TDMA)的传输时间近似为:

$$T_s \approx T_{s,1} \frac{R_{\min}^2(M)}{R_c^2} U \tag{4.36}$$

其中 $T_{s,1}$ 为每个下行链路用户服务所需的 UAV BS 传输时间,U 为下行链路用户的总数量。UAV BS 的覆盖范围由 $R_{\min}$ 给出,$R_{\min}$ 是 M 和地理区域面积的函数。

在频分多址(FDMA)的情况下,所有的地面用户可以同时得到服务。因此,我们有 $T_s = T_{s,1}$。图 4.5 说明了总时延与悬停点的数量的变化关系。这里,UAV BS 的速度为 10m/s,并考虑进行两次传输。从图 4.5 可以看出,悬停点数越多,时延越大。此外,当每个悬停点的传输时间增加时,时延也会增加。例如,图 4.5 显示当 $T_{s,1}=20s$ 时通过将悬停点的数量从 3 增加到 10,时延变为原来的 2 倍。

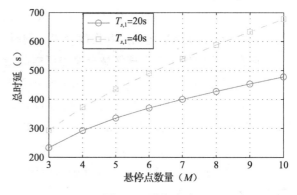

图 4.5   覆盖时延

现在求解 UAV BS 和 D2D 用户在 M 次传输过程中,D2D 用户的中断概率。中断概率定义为在 M 次 D2D 传输中,至少有一次传输失败的概率。设 (r_i, h_i) 为悬停点 i 相对于典型的 D2D 用户的位置,r_i 为 UAV BS 与 D2D 用户之间的水平距离。我们假设瑞利衰落在不同时刻的情况下是独立的。然而,在不同时刻的实例中,D2D 干涉存在空时相关性。接下来,我们找到了整个 D2D 用户的中断概率(证明见参考文献[31])。

定理 4.3   对于 D2D 无线传输网络和移动 UAV BS,D2D 用户的总中断概率为:

$$P_{out,d} = 1 - \exp\left(-\lambda_d \int_{R^2}\left[1 - \left(\frac{1}{1 + \frac{\beta|x|^{-\alpha_d}}{d_0^{-\alpha_d}}}\right)^M\right]\mathrm{d}x\right) \times$$

$$\prod_{i=1}^{M} \mathbb{E}_{I_{u,i}} \left[\exp\left(\frac{-d_0^{\alpha_d} \beta I_{u,i}}{P_d} \right) \right] \exp\left(\frac{-d_0^{\alpha_d} \beta MN}{P_d} \right) \tag{4.37}$$

其中，$I_{u,i}$ 表示 UAV 对 D2D 用户的干扰。此外，$E_{I_{u,i}}(.)$ 为：

$$\mathbb{E}_{I_{u,i}} \left[\exp\left(\frac{-d_0^{\alpha_d} \beta I_{u,i}}{P_d} \right) \right] = P_{\text{LOS},i} \exp\left(\frac{-\beta d_0^{\alpha_d} P_u |X_{u,i}|^{-\alpha_d}}{P_d} \right) + P_{\text{NLOS},i} \exp\left(\frac{-\beta d_0^{\alpha_d} \eta P_u |X_{u,i}|^{-\alpha_d}}{P_d} \right) \tag{4.38}$$

根据定理 4.3，中断概率随着 M 的增加而增加。基于这一事实，对于更多的悬停点和 UAV BS 传输，D2D 用户将受到 UAV BS 更严重的干扰。由此可见，当 M 值较大时，$P_{\text{out},d}$ 趋近于 1。同时，增加 UAV BS 悬停点的数量，下行链路用户的覆盖率也会增大。因此，在改变悬停点数量的同时，下行用户的覆盖率和 D2D 用户的总中断概率之间存在一种内在的权衡。

4.2.4　具有代表性的仿真结果

在表 4.2 中，我们提供了基于参考文献[158]和参考文献[164]的仿真参数。我们评估了以上所考虑的 UAV BS 与 D2D 网络的性能，同时得到了 UAV BS 高度、D2D 用户数量和目标 SINR 等不同参数的影响。

图 4.6 展示了 D2D 用户覆盖率与 SINR 阈值的对比图。图 4.7 给出了下行链路用户覆盖率随 SINR 阈值变化的上界和下界。在图 4.6 和图 4.7 中，我们将分析结果与仿真结果进行

表 4.2　仿真参数

描述	参数	数值
UAV BS 发射功率	P_u	5W
D2D 发射功率	P_d	10mW
路径损耗系数	K	-30dB
UAV 链路的路径损耗指数	α_d	2
D2D 链路的路径损耗指数	α_u	3
噪声功率	N	-120dBm
带宽	W	1MHz
D2D 对的固定距离	d_0	20m
NLOS 信道的过度衰减因子	η	20dB
密集城市环境的参数	B，C	0.136，11.95

比较，可以看出随着目标 SINR 的增大，D2D 覆盖率和下行链路用户的覆盖率都减小。

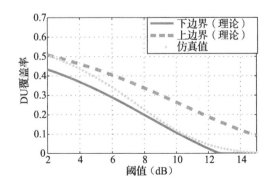

图 4.6　DU 覆盖率与 SINR 阈值的关系

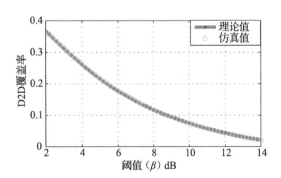

图 4.7　D2D 覆盖率与 SINR 阈值的关系

在图 4.8 中，我们展示了系统总速率如何受到 D2D 用户密度的影响。首先可以看到，当 D2D 发射机数量减少时，D2D 干扰减少。然而，较低的 D2D 用户密度会导致较低的系

统总速率。D2D 用户数量的减少虽然提高了地面 D2D 用户的覆盖率，但会对系统总速率

产生负面影响，系统总速率与 D2D 用户数量成正比。从图 4.8 中，我们可以看到 D2D 用户密度存在一个最优值（达到最大总速率）。例如，对于 $\lambda_{du} = 10^{-4}$，当 $\lambda_d = 0.9 \times 10^{-4}$ 时，系统总速率最大。

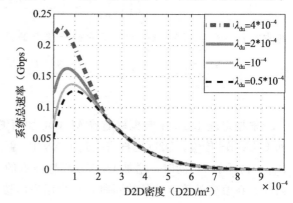

图 4.8   平均总速率与 D2D 密度的关系

在图 4.9 中，我们分析了 UAV 支持的 D2D 无线通信系统的总速率与 SINR 阈值的变化关系。其中带宽是 1MHz，UAV BS 的高度是 500m，$\lambda_{du} = 10^{-4}$。随着 β 的增加，满足 SINR 要求的可能性减小，因此覆盖率降低。然而，对式(4.27)和式(4.28)，增加 β 会导致 $\log_2(1+\beta)$ 增加。考虑到 SINR 阈值对系统总速率的影响，我们可以看到当 $\beta \to \infty$ 时总速率趋近于零。

为了得到 D2D 距离 d_0 对性能的影响，在图 4.10 中，我们验证了系统总速率对 d_0 和 D2D 用户密度的影响。减少 d_0，由于 D2D 覆盖率增加，系统的总速率也增加。再有，当 d_0 的值越高，D2D 用户的最优密度（即总速率最大化）就越低。例如，当 d_0 从 5m 增加到 8m 时，最优 D2D 密度降低约 60%。

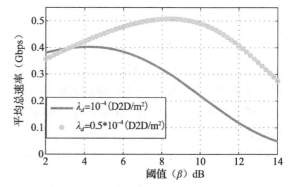

图 4.9   平均总速率与目标 SINR 的关系

图 4.11 展示了 UAV BS 高度对 D2D 用户和下行链路用户覆盖率的影响。对于下行链路用户，希望将 UAV BS 部署在覆盖率最大的对应高度。通过对 UAV 导航系统与下行链路用户之间 LOS 概率和距离的权衡，确定 UAV 导航系统的最佳高度。从图 4.11 可以看出，当 UAV BS 的高度在 500m 时，下行链路用户的覆盖率最大。然而，对于 D2D 用户来说，UAV 是一个干扰源。

因此，对于 D2D 用户来说，UAV BS 覆盖范围过大是不可取的。正如我们的直观预期，当 UAV BS 被放置在一个非常高的高度时，UAV BS 对 D2D 链路的干扰可以忽略，D2D 用户的覆盖率是最大的。同时，对于一些 UAV BS 高度（如 800m），由于 UAV BS 的传输产生强烈干扰，D2D 用户覆盖较差。

图 4.12 验证了 UAV BS 的高度对无线网络总速率的影响。如图 4.12 所示，在海拔为 300m、350m、400m，且 D2D 间隔距离为 20m、25m、30m 时，系统总速率最大。从图 4.12 可以清楚地看到，当 UAV BS 的高度超过 1300m 时，总速率仍在增加。在该高

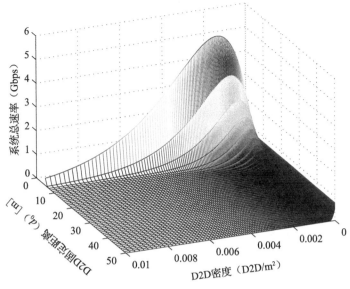

图 4.10　平均总速率与 d_0 和 λ_d 的关系

度以上，下行链路用户未被 UAV 覆盖，而 D2D 用户仍有覆盖。通过增加 UAV 的高度，提高了 D2D 用户的覆盖性能，从而提高了系统的总速率。

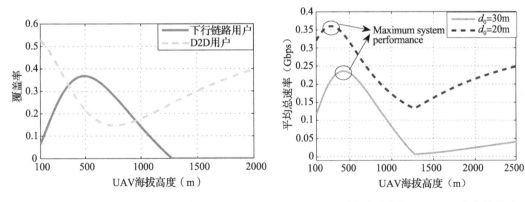

图 4.11　覆盖率与 UAV 海拔高度的关系　　图 4.12　平均总速率与 UAV BS 高度的关系

现在我们将评估 UAV 与 D2D 网络在 UAV BS 移动场景中的性能。图 4.13 分析了 D2D 用户数量对确保下行链路用户覆盖需求所需 UAV BS 最小悬停点数的影响。可以看到，通过增加 D2D 用户密度，下行链路用户接收到来自 D2D 发射机的干扰更强。因此，需要增加 UAV BS 悬停点的数量，以满足下行链路用户的 SINR 要求。例如，悬停点数量 M 从 3 个增加到 8 个，D2D 密度从 0.2×10^{-4} 增加到 0.8×10^{-4}。

在图 4.14 中，展示了下行链路用户的覆盖率与 UAV BS 覆盖总时间之间的权衡。在这里，完全覆盖地理区域所需的时间被称为时延，这取决于悬停点的数量。通过增加悬停点的数量，UAV BS 可以为其下行链路用户提供更好的覆盖（即更高的 SINR）。例如，在 10^{-4} D2D 密度下，要想将下行用户的覆盖率从 0.4 提高到 0.7，需要将 UAV BS 悬停点的数量增加至 4.6 倍。这反过来导致了 UAV BS 覆盖总时间更长。

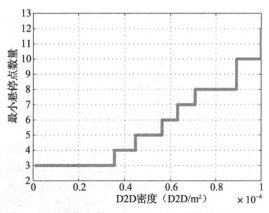

图 4.13　悬停点数量与 D2D 用户密度的关系

图 4.15 分析了传输实例数 M 对 D2D 用户中断概率的影响。随着 M 的增加，D2D 用户的中断概率也会增加，原因有两个。原因一是，随着传输次数的增加，出现一次 D2D 传输故障的概率增加。原因二是，随着 M 的增加，UAV BS 对 D2D 接收机产生的干扰增大，导致 D2D 用户的 SINR 降低。以图 4.15 为例，M 从 3 增加到 7，D2D 中断概率从 20％增加到 38％。

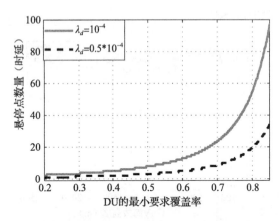

图 4.14　悬停点的最小数量与 DU 覆盖率的关系

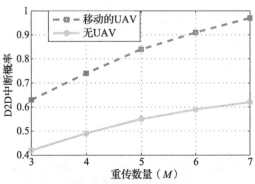

图 4.15　D2D 总中断概率与 M 的关系

4.3　本章小结

在本章中，我们研究了静态或移动的 UAV BS 无线网络性能的极限、各种度量指标之间的权衡。我们已经简要概述了 SG 作为分析工具的强大性能。然后，我们介绍了几个详细的案例研究来分析 UAV BS 无线通信的性能极限，同时揭示了 UAV BS 的各种独特特性（如高度、移动性和 LOS 通信）对性能的影响。特别地，我们分析了 UAV BS、下行链路用户以及与 UAV 和下行链路用户共存的 D2D 用户网络的性能。我们从覆盖率、系统总速率、中断概率和覆盖时延等关键指标对 UAV 与 D2D 网络在静态和移动场景下的性能进行了评估。特别是在静态 UAV 场景下，我们推导了下行链路用户和 D2D 用户的覆盖率和系统总速率。同时，在移动 UAV 场景中，借鉴圆盘覆盖问题对给定的圆形地理区域进行完全覆盖，确定移动 UAV 的位置（悬停点）。此外，我们还确定了 D2D 用户的中断概率，并得到了 UAV BS 悬停点数量对 D2D 用户和下行链路用户性能的影响。本章所做的性能分析为分析更复杂多样的 UAV 无线通信和网络场景提供了基础。这样的场景可以把在第 1 章中讨论的各种 UAV 角色合并到各种 UAV 用例中，如在第 2 章中展示的那些。同时，可以在得到 UAV 的移动特性、时域信道变化和天线模式的同时，进一步研究基于 UAV 的无线通信系统（UAV BS 和 UAV UE 场景）的基本性能。

第 5 章

UAV 无线通信部署

通过第 4 章深入理解 UAV 无线网络的性能之后，我们下一步将研究如何部署 UAV BS 以提高无线容量和覆盖范围。事实上，在支持 UAV 的无线通信系统中，UAV（在其所有角色中）的三维布局都是一个重要的设计挑战。UAV 的自适应高度以及它们的移动性特征使得有效的部署方案得以使用。因此，UAV 的最优部署问题在一些文献[109,158,167-175]中引起了极大的关注。显然，在特定区域内如何部署 UAV，对于 UAV 网络，尤其是 UAV BS 网络的性能将产生显著影响。总的来说，UAV 部署优化是一项具有挑战性的工作，因为这涉及多种不同的参数，如 UAV 信道增益、UAV 间的干扰和部署环境。另外，我们必须考虑 UAV 电池的限制，这也会影响系统性能。事实上，在设计 UAV 通信系统时，我们需要对 UAV 的部署进行全面的研究。

因此，在本章中我们将研究用于无线通信中的 UAV 部署问题。我们会特别专注于 UAV BS 的部署，它们的位置会对性能产生巨大影响。为此，在 5.1 节我们首先对可用于开发无人机无线网络优化部署策略的分析工具进行简要概述。然后，在 5.2 节我们将全面研究如何通过部署 UAV BS 来优化与 UAV BS 进行下行通信的无线设备地面网络的覆盖范围。我们重点阐述了如何部署 UAV BS，通过确定它们的数量和位置，以在各种约束条件（如功率）下最大限度地提高网络性能。接下来，受第 2 章 UAV 的 IoT 应用的启发，在 5.3 节中我们研究了如何最优部署 UAV BS，以通过上行链路从地面 IoT 设备收集数据的问题。在这方面，我们展示了 UAV BS 如何以节能的方式部署和运行，以提供收集 IoT 数据的服务。然后，在 5.4 节中我们将转向研究那些能够缓存热门信息内容和跟踪地面用户移动性的 UAV BS 优化部署。特别地，我们利用机器学习工具来主动部署此类 UAV BS 并使其能够主动缓存内容。然后我们来看如何利用学习技术来解决在 UAV BS 网络中进行部署、缓存管理和资源分配的联合问题。最后在 5.5 节对本章进行总结。

5.1　UAV 部署分析工具

本节我们介绍一些用于解决无线网络中 UAV 部署问题的关键分析工具。

集中优化理论

由于 UAV 应用在无线网络中的多样性，将会有许多复杂的优化问题需要解决。根据 UAV 每个特定的应用，必须在考虑各种指标（如速率、覆盖率、能源消耗）的情况下，对 UAV 的三维位置进行优化，以实现网络性能最大化。在优化 UAV 的位置时，可以利用传统的凸优化和非凸优化方法。接下来，我们从优化理论出发，讨论两个用于研究 UAV 的部署优化问题的工具。

设施选址理论

设施选址问题是指设施的最优配置问题，使设施和客户之间的运输成本最小化。当所有客户都有需求由多个设施来满足时，这个问题称为位置-分配问题。设施选址问题的主要组成部分包括客户（使用特定设施），应最优选址的设施，设施与顾客的位置空间和目标函数，目标函数取决于交通时间和距离以及其他因素[176]。在一般形式的设施选址问题中，目标是确定最优的设施数量以及它们的最优位置来最小化成本。这些成本包括运输成本（设施和顾客之间距离的函数）和设施建造成本。设施选址问题的建模可以基于单个或多个设施案例、有容量限制或无容量限制的设施、连续或离散的位置空间进行。此外，根据目标函数可以将设施选址问题划分为极小和问题、极大极小问题和覆盖问题。这些术语的定义如下[177]：

- 连续和离散：在离散选址问题中，设施的选址必须从一组离散的候选点中选择。然而，在连续案例中，设施位于一个连续的空间上。
- 有容量限制和无容量限制：在有容量限制设施的选址中，设施用有限的容量服务用户。对于无容量限制的情况，设施的容量是无限的。
- 极小和问题：目的是把所有用户的距离/成本总和降到最低。
- 极大极小问题：目的是把最远用户的距离/成本总和降到最低。
- 覆盖问题：目的是设施的放置要让每个客户跟对应的设施保持一定的距离，这个距离要低于指定的阈值。

接下来，我们描述一些最普遍的设施选址问题。

设施选址问题的分类

设施选址问题可以在离散或者连续的空间中进行定义。但是由于连续域分析的复杂性，大部分文献都专注于离散设施选址问题。

- 中值问题：其主要目的是最小化设施到用户间的平均距离。
- 中心问题：其主要目的是最小化设施到用户间的最大距离。这类问题很适合急救站的部署，它们离最远需求点的距离不应该超过某特定阈值。
- 覆盖问题：在覆盖问题中，目标是为用户提供最大的覆盖。事实上，不同于中值和中心问题，覆盖问题不涉及最小化设施和用户之间的距离。相反，覆盖问题试图确保每个用户之间的距离其中一个设施低于预先设定的阈值。最大化给定数量设施的覆盖称为最大覆盖位置问题（MCLP）。

如果设施的容量是有限的，那么就不能保证同时覆盖所有点。在这种情况下，需要考虑每个设施可用的概率，使覆盖范围的期望值得以最大化。

另一类覆盖问题是位置集覆盖问题（LSCP）。在这个问题中，完全覆盖所需的设施数量得以最小化。

- 随机设施选址问题：设施选址问题可以分为确定性问题和随机性问题。在确定性情况下，所有参数是确定的和已知的。但在随机情况下，客户需求等参数是随机的。在系统中捕获不确定性的一种方法是采用场景规划模型。
- 多目标设施选址问题：在多目标设施选址中，设施的选址同时考虑了不同标准和目标函数。在这种情况下，确定设施的最优位置时应在不同目标之间进行权衡。通常，在多目标优化中，不可能为每个单一目标找到一个最优解。因此，通常提出的有效解中[177]，没有一个目标可以在不损害其他目标的前提下得到改进。
- 移动设施定位问题：在移动设施定位问题中，目的是把设施移动到新的地点，使得总成本（包括运输设施与客户之间的费用，以及移动设施所需成本）最小[178]。事实上，通过移动设施，可以减小客户和设施之间的平均距离，但同时也会带来移动设施的成本。

圆形堆积与覆盖问题

堆积理论是一类优化问题，目的是把对象一起装进容器，将单个容器堆积得尽可能密集[179]。堆积问题有双重覆盖问题，其中完全覆盖容器的每一个区域所需的互不重叠对象数量得以最小化。更具体地说，在几何学中，圆形堆积是研究在给定二维图形中等圆或不等圆的排列问题，使得：（1）圆之间相互不重叠；（2）达到最大堆积密度。

堆积密度对应于给定表面被圆所覆盖的比例。在二维欧几里得空间中，圆的最大堆积密度为 $\frac{\pi\sqrt{3}}{6}$，得到一个六角形的堆积排列。图 5.1 和图 5.2 举例说明了一个正方形区域内的圆形堆积和圆形覆盖。在随后的章节中可以看到，圆形堆积和覆盖问题可以用来解决重要的 UAV 部署问题。圆形堆积的推广称为球形堆积问题，通常考虑相同的球体。

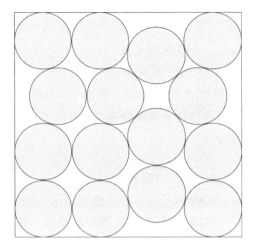

图 5.1　正方形内的圆形堆积（堆积问题）

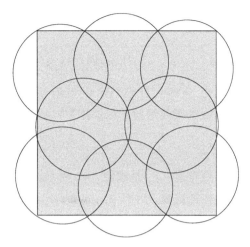

图 5.2　用圆形覆盖正方形（覆盖问题）

5.2　优化覆盖的 UAV BS 部署

从我们在参考文献[168]的工作中得到启示，本节中我们将研究 UAV BS 的最优三维部署，以实现下行覆盖的最大化。此外，在最大化覆盖范围的同时，我们的目标是将 UAV BS 的发射功率降至最小，从而降低其功耗以及对地面网络造成的干扰。确切地说，是在考虑地理区域的大小、可用 UAV BS（配备定向天线）的数量和地面用户覆盖需求的情况下，开发一个 UAV BS 位置优化的框架。首先推导出 UAV 服务地面用户的覆盖率，它是每个 UAV 的高度和天线波束宽度的函数。然后基于圆形堆积理论的概念设计了一种多 UAV BS 的最优部署方法[180]。

5.2.1　部署模型

如图 5.3 所示，我们研究了一个无线网络问题，M 个 UAV BS 必须放置在一个给定的圆形地理区域，以提供与地面用户的无线连接。这些 UAV BS 是静止 LAP（例如，旋翼 UAV BS），具有相同的高度和发射功率。UAV BS 使用半波束宽度 θ_B 的定向天线，其天线增益在参考文献[181]中给出：

$$G = \begin{cases} G_{3\mathrm{dB}} & \dfrac{-\theta_B}{2} \leqslant \varphi \leqslant \dfrac{\theta_B}{2} \\ g(\varphi) & \text{其他} \end{cases} \tag{5.1}$$

其中 $G_{3\mathrm{dB}} \approx \dfrac{29\,000}{\theta_B^2}$，$\theta_B$ 是主瓣增益角度，φ 是扇区角度[182]。在式(5.1)中，$g(\varphi)$ 表示定向天线主瓣以外的天线增益。对于 UAV BS 和地面用户之间的 AG 信道，我们考虑 3.3.6

节概率性的 LOS/NLOS 模型。在这种情况下，由 UAV BS j 服务的用户接收的信号功率可以表示为[157]：

$$P_{r,j}(\text{dB}) = \begin{cases} P_t + G_{3\text{dB}} - L_{\text{dB}} - \psi_{\text{LOS}} & \text{LOS 链路} \\ P_t + G_{3\text{dB}} - L_{\text{dB}} - \psi_{\text{NLOS}} & \text{NLOS 链路} \end{cases} \tag{5.2}$$

其中，P_t 是每个 UAV BS 的发射功率，$P_{r,j}$ 是信号接收功率，$G_{3\text{dB}}$ 是以 dB 为单位的 UAV BS 的天线增益。L_{dB} 表示 UAV BS 到用户之间通信的大尺度路径损耗：

$$L_{\text{dB}} = 10n\log\left(\frac{4\pi f_c d_j}{c}\right) \tag{5.3}$$

其中 c 是光速，f_c 是载频，d_j 是地面用户与 UAV BS j 之间的距离，$n \geqslant 2$ 表示 AG 通信的路径损耗指数，并且 $\psi_{\text{LOS}} \sim N(\mu_{\text{LOS}}, \sigma_{\text{LOS}}^2)$ 和 $\psi_{\text{LOS}} \sim N(\mu_{\text{NLOS}}, \sigma_{\text{NLOS}}^2)$ 分别表示 LOS 链路和 NLOS 链路服从正态分布的阴影衰落。通常，方差是仰角和环境类型的函数，在参考文献[157]中给出：

$$\sigma_{\text{LOS}}(\theta_j) = k_1\exp(-k_2\theta_j) \tag{5.4}$$

$$\sigma_{\text{NLOS}}(\theta_j) = g_1\exp(-g_2\theta_j) \tag{5.5}$$

其中，$\theta_j = \arcsin(h/d_j)$ 是 UAV BS j 与地面用户之间的倾角，k_1、k_2、g_1、g_2 是取决于环境类型的常数。在这个模型里，LOS 概率为[157]：

$$P_{\text{LOS},j} = \alpha\left(\frac{180}{\pi}\theta_j - 15\right)^{\gamma} \tag{5.6}$$

其中，α 和 γ 是捕获了环境效应的常数，而且 NLOS 链路的概率为 $P_{\text{NLOS},j} = 1 - P_{\text{LOS},j}$。

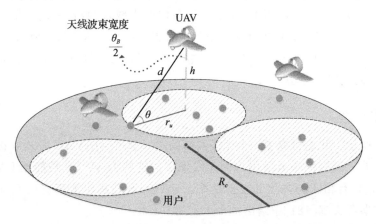

图 5.3 系统模型

5.2.2 部署分析

首先，我们根据地面用户的覆盖需求确定每个 UAV BS 的覆盖半径。为此，基于参考文献[168]中的结果，在定理 5.1 中，我们推导了服务地面用户的下行覆盖率。接下来，提出了一种以最大化下行链路总覆盖性能为目标的有效的多 UAV BS 部署方法。

定理 5.1 由 UAV BS j 给地面用户提供服务的下行覆盖率为：

$$P_{cov} = P_{LOS,j} Q \left(\frac{P_{min} + L_{dB} - P_t - G_{3dB} + \mu_{LOS}}{\sigma_{LOS}} \right) +$$

$$P_{NLOS,j} Q \left(\frac{P_{min} + L_{dB} - P_t - G_{3dB} + \mu_{NLOS}}{\sigma_{NLOS}} \right) \tag{5.7}$$

其中，$r \leqslant h \cdot \tan(\theta_B/2)$ 是地面用户与 UAV 到地面投影的水平距离，$P_{min} = 10\log(\beta N + \beta \bar{I})$ 是地面接收机能成功检测的最小接收功率，N 是噪声功率。β 表示 SINR 阈值，$\bar{I}$ 是收到的来自最近的干扰 UAV BS 的平均干扰功率，可以表示为：

$$\bar{I} \approx P_t g(\varphi_k) \left[10^{\frac{-\mu_{LOS,k}}{10}} P_{LOS,k} + 10^{\frac{-\mu_{NLOS,k}}{10}} P_{NLOS,k} \right] \left(\frac{4\pi f_c d_k}{c} \right)^{-n} \tag{5.8}$$

注意，$Q(.)$ 是 Q 函数。

证明 我们在这里给出来自文献［168］的证明，主要是给读者分步论述如何展示 UAV BS 部署的这些基本成果。首先我们注意到，当考虑 UAV BS 之间的平均干扰时，地面用户的下行覆盖率可以推导为：

$$P_{cov} = \mathbb{P} \left[\frac{P_{r,j}}{N + \bar{I}} \geqslant \beta \right] = \mathbb{P}[P_{r,j}(\text{dB}) \geqslant P_{min}]$$

$$= P_{LOS,j} \mathbb{P}[P_{r,j}(\text{LOS}) \geqslant P_{min}] + P_{NLOS,j} \mathbb{P}[P_{r,j}(\text{NLOS}) \geqslant P_{min}]$$

$$\overset{(a)}{=} P_{LOS,j} \mathbb{P}[\psi_{LOS} \leqslant P_t + G_{3dB} - P_{min} - L_{dB}] +$$

$$P_{NLOS,j} \mathbb{P}[\psi_{NLOS} \leqslant P_t + G_{3dB} - P_{min} - L_{dB}]$$

$$\overset{(b)}{=} P_{LOS,j} Q \left(\frac{P_{min} + L_{dB} - P_t - G_{3dB} + \mu_{LOS}}{\sigma_{LOS}} \right) +$$

$$P_{NLOS,j} Q \left(\frac{P_{min} + L_{dB} - P_t - G_{3dB} + \mu_{NLOS}}{\sigma_{NLOS}} \right) \tag{5.9}$$

其中 $\mathbb{P}[.]$ 是概率符号，$P_{min} = 10\log(\beta N + \beta \bar{I})$。很明显，因为使用了定向天线，所以干扰主要来自最近的 UAV BS k。因此，$\bar{I}$ 可以表示成：

$$\bar{I} \approx P_{LOS,k} \mathbb{E}[P_{r,k}(\text{LOS})] + P_{NLOS,k} \mathbb{E}[P_{r,k}(\text{NLOS})]$$

$$= P_t g(\varphi_k) \left[10^{\frac{-\mu_{LOS}}{10}} P_{LOS,k} + 10^{\frac{-\mu_{NLOS}}{10}} P_{NLOS,k} \right] \left(\frac{4\pi f_c d_k}{c} \right)^{-n}$$

其中 $\mathbb{E}[.]$ 是接收到的干扰功率的数学期望。（a）由式（5.2）得出，（b）是高斯随机变量的互补累积分布函数（CCDF）的结果。最后，由 $r \leqslant h \cdot \tan(\theta_B/2)$ 表示当用户位于 UAV BS 覆盖波束内时，该用户被 UAV BS 覆盖，由此证明了这个定理。 □

由定理 5.1 我们可以观察到增加 UAV BS 的高度会增加路径损耗和 LOS 径概率，从而提高覆盖半径。并且，由于 UAV BS 数量的增加，它们相互之间的距离会更近，导致来自最近 UAV BS 的干扰增强。定义 UAV BS 覆盖半径为 r_u，它本质上表示满足对地面用户的覆盖率超过一个给定阈值(ε)的最大范围。UAV BS 的覆盖半径是天线波束宽度、发射功率、覆盖阈值以及 UAV BS 数量和位置的函数。从数学意义上，UAV BS 的覆盖半径可以表示为：

$$r_u = \max\{r \mid P_{cov}(r, P_t, \theta_B) \geqslant \varepsilon\} \tag{5.10}$$

通过式(5.10)得到的结果，我们希望知道如何部署 UAV BS 最大化总的覆盖面积，同时避免 UAV BS 之间的覆盖区域出现重叠，并且 UAV BS 可以使用最小的发射功率以最大限度延长覆盖寿命。然后，我们可以正式提出 UAV 部署问题：

$$(\vec{r}_j^*, h^*, r_u^*) = \arg \max_{i \in \{1, \cdots, M\}} M. r_u^2 \tag{5.11}$$

$$\text{s.t.} \|\vec{r}_j - \vec{r}_k\| \geqslant 2r_u, \quad j \neq k \in \{1, \cdots, M\} \tag{5.12}$$

$$\|\vec{r}_j + r_u\| \leqslant R_c \tag{5.13}$$

$$r_u \leqslant h. \tan(\theta_B/2) \tag{5.14}$$

其中，R_c 是圆形区的半径，M 是 UAV BS 的数量，$\vec{r}_j$ 表示 UAV BS j 投影在地理区域的二维位置，r_u 是 UAV BS 的最大覆盖半径。式(5.12)确保避免了 UAV BS 覆盖区域之间的重叠，式(5.13)确保 UAV BS 只覆盖期望地理区域之内的范围。

由于未知数比较多以及优化问题的高度非线性性质，求解式(5.11)是一项复杂而具有挑战性的任务。我们用前面章节所述的圆形堆积问题[180]的概念来求解式(5.11)。在这类问题中，多个圆需要放到一个给定平面内，以使这些非重叠圆的堆积密度最大化。图 5.4 中我们举例说明了在一个大圆内三个等圆的最优堆积方法。在表 5.1 内，我们列出了当在一个给定圆形区域内放置多个小圆时，能使堆积密度达到最大的小圆半径[180]。可以明显看出每个圆的半径随着圆数量的增加而减小。值得注意的是总覆盖对应于堆积密度，它是圆形区域中被小圆圈覆盖的最大比例。以 $M = 3$ 为例，我们推导了最优堆积方法。考虑一个半径为 R_c 的圆形区域。为了使堆积密度最大化，在图 5.4 中，每两个小圆必须彼此相切，并且所有小圆都以大圆为边界。在这种情况下，这些小圆的圆心在一个等边三角形的顶点上。考虑图 5.4，我们可以得到 $x = \dfrac{r_u}{\cos(30°)}$ 和 $R_c = r_u + x = r_u$ $\left(1 + \dfrac{2}{\sqrt{3}}\right) \rightarrow r_u = \dfrac{\sqrt{3} R_c}{2 + \sqrt{3}} \approx 0.464 R_c$。

表 5.1   用相同的 UAV 覆盖半径为 R_c 的圆形区域——圆形容器内的圆填充方法

UAV BS 数量	每个 UAV BS 的覆盖半径	最大的总覆盖
1	R_c	1
2	$0.5 R_c$	0.5
3	$0.464 R_c$	0.646
4	$0.413 R_c$	0.686
5	$0.370 R_c$	0.685

（续）

UAV BS 数量	每个 UAV BS 的覆盖半径	最大的总覆盖
6	$0.333R_c$	0.666
7	$0.333R_c$	0.778
8	$0.302R_c$	0.733
9	$0.275R_c$	0.689
10	$0.261R_c$	0.687

在这里，每个圆（或盘）表示每个 UAV BS 的覆盖区域。然后，通过最大化堆积密度可以最大化总覆盖。这对应于使用不重叠的小圆来最大化覆盖区域的问题。随后，根据给定地理区域的大小和 UAV BS 的数量，可以找到三维 UAV BS 的位置及其覆盖范围半径。与此同时，UAV BS 的高度与波束宽度以及覆盖半径的关系为 $h = \dfrac{r_u}{\tan(\theta_B/2)}$。

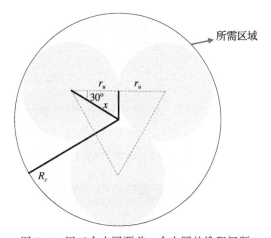

图 5.4　用三个小圆覆盖一个大圆的堆积问题

5.2.3　具有代表性的仿真结果

以下仿真结果基于 $f_c = 2\mathrm{GHz}$，$\alpha = 0.6$，$\gamma = 0.11$，$k_1 = 10.39$，$k_2 = 0.05$，$g_1 = 29.06$，$g_2 = 0.03$，$\mu_{\mathrm{LOS}} = 1\mathrm{dB}$，$\mu_{\mathrm{NLOS}} = 20\mathrm{dB}$ 和 $n = 2.5^{[157]}$。此外，我们考虑 $\varepsilon = 0.80$，$\beta = 5$ 和 $N = -120\mathrm{dBm}$。

图 5.5 显示了 UAV BS 的最优高度是其数量的函数。我们可以观察到，UAV BS 的高度随着其数量的增加而降低。要部署更多的 UAV BS，应将其部署在较低的高度，以便避免其覆盖区域之间潜在的重叠（并因此产生干扰）。从图 5.5 中我们可以看到，当 UAV BS 的数量从 3 个增加到 6 个的时候，UAV

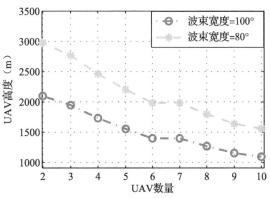

图 5.5　UAV 高度和 UAV BS 数量的关系

BS 的高度从 2000m 降低到 1300m。而且，该图还表明当 UAV BS 使用波束更宽的定向天线时，它们将被放置在更低的高度。

图 5.6 说明了满足地理区域内地面用户的给定覆盖需求时所需的最少 UAV BS 数量。覆盖阈值表示必须由多个 UAV BS 覆盖的区域占比。在这里，我们考虑 $P_t = 35\mathrm{dBm}$，

$\theta_B = 80°$。从图 5.6 中我们可以看到为了满足 0.7 的覆盖需求，我们可以部署一个或 6 个以上的 UAV BS。请注意，所需的 UAV BS 的最小数量取决于给定地理区域的大小。例如，对于 $R_c < 5400\text{m}$，部署一个 UAV BS 可以满足 0.6 的覆盖需求，但是要覆盖更大的区域则需要更多的 UAV BS。

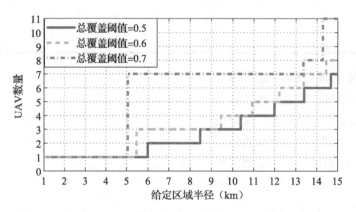

图 5.6 所需 UAV BS 数量与需要覆盖的地面区域半径的关系

因此，提供预期覆盖所需的最小 UAV BS 数量是覆盖阈值以及地理区域大小的函数。

5.2.4 小结

总而言之，我们介绍了一个可用于 UAV BS 的最优布局的框架，以便向给定的地理区域提供无线连接。我们首先推导了地面用户的下行链路覆盖率。接下来，利用圆形堆积理论，我们提出了一个相同 UAV 的三维布局框架，使 UAV 能够以最小的发射功率提供最大的无线覆盖。特别地，我们描述了 UAV BS 部署的关键设计环节，并考虑了 UAV 高度、发射功率、天线带宽以及 UAV BS 数量。

5.3 用于节能上行链路数据收集的 UAV BS 部署

如第 2 章所述，UAV BS 可以在 IoT 中发挥重要作用，尤其是考虑到 IoT 应用中的 IoT 设备是小型且电池受限的设备（包括无线射频识别设备（RFID）和传感器[28-29]）时。这些低功耗设备可能无法进行远程通信来发送数据[29]。在这种情况下，可以智能地使用 UAV BS 从地面设备有效地收集物联网数据。

虽然在第 2 章中详细讨论了用于此类 IoT 数据收集应用的 UAV BS 运营，但在本节中，我们将开发一个框架，用于优化 UAV BS 的三维布局和移动性，以实现地面 IoT 设备的节能上行通信。在这里，UAV BS 被用于以节能的方式成功地从物联网设备收集数据。事实上，通过优化 UAV BS 的部署和位置以及设备与 UAV BS 的关联规则与 IoT 设备的发射功率，无线 IoT 系统可以为设备保持可靠的上行通信，同时最小化总功率（是以节能的方式运营）。基于我们在参考文献[109]中的工作，在这个物联网数据采集用例中，我们研究 UAV BS 的两个使用场景：(1) 静态情况下，激活 IoT 设备集保持不变；(2) 动态情况下，考虑对地面 IoT 设备的时变激活过程。

5.3.1　系统建模和问题表述

对于我们的模型，我们研究了一个 IoT 系统，该 IoT 系统包含一个由 L 个地面（低功耗）IoT 设备组成的集合 $\mathcal{L}$。此外，利用由 K 个空中 UAV BS 的一个集合 $\mathcal{K}$，由上行通信链路从 IoT 设备收集数据。在所考虑的系统中，如果 IoT 设备的上行 SINR 超过预定义的阈值，则由一个 UAV BS 提供服务。我们考虑具有 R 个正交信道的 FDMA 多址方案，用 $E_{\max}$ 来指定每个 UAV BS 用于机动性的能量。如图 5.7 所示，设备 $i \in \mathcal{L}$ 和 UAV BS $j \in \mathcal{K}$ 的位置分别为 (x_i, y_i) 和 $\boldsymbol{v}_j = (x_j^{\mathrm{uav}}, y_j^{\mathrm{uav}}, h_j)$。请注意，我们考虑使用云服务器来管理 UAV BS 的位置，设备与 UAV BS 的小区关联，以及每个 IoT 设备的发射功率。

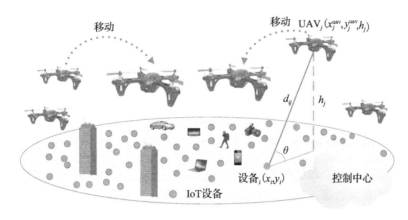

图 5.7　UAV BS 用于收集 IoT 设备上行数据的 IoT 应用模型

这里，我们将在时段 $[0, T]$ 内分析 IoT 网络，在此期间设备可以被激活。在此间隔内，UAV BS 的位置以及设备与 UAV BS 的关联会根据激活设备的位置进行更新。我们用术语更新时刻表示对 UAV BS 位置和关联进行更新的时间实例。更新时刻用 t_n 表示，$1 \leqslant n \leqslant N$ 表示第 n 次更新，其中 N 是更新次数。每个在 $[t_{n-1}, t_n]$ 内被激活的 IoT 设备在 $[t_n, t_{n+1}]$ 期间由 UAV BS 为其提供服务。这些更新时间是设计参数，它们取决于设备的激活状态。给定这个 UAV BS-IoT 网络，我们的目标是在每个更新时刻 t_n 找到最优的三维 UAV 位置以及设备关联，使得在满足所有设备的 SINR 要求的同时最小化总的设备发射功率。此外，我们提供了一个框架，用于在时变 IoT 网络中寻找更新时间和 UAV 的移动性。

5.3.2　地对空信道模型

对于地对空通信，我们考虑在 3.3.6 节描述的概率路径损耗模型。LOS 概率如下所示[31,158,170]：

$$P_{\text{LOS}}^{ij} = \frac{1}{1 + \psi \exp(-\beta[\theta_{ij} - \psi])} \tag{5.15}$$

其中 ψ 和 β 是载频和环境的函数。θ_{ij} 表示仰角，$\theta = \frac{180}{\pi} \times \arcsin\left(\frac{h_j}{d_{ij}}\right)$，其中 $d_{ij} = \sqrt{(x_i - x_j^{\text{uav}})^2 + (y_i - y_j^{\text{uav}})^2 + h_j^2}$ 是 UAV BS j 与设备 i 之间的距离。

现在，设备 i 与 UAV BS j 之间的路径损耗为[158]：

$$L_{ij} = \begin{cases} \eta_1 \left(\dfrac{4\pi f_c d_{ij}}{c}\right)^{\alpha}, & \text{LOS 链路} \\[2ex] \eta_2 \left(\dfrac{4\pi f_c d_{ij}}{c}\right)^{\alpha}, & \text{NLOS 链路} \end{cases} \tag{5.16}$$

其中，α 是路径损耗指数，f_c 是载频，η_1 和 η_2 是 LOS 链路和 NLOS 链路的剩余路径损耗系数，c 是光速。另外，$P_{\text{NLOS}}^{ij} = 1 - P_{\text{LOS}}^{ij}$。

接下来，设备 i 与 UAV BS j 之间的平均路径损耗为：

$$\overline{L}_{ij} = P_{\text{LOS}}^{ij} \eta_1 \left(\frac{4\pi f_c d_{ij}}{c}\right)^{\alpha} + P_{\text{NLOS}}^{ij} \eta_2 \left(\frac{4\pi f_c d_{ij}}{c}\right)^{\alpha} = [P_{\text{LOS}}^{ij} \eta_1 + P_{\text{NLOS}}^{ij} \eta_2](K_o d_{ij})^{\alpha} \tag{5.17}$$

其中，$K_o = \dfrac{4\pi f_c}{c}$。

5.3.3 IoT 设备的激活模型

可以根据 IoT 设备提供的服务来对其进行激活。例如，IoT 设备可能会定期在天气监控和智能电网应用中报告数据。相反，在健康监控应用中，可以随机激活 IoT 设备。在这种时变的 IoT 系统中，应根据 IoT 设备的激活过程来动态部署 UAV BS 进行数据收集。当然，最优的 UAV BS 位置及其更新时间取决于 IoT 设备的激活过程。这里我们重点介绍 IoT 设备随机激活的情况。在随机激活情况下，大量 IoT 设备在短时间内同时发送数据可能会导致突发流量[183]。为了跟踪这样的流量特征，3GPP 建议使用 beta 分布来激活 IoT 设备[184]。在此模型中，每个 IoT 设备基于 beta 分布在时间 $t \in [0, T]$ 时处于激活状态[184-186]。

$$f(t) = \frac{t^{\kappa-1}(T-t)^{\omega-1}}{T^{\kappa+\omega-1} B(\kappa, \omega)} \tag{5.18}$$

其中，κ 和 ω 是 beta 分布的参数，$[0, T]$ 是 IoT 设备的激活时段，并且 $B(\kappa, \omega) = \int_0^1 t^{\kappa-1}(1-t)^{\omega-1} \mathrm{d}t$ 表示 beta 函数[187]。

下面对于每个更新时刻 t_n，我们提出一个可以用来确定 UAV BS 的三维位置、IoT 设备和 UAV BS 的小区关联规则，以及所有激活 IoT 设备的发射功率的联合优化问题：

(OP)：

$$\min_{v_j,\,c,\,\boldsymbol{P}} \sum_{i=1}^{L_n} P_i, \quad \forall i \in \mathcal{L}_n, \ \forall j \in \mathcal{K} \tag{5.19}$$

$$\text{s. t.} \quad \frac{P_i \overline{g}_{ic_i}(\boldsymbol{v}_{c_i})}{\sum\limits_{k \in \mathcal{Z}_i} P_k \overline{g}_{kc_i}(\boldsymbol{v}_{c_i}) + \sigma^2} \geqslant \gamma \tag{5.20}$$

$$0 < P_i \leqslant P_{\max} \tag{5.21}$$

其中 $\mathcal{L}_n$ 是 t_n 时刻的 IoT 设备索引集，L_n 是激活设备的数量。$\boldsymbol{P}$ 表示发射功率矢量，其每个元素 P_i 是设备 i 的发射功率。UAV BS j 的三维位置由 $\boldsymbol{v}_j$ 表示。$\boldsymbol{c}$ 是设备与 UAV 关联的向量，其每个元素 c_i 是与设备 i 关联的 UAV BS 的索引。每个 IoT 设备的最大发射功率限制为 $P_{\max}$，噪声功率由 σ^2 表示，$\overline{g}_{ic_i}(\boldsymbol{v}_{c_i})$ 表示设备 i 和它关联的 UAV BS 之间的平均信道增益。此外，$\overline{g}_{kc_i}(\boldsymbol{v}_{c_i})$ 表示干扰设备 k 和 UAV BS c_i 之间的平均信道增益。$\mathcal{Z}_i$ 表示干扰设备的集合，它们通过与设备 i 相同的信道进行信号发送。γ 是 IoT 设备的 SINR 阈值，式(5.21)捕捉了 IoT 设备的最大发射功率限制。这里，**(OP)** 指的是初始问题。应当指出，求解式(5.19)是一项极具挑战的任务。首先，优化变量之间是彼此相关的。其次，优化问题是高度非线性且非凸的。接下来，我们会提出一个解决 **(OP)** 问题的实用框架。

在图 5.8 中，我们用一个框图举例说明在每个更新时刻解决初始优化问题所需的关键步骤。第一步，对于固定位置 UAV BS，优化设备与 UAV BS 的关联以及每个 IoT 设备的发射功率。第二步，考虑固定设备与 UAV BS 的关联，确定 UAV BS 的位置和设备的发射功率。重复执行这些步骤，直到解收敛为止。

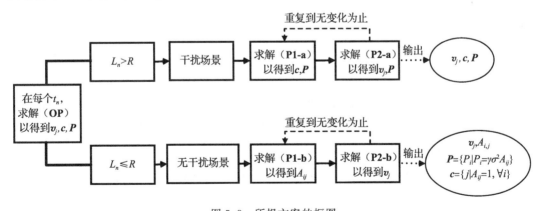

图 5.8　所提方案的框图

5.3.4　UAV BS 的放置以及与带有功控的设备进行关联

我们试图通过优化 UAV BS 的位置、设备与 UAV BS 的关联以及每个 IoT 设备的上行发射功率来最大限度地降低 IoT 设备的总发射功率。为此，(OP)问题分解为两个子问题，需要分别解决。

设备关联与功率控制

对于给定的 UAV BS 位置，(OP)问题可以表示为：

(P1-a)：

$$\min_{c,\,P} \sum_{i=1}^{L_n} P_i, \quad \forall\, i \in \mathcal{L}_n, \ \forall\, j \in \mathcal{K} \tag{5.22}$$

$$\text{s. t.} \ \frac{P_i \overline{g}_{ic_i}}{\sum\limits_{k \in \mathcal{Z}_i} P_k \overline{g}_{kc_i} + \sigma^2} \geqslant \gamma \tag{5.23}$$

$$0 < P_i \leqslant P_{\max} \tag{5.24}$$

通过求解(P1-a)，可以确定设备与 UAV BS 的关联以及每个激活的 IoT 设备的发射功率。在 SINR 约束条件下，UAV BS 位置将会影响该优化问题的可行性。接下来，我们给出服务于设备 i 的 UAV BS j 的高度的上限和下限(该证明是基于参考文献[109]的)。

命题 2　成功服务于设备 i 的 UAV j 的高度下限和上限为：

$$d_{ij} \sin\left(\frac{1}{\beta}\ln\left(\frac{\psi Q}{1-Q}\right) + \psi\right) \leqslant h_j \leqslant \left(\frac{P_{\max}}{\gamma K_o^\alpha \sigma^2 \eta_1}\right)^{1/\alpha} \tag{5.25}$$

其中，d_{ij} 是 UAV j 与设备 i 之间的距离，而且 $Q = \dfrac{P_{\max}}{\gamma d_{ij}^\alpha K_o^\alpha \sigma^2 (\eta_1 - \eta_2)} - \dfrac{\eta_2}{\eta_1 - \eta_2}$。

考虑到 UAV BS 的固定位置，问题(P1-a)可以转换为蜂窝网络中经典的联合用户关联和上行链路功率控制问题。因此，我们可以使用参考文献[188]和参考文献[189]中提出的算法在给定 SINR 需求和设备发射功率约束的情况下找出联合最优的用户与 UAV BS 之间的关联和上行链路功率控制。在(P1-a)中，IoT 设备可以视为地面用户，而 UAV 显然充当 BS。算法 1 提供了求解(P1-a)的详细步骤。在步骤 3 中考虑了激活设备发射功率的初始值。在步骤 4 中计算了第 t 次迭代的 $\rho_{ij}^{(t)}$。然后，基于步骤 5，我们计算出当设备 i 连接到其服务 UAV BS 时，该设备的最小发射功率。接着，在步骤 6 中，给出分配给设备 i 的最合适的 UAV BS 索引。在步骤 7 中更新设备 i 的发射功率，以满足 SINR 阈值 γ。最后，对于所有 IoT 设备，重复步骤 4~7，直到找到最优解决方案为止。

算法 1　联合功率控制和设备与 UAV BS 关联的迭代算法

1：**输入**：UAV BS 和 IoT 设备的位置

2：**输出**：设备关联向量(c)，所有 IoT 设备发射功率(P)

3：设置 $t=0$，初始化 $P^{(0)} = (P_1^{(0)},\ P_2^{(0)},\ \cdots,\ P_K^{(0)})$

4：定义 $\rho_{ij}^{(t)} = \dfrac{\sigma^2 + \sum\limits_{k \in \mathcal{Z}_i} P_k^{(t)} \overline{g}_{kj}}{\overline{g}_{ij}}$

5：找出 $S_i(\boldsymbol{P}^{(t)})=\min\limits_{j\in\mathcal{K}}\rho_{ij}^{(t)}$

6：计算 $c_i(\boldsymbol{P}^{(t)})=\arg\min\limits_{j\in\mathcal{K}}\rho_{ij}^{(t)}$

7：更新 $P_i^{(t+1)}=\min\{\gamma S_i(\boldsymbol{P}^{(t)}),\ P_{max}\}$，$\forall i\in\mathcal{L}_n$

8：对于所有 IoT 设备重复步骤 4 到步骤 7，直到 $\boldsymbol{P}^{(t)}$ 收敛

9：$\boldsymbol{P}=\boldsymbol{P}^{(t)}$，$\boldsymbol{c}=[c_i(\boldsymbol{P}^{(t)})]$，$\forall i\in\mathcal{L}_n$

对于任意给定位置的 UAV BS，（**P1-a**）的解提供了最优的设备发射功率以及设备与 UAV BS 的关联。这些结果是第二个子问题的输入，该子问题可优化 UAV BS 的三维位置。

优化 UAS BS 的部署位置

现在，我们旨在优化 UAV BS 的三维位置，以最大限度地减少 IoT 设备的上行总发射功率。

基于固定的设备与 UAV BS 之间的关联，可以通过解决以下优化问题找到 UAV BS 的位置和 IoT 设备的发射功率。

（**P2-a**）：

$$\min_{\boldsymbol{v}_j,\ \boldsymbol{P}}\sum_{i=1}^{L_n}P_i,\qquad \forall i\in\mathcal{L}_n,\ \forall j\in\mathcal{K} \tag{5.26}$$

$$\text{s. t. } \frac{P_i\overline{g}_{ij}(\boldsymbol{v}_j)}{\sum\limits_{k\in\mathcal{Z}_i}P_k\overline{g}_{kj}(\boldsymbol{v}_j)+\sigma^2}\geqslant\gamma \tag{5.27}$$

$$0<P_i\leqslant P_{\max} \tag{5.28}$$

其中，$\boldsymbol{v}_j=(x_j^{\text{uav}},\ y_j^{\text{uav}},\ h_j)$ 是 UAV BS j 的位置。这个问题由于其非凸性而难以求解。

为了求解（**P2-a**），我们分别优化每个 UAV BS 的位置。首先，我们根据其关联设备的位置优化每个 UAV BS 的位置。接下来，根据为其服务的 UAV BS 的新位置，对每个关联设备的发射功率（即 P_i^*）进行更新。由此，我们对 UAV BS 的位置以及其设备的发射功率都进行了更新。在每次迭代中计算完 P_i^* 之后，$P_{\max}=P_i^*$ 作为下一次迭代的输入。这样可以确保在多次迭代中设备的发射功率不会增加。请注意，这个过程必须对所有 UAV BS 一个接一个地执行，直到实现收敛。

考虑单个 UAV BS j 及其相关联的 IoT 设备 C_j 的集合，我们需要解决以下优化问题：

$$\min_{\boldsymbol{v}_j}\sum_{i\in\mathcal{C}_j}F_i(\boldsymbol{v}_j) \tag{5.29}$$

$$\text{s. t. } F_i(\boldsymbol{v}_j)=\gamma(\eta_1 P_{\text{LOS}}^{ij}+\eta_2 P_{\text{NLOS}}^{ij})(K_o d_{ij})^\alpha$$

$$\left[\sum_{k\in Z_i}\frac{P_k}{(\eta_1 P_{\text{LOS}}^{kj}+\eta_2 P_{\text{NLOS}}^{kj})(K_o d_{kj})^\alpha}+\sigma^2\right] \tag{5.30}$$

$$F_i(\boldsymbol{v}_j) \leqslant P_i^*, \quad \forall_i \in \mathcal{C}_j \tag{5.31}$$

为了有效地求解式(5.29)，我们将问题转化为二次规划形式。更正式地说，我们使用了序列二次规划(SQP)技术，该技术适用于解决可微的大规模非线性优化问题[190]。在这种情况下，我们线性化优化问题的约束条件，并通过二次函数逼近目标函数，然后通过求解几个二次子问题来求解初始优化问题。

到目前为止，我们在 $[0, T]$ 期间的一个更新时刻分析 IoT 网络。接下来，我们考虑在 $[0, T]$ 时间段内的时变 IoT 网络，IoT 设备的激活模式发生变化，UAV 在不同的更新时刻动态更新其位置。

5.3.5 更新时刻分析

在这里，我们分析了更新时刻对 IoT 数据收集性能的影响。显然，UAV BS 的移动性和更新时刻受 IoT 设备的激活模式影响。考虑到激活的 IoT 设备集合会随时间变化，UAV BS 必须在收集 IoT 数据时动态更新其位置。注意 UAV BS 的位置在特定的更新时刻进行更新。在不同的更新时刻激活的 IoT 设备的数量可以不同。IoT 设备所需的发射功率及其移动的能耗取决于更新次数。

增加更新次数将使每两次连续更新之间的持续时间缩短。因此，每个更新时刻需要服务的激活 IoT 数量更少。

随着激活设备数量的减少，来自 IoT 设备的上行链路干扰将降低。因此，IoT 设备在满足其 SINR 约束的同时，将数据发送至 UAV BS 所需的发射功率变低。然而，增加更新次数将导致 UAV BS 的更频繁的移动和更高的能耗。在 IoT 设备的概率激活模型中(例如，在健康监控应用中)，根据 beta 分布，每个 IoT 设备可以在时刻 $t \in [0, T]$ 时处于激活状态。在这种情况下，我们可以声明参考文献[109]中的以下定理，该定理推导了更新时刻与每个更新时刻激活 IoT 设备平均数量之间的关系。

定理 5.2 在更新时刻 t_n 时，激活 IoT 设备的平均数量 a_n 与之的关系表示为：

$$t_n = T \times I^{-1}\left(\frac{a_n}{L} + I_{\frac{t_{n-1}}{T}}(\kappa, \omega), \kappa, \omega\right), n > 1 \tag{5.32}$$

$$t_1 = T \times I^{-1}\left(\frac{a_1}{L}, \kappa, \omega\right) \tag{5.33}$$

其中 $I_x(.)$ 和 $I^{-1}(.)$ 分别是正则化的不完全 beta 函数及其逆函数。L 表示网络中 IoT 设备的数量。此外，$[0, T]$ 是一个时段，代表可以激活 IoT 设备的整个时间段。

从定理 5.2 中可以看出，我们需要根据 IoT 设备的激活情况来找到更新时刻。在这种情况下，t_n 是 IoT 设备总数及其激活模式的函数。另一个观察结果是，UAV BS 采用的更新时刻必须根据每个更新时刻的激活 IoT 设备数量进行调整。实际上，更新次数是一个设计参数，会影响 IoT 设备的发射功率、设备之间的干扰以及 UAV BS 的能耗。

5.3.6　具有代表性的仿真结果

我们在一个 1km×1km 正方形的地理区域内模拟一个具有 500 个设备的 IoT 系统。假设这些 IoT 设备在研究区域内均匀分布，其他仿真参数为 $\psi=11.95$ 和 $\beta=0.14$，$f_c=2\,\mathrm{GHz}$[158]。表 5.2 中显示了在模拟场景中使用的各种参数。对于更新时刻分析，我们考虑 $\kappa=3$、$\omega=4$ 的 beta 分布[184]。为了进行基准比较，我们考虑位置预先确定的固定 UAV BS，并且不会根据激活 IoT 设备的位置对其进行动态优化。

表 5.2　存在 UAV BS 的 IoT 系统的仿真参数

参数	描述	数值
$P_{\max}$	每个设备的最大发射功率	200mW
α	LOS 链路的路径损耗指数	2
σ^2	噪声功率	$-130\mathrm{dBm}$
γ	信干噪比阈值	5dB
L	IoT 设备总数	500
η_1	LOS 场景相对自由空间的额外路损	3dB
η_2	NLOS 场景相对自由空间的额外路损	23dB

在图 5.9 中，我们显示了已部署的 UAV BS 及其关联的 IoT 设备的三维位置快照。我们考虑了从 100 个 IoT 设备收集数据的 5 个 UAV BS。在这里确定了 UAV BS 的部署策略和设备与 UAV BS 的关联，以使 IoT 设备发送上行数据到其服务 UAV BS 所选择的总传输量最小化。

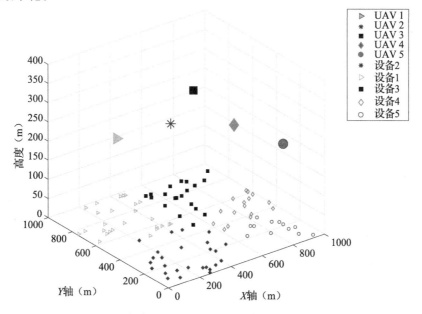

图 5.9　我们考虑的仿真设置下 UAV BS 及其关联地面 IoT 的位置快照图

给定 SINR 和最大发射功率限制，可能无法为网络中的所有 IoT 设备提供服务。因此，我们评估了系统的可靠性，该可靠性表示能为所有 IoT 设备提供服务的概率。图 5.10 显示了在存在 UAV BS 的 IoT 网络中可靠性与 P_{max} 的关系。从图 5.10 我们可以看出无线网络的可靠性可以通过增加 P_{max} 来提高。P_{max} 越高，每个设备发送数据到 UAV BS 的可能性就越大。图 5.10 表明，与提前部署 UAV BS 的固定场景相比，这里提出的方法具有更高的可靠性。事实上，我们可以根据 IoT 设备的位置来优化 UAV BS 的部署位置，从而获得更高的可靠性。例如，图 5.10 证明，与基准固定场景相比，我们引入的方案可以将可靠性提高 28%。

图 5.11 说明了随着 UAV BS 数量的变化，IoT 设备的总发射功率将如何变化。正如预期的那样，通过使用更多的 UAV BS 进行数据收集，可以降低 IoT 设备的功耗。在此示例中，对于 100 个 IoT 设备和 20 个信道，使用我们的解决方案，当部署 10 个 UAV BS 时，设备的总发射功率相比部署 5 个 UAV BS 降低了 91%。此外，与固定部署场景相比，我们提出的方法可将 IoT 设备的发射功率降低 45%。

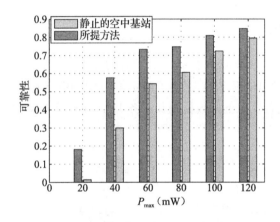

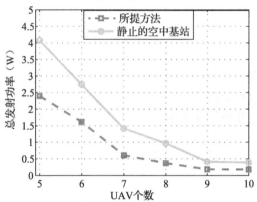

图 5.10 使用 5 个 UAV 进行优化后的 UAV BS 部署方案和预部署固定 UAV BS 方案的可靠性比较

图 5.11 干扰条件下设备总发射功率与 UAV BS 数量的关系

在图 5.12 中，我们展示了 IoT 设备的总发射功率与信道数量的函数关系。通过增加信道数量，设备可以降低其向 UAV 发送数据的发射功率。实际上，更多正交信道可以降低 IoT 设备之间的上行链路干扰。因此，每个设备可以使用较低的发射功率来满足 SINR 要求。例如，如图 5.12 所示，当正交信道的数量从 25 个增加到 50 个时，IoT 设备的总发射功率减少了 68%。

在图 5.13 中，我们研究了激活设备的平均数量 α 与更新时刻的关系。通过增加更新次数，两个连续更新之间的时段会减少，因此将减少激活设备的数量。例如，如图 5.13 所示，为了使 $\alpha=100$，第 5 次更新应在 $t_n=0.41$ 处进行。在这种情况下，要将激活设备的平均数量从 100 个减少到 50 个，更新次数必须增加两倍。

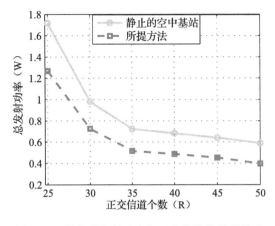

图 5.12　设备总发射功率与正交信道数量的关系

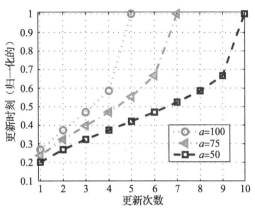

图 5.13　不同平均数量激活设备的更新时刻

图 5.14 显示了在每个更新时刻，UAV BS 需要服务的活动 IoT 设备的平均数量。在此，我们用整个激活持续时间 T 对更新时间进行了归一化。从该图可以看出，对于 $N=10$，当归一化的更新时刻大于 0.5 时，a_n 会减少。通过增加更新次数，UAV BS 需要提供服务的 IoT 设备将减少。例如，对于 $t_n=0.6$，通过将更新次数从 5 增加到 10，激活设备的平均数量可以减少 55%。这进而减少了设备之间的干扰，但代价是 UAV BS 需要更多的位置来进行更新和移动。

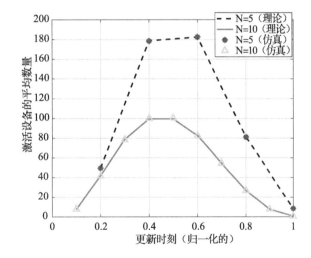

图 5.14　概率激活过程中每个更新时刻
的激活设备平均数

5.3.7　小结

总而言之，我们描述了一种基于优化的方法，有效部署用于 IoT 数据收集任务的 UAV BS，其中信息必须从地面 IoT 设备传输到空中的 UAV BS。我们已经确定了必须部署 UAV BS 的最优位置、最优设备与 UAV BS 的关联以及每个关联 IoT 设备的上行链路发射功率。目标是在最大化性能的同时最大限度地降低 IoT 设备的总发射功率。此外，我们分析了时变 IoT 系统中为 IoT 设备提供服务的 UAV BS 的动态部署。在这种场景中，我们根据设备的激活模式表征了 UAV BS 更新时刻与激活 IoT 设备数量之间的关系。

5.4 有缓存的主动部署

在本节中，我们介绍了一种支持缓存的 UAV BS 的潜在应用，用于蜂窝网络中的容量增强以及流量卸载。我们特别关注依赖于云无线接入网络（CRAN）[191] 的蜂窝体系架构，在这个架构中考虑了学习各种用户信息的云计算中心（见图 5.15）。我们展示了如何利用"人机回圈"组网的概念来设计 UAV BS 辅助的 CRAN。特别地，我们描述了一个框架，该框架用于部署支持缓存的 UAV BS，同时最大限度地改善 CRAN 用户的体验质量（QoE）。该框架基于我们在参考文献[192]中的工作，利用了以用户为中心的信息，包括用户的移动模式及其内容请求分布。为了表征 QoE，需要考虑各种因素，例如传输延迟和设备类型。为了有效地部署支持缓存的 UAV BS，云计算中心使用循环神经网络的机器学习工具预测内容请求的分布以及地面用户的移动性模式。这些预测将用于部署辅助 CRAN 的 UAV BS。

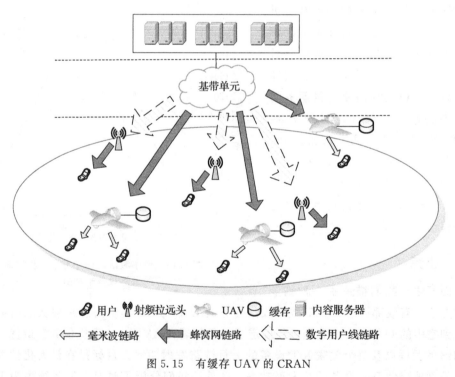

图 5.15 有缓存 UAV 的 CRAN

5.4.1 模型

我们考虑一种 CRAN，它使用由 R 个射频拉远头（RRH）组成的集合 $\mathcal{R}$ 来为由 U 个地面用户组成的集合 $\mathcal{U}$ 提供无线服务。与地面 RRH 一起，使用 K 个支持缓存的 UAV

BS 组成的集合 $\mathcal{K}$ 个来为地面用户提供服务。这些 UAV BS 使用与地面网络不同的频率。RRH 使用蜂窝频段，它们通过前传链路连接到基带单元(BBU)的云池，并且通过光纤回传链路将云连接到内容服务器。在所考虑的模型中，UAV 的无线前传链路在向地面用户发送信号时会对 RRH 产生干扰。

令 $\mathcal{N}$ 为需要为地面用户存储的 N 个内容的集合，L 为每个内容的大小。令 $\mathcal{C}_k$ 为存储在 UAV BS k 中的 C 个缓存内容的集合。我们假设 $C \leqslant N$ 并且 $k \in \mathcal{K}$。用户在时隙 τ 内请求内容，Δ_τ 是时隙持续时间。在这种情况下，UAV BS 的内容可以在每 T 个时隙进行更新。表 5.3 列出了本节使用的主要符号的含义。

表 5.3　符号列表

符号	描述	符号	描述
U	用户个数	C	UAV BS 缓存中存储的内容数量
K	UAV BS 个数	F	每个时隙内的间隔数
R	RRH 个数	H	收集用户移动性信息的时隙数
P_R	RRH 发射功率	$P_{t,ki}$	UAV BS 或 RRH 的发射功率
N	内容数量	τ, Δ_τ	时隙索引，时隙长度
$l_{t,ki}$	UAV 到用户的路径损耗	$d_{t,ki}$	RRH 或 UAV BS 与用户间的距离
$x_{\tau,k}$, $y_{\tau,k}$, $h_{\tau,k}$	UAV BS 的坐标	$\delta_{S_i,n}$	设备类型的速率要求
L_{FS}	自由空间路损	d_0	自由空间参考距离
f_c	载频	$l_{t,ki}^F$	前传链路路损
μ_{LOS}, μ_{NLOS}	路损指数	$\chi_{\sigma_{LOS}}$, $\chi_{\sigma_{NLOS}}$	阴影随机变量
$\gamma_{t,ki}^V$, $\gamma_{t,ki}^H$	用户 i 的信干噪比	$L_{t,k}^{LOS}$, $L_{t,k}^{NLOS}$	从 BBU 到 UAV k 的 LOS/NLOS 路损
t, Δ_t	小间隔，间隔持续时间	$l_{t,k}^{LOS}$, $l_{t,k}^{NLOS}$	从 UAV k 到用户的 LOS/NLOS 路损
c	光速	$h_{t,ki}$	RRH k 与用户 i 间的信道增益
$\overline{D}_{\tau,i,n}$	时延	$C_{\tau,ki}^F$	UAV 或 RRH k 的前传速率
$C_{t,ki}^V$	UAV BS 和用户间的链路速率	$C_{\tau,qi}^H$	RRH 和用户间的链路速率
$Q_{\tau,i,n}$	每个用户 i 的 QoE	T	缓存更新的时隙数
$x_{t,i}$, $y_{t,i}$	用户的坐标	P_B	BBU 的发射功率

地面用户移动性模型

对于用户的移动性，我们考虑一个周期性的模型，在该模型中用户会定期去特定的位置，例如工作场所或咖啡店。在所考虑的 CRAN 中，每隔 H 个时间段，BBU 都会收集有关用户位置的信息。此外，移动用户以恒定的速度移动。用户的移动模式将被用于有效地部署配备了缓存的 UAV BS，以此来为地面用户进行服务。

UAV BS 和用户的关联以及 RRH 和用户的关联是根据用户的 QoE 需求来确定的。

传输模型

在这里，我们介绍了 UAV BS 和用户、BBU 和 UAV BS 以及 RRH 和用户之间通信的传输模型。

对于 UAV BS 和用户通信链路，我们考虑 3.3.6 节中描述的概率 LOS/NLOS 模型。

在这种情况下，t 时刻 UAV BS k 与地面用户 i 之间的 LOS 和 NLOS 链路路径损耗可以由下式给出[193]：

$$l_{t,ki}^{\text{LOS}}(w_{\tau,t,k},\ w_{\tau,t,i})=L_{\text{FS}}(d_0)+10\mu_{\text{LOS}}\log(d_{t,ki}(w_{\tau,t,k},\ w_{\tau,t,i}))+\chi_{\sigma_{\text{LOS}}} \qquad (5.34)$$

$$l_{t,ki}^{\text{NLOS}}(w_{\tau,t,k},\ w_{\tau,t,i})=L_{\text{FS}}(d_0)+10\mu_{\text{NLOS}}\log(d_{t,ki}(w_{\tau,t,k},\ w_{\tau,t,i}))+\chi_{\sigma_{\text{NLOS}}} \qquad (5.35)$$

其中 $w_{\tau,t,k}=[x_{t,i},\ y_{t,i}]$ 表示用户 i 在 t 时刻的位置。$L_{\text{FS}}(d_0)=20\log(d_0 f_c 4\pi/c)$ 是自由空间传播模型。d_0 和 f_c 分别为路径损耗参考距离和载频，c 是光速。$d_{t,ki}(w_{\tau,t,k},\ w_{\tau,t,i})=\sqrt{(x_{t,i}-x_{\tau,k})^2+(y_{t,i}-y_{\tau,k})^2+h_{\tau,k}^2}$ 表示 UAV 与用户的距离，其中 $(x_{\tau,k},\ y_{\tau,k},\ h_{\tau,k})$ 是 UAV k 的位置。对于 LOS 和 NLOS 通信，路径损耗指数分别定义为 μ_{LOS} 和 μ_{NLOS}。此外，$\chi_{\sigma_{\text{LOS}}}$ 和 $\chi_{\sigma_{\text{NLOS}}}$ 是零均值高斯随机变量。我们可以定义 UAV BS k 和用户 i 之间的平均路径损耗为[194]：

$$\bar{l}_{t,ki}(w_{\tau,t,k},\ w_{\tau,t,i})=\text{Pr}(l_{t,ki}^{\text{LOS}})\times l_{t,ki}^{\text{LOS}}+\text{Pr}(l_{t,ki}^{\text{NLOS}})\times l_{t,ki}^{\text{NLOS}} \qquad (5.36)$$

$\text{Pr}(l_{t,ki}^{\text{LOS}})$ 和 $\text{Pr}(l_{t,ki}^{\text{NLOS}})$ 是 UAV BS k 和用户 i 之间的 LOS 和 NLOS 概率（在第 3 章中定义过）。

接下来，UAV BS 和用户间链路的 SNR 为：

$$\gamma_{t,ki}^{\text{V}}=\frac{P_{t,ki}}{10^{\bar{l}_{t,ki}(w_{\tau,t,k},w_{\tau,t,i})/10}\sigma^2} \qquad (5.37)$$

其中，σ^2 是噪声功率，$P_{t,ki}$ 是 UAV BS k 服务于用户 i 的发射功率。我们假定每个 UAV BS k 的可用总带宽为 B_V，在所有关联用户中平均分配。UAV BS k 和用户 i 之间的传输速率可以写成：

$$C_{t,ki}^{\text{V}}=\frac{1}{F_{\tau,i}}\sum_{t=1}^{F_{\tau,i}}\frac{B_V}{U_k}\log_2(1+\gamma_{t,ki}^{\text{V}}) \qquad (5.38)$$

其中，B_V 是 UAV BS 的总带宽，U_k 是该 UAV BS 服务的用户数。此外，分配给一个 CRAN 用户的时段个数定义为 $F_{\tau,i}$。

对于 BBU 和 UAV BS 之间的通信，我们采用下述概率 LOS/NLOS 信道模型表示：

$$L_{t,k}^{\text{LOS}}=d_{t,ki}(w_{\tau,t,k},\ w_{\tau,t,B})^{-\beta} \qquad (5.39)$$

$$L_{t,k}^{\text{NLOS}}=\eta d_{t,ki}(w_{\tau,t,k},\ w_{\tau,t,B})^{-\beta} \qquad (5.40)$$

其中，$w_{\tau,t,B}=[x_B,\ y_B]$ 表示 BBU 的位置，β 表示路径损耗指数。

这里我们考虑 E 个 RRH 簇。此时，连接到 RRH 簇 q 的用户接收到的信号可以表示为：

$$b_{t,q}=\sqrt{P_R}H_{t,q}F_{t,q}a_{t,q}+n_{t,q} \qquad (5.41)$$

其中，$H_{t,q}\in\mathbb{R}^{U_q\times R_q}$ 表示信道增益矩阵。U_q 是连接到 RRH 的用户数。R_q 是 RRH 的天线数。P_R 是 RRH 的发射功率。$a_{t,q}\in\mathbb{R}^{U_q\times 1}$ 是一个用户时段 t 上的发送信号，$n_{t,q}\in\mathbb{R}^{U_q\times 1}$ 是白噪声分量。另外，$F_{t,q}=H_{t,q}^{\text{H}}(H_{t,q}H_{t,q}^{\text{H}})^{-1}\in\mathbb{R}^{R_q\times U_q}$ 表示波束赋形矩阵。

现在，用户 i 的 SINR 可以表示为：

$$\gamma_{t,\,qi}^{\mathrm{H}} = \frac{P_R \|\boldsymbol{h}_{t,\,qi}\boldsymbol{f}_{t,\,qi}\|^2}{\underbrace{\sum\limits_{j=1,\,j\neq qu\in\mathcal{U}_j}^{E}\sum P_R\|\boldsymbol{h}_{t,\,ji}\boldsymbol{f}_{t,\,ju}\|^2}_{\text{其他RRH簇的干扰}} + \underbrace{P_B g_{t,\,Bi} d_{t,\,Bi}^{-\beta}}_{\text{无线前传干扰}} + \sigma^2}$$

其中，$\mathcal{U}_j$ 是与 RRH 簇 j 关联的用户集合。另外，$\boldsymbol{h}_{t,qi} \in \mathbb{R}^{1\times R_q}$ 表示 RRH 和用户间链路的信道增益 $h_{t,ki} = g_{t,ki} d_{t,ki}(x_i,\,y_i)^{-\beta}$，$g_{t,ki}$ 是时段 t 的瑞利衰落参数，$d_{t,ki}(x_i,\,y_i) = \sqrt{(x_{t,k}-x_{t,i})^2+(y_{t,k}-y_{t,i})^2}$ 表示用户和 RRH 之间的距离。而且，波束赋形向量定义为 $F_{t,qi} \in \mathbb{R}^{R_q\times 1}$。接下来，服务于用户 i 时 RRH 的传输速率为：

$$C_{\tau,\,qi}^{H} = \frac{1}{F_{\tau,\,i}} \sum_{t=1}^{F_{\tau,\,i}} B \log_2(1+\gamma_{t,\,qi}^{H}) \tag{5.42}$$

问题表述

考虑位于 $w_{\tau,t,k}$ 处的 UAV BS k 与位于 $w_{\tau,t,i}$ 坐标处的用户 i 之间的传输。

现在我们提出可以有效部署支持缓存的 UAV BS 的问题表述，以最小的 UAV BS 发射功率满足用户的 QoE 要求。特别是，我们会主动确定最优的 UAV BS 和用户间的关联、必须在 UAV BS 上缓存的内容以及 UAV BS 的三维部署位置。

$$\min_{c_k,\,\mathcal{U}_{\tau,\,k},\,w_{\tau,\,t,\,k}} \sum_{\tau=1}^{T} \sum_{k\in\mathcal{K}} \sum_{i\in\mathcal{U}_{\tau,\,k}} \sum_{t=1}^{F_{\tau,\,i}} P_{\tau,\,t,\,ki}^{\min}(w_{\tau,\,t,\,k},\,\delta_{i,\,n}^{R},\,n_{\tau,\,i}) \tag{5.43}$$

$$\mathrm{s.\,t.}\ h_{\min} \leqslant h_{\tau,k},\ k\in\mathcal{K} \tag{5.43a}$$

$$m \neq j,\ m,\ j \in \mathcal{C}_k,\ \mathcal{C}_k \subseteq \mathcal{N},\ k\in\mathcal{K} \tag{5.43b}$$

$$0 < P_{\tau,t,ki}^{\min} \leqslant P_{\max},\ i\in\mathcal{U},\ k\in\mathcal{K} \tag{5.43c}$$

其中，$P_{t,ki}^{\min}(w_{\tau,t,k},\,\delta_{i,n}^{R},\,n) = (2^{\delta_{i,n}^{R}U_k/B_V}-1)\sigma^2 10^{\bar{l}_{t,ki}(w_{\tau,t,k},\,w_{\tau,t,i})/10}$

另外，$\delta_{i,n}^{R}$ 表示每个用户的 QoE，$n_{\tau,i}$ 代表用户的内容，$h_{\min}$ 表示每个 UAV 的最低高度。

我们用 $\mathcal{U}_{\tau,k}$ 表示分配给 UAV BS k 的地面用户集合。

5.4.2　UAV BS 的最优部署与内容缓存

地面用户的内容请求分布和移动模式可以用回声状态网络的机器学习工具进行预测，回声状态网络本质上是递归神经网络。更具体地说，我们将使用基于概念机的回波状态网络(ESN)方法[192]。基于概念机的 ESN 将用户的行为分为几种模式，并独立学习它们。与传统的 ESN 算法相比，这将大大提高预测的准确性(ESN 的基础知识将在第 6 章中进行讨论)。在我们的设置中，没有被 RRH 服务的用户将被连接到 UAV。其余用户被分到 K 个簇中，每个 UAV BS 为一个簇提供服务。在这里，我们优化 UAV BS 的部署位置并确定每个 UAV BS 的缓存内容。

UAV BS 的最优内容缓存

为了找到最优的内容缓存，我们首先使用 K-mean 聚类算法确定用户和 UAV BS 间的关联[196]。在这个场景中，地面用户被分为 K 个簇，每个簇由 CRAN 中的一个 UAV BS 提供服务。给定 UAV BS 和用户间的关联，可以确定需要在 UAV BS 上缓存的最优内容集。存储在 UAV BS 存储器中的最优内容可最大限度地降低 UAV BS 的发射功率。UAV BS 发射功率的降低归因于延迟需求的降低。我们定义向量 $\boldsymbol{p}_{j,i}=[p_{j,i1}, p_{j,i2}, \cdots, p_{j,iN}]$ 为用户 i 在时段 j 的内容请求分布，j 由 H 个时隙组成。基于我们在参考文献[192]中证明的以下定理，可以确定每个 UAV BS 缓存中存储的最优内容。

定理 5.3 T 时段每个 UAV BS k 的最优缓存内容集合 $\mathcal{C}_k$ 为：

$$\mathcal{C}_k = \arg\max_{\mathcal{C}_k} \sum_{j=1}^{T/H} \sum_{\tau=1}^{H} \sum_{i \in \mathcal{U}_{\tau,k}} \sum_{n \in \mathcal{C}_k} (p_{j,in} \Delta P_{j,\tau,ki,n}) \tag{5.44}$$

其中

$$\Delta P_{j,\tau,ki,n} = \begin{cases} P_{\tau,ki}^{\min}(C_{\tau,ki}^R)_{n \notin \mathcal{C}_k} - P_{\tau,ki}^{\min}(C_{\tau,ki}^R)_{n \in \mathcal{C}_k}, & C_{\tau,ki,n}^R \geqslant \delta_{S_i,n} \\ P_{\tau,ki}^{\min}(\delta_{S_i,n})_{n \notin \mathcal{C}_k} - P_{\tau,ki}^{\min}(C_{\tau,ki}^R)_{n \in \mathcal{C}_k}, & \delta_{S_i,n} > C_{\tau,ki,n}^R \notin \mathcal{C}_k \end{cases}$$

$C_{\tau,ki,n}^R$ 是 UAV k 在时隙 τ 发送内容 n 时的传输时延。此外，$P_{\tau,ki}^{\min}(w_{\tau,t,k}, C_{\tau,ki}^R, n)$ 由 $P_{\tau,ki}^{\min}(C_{\tau,ki}^R)$ 表示。

定理 5.3 表明，当用户的前传率相等时，UAV BS 的最优缓存内容为 $\mathcal{C}_k = \arg\max_{\mathcal{C}_k} \sum_{j=1}^{T/H} \sum_{\tau=1}^{H} \sum_{i \in \mathcal{U}_{\tau,k}} \sum_{n \in \mathcal{C}_k} p_{j,in}$。此外，定理 5.3 表明，内容缓存是用户的内容请求分布及其小区关联的函数。

UAV BS 的最优部署位置

我们旨在优化 UAV BS 的部署位置，使其能在为用户提供服务的同时最小化发射功率。

接下来，根据参考文献[192]，我们为 UAV BS k 相对于用户位置的最佳位置提供了一种闭式解。

定理 5.4 在相对较低或较高海拔（相对其到用户的水平距离），UAV BS k 的最优位置为：

$$x_{\tau,k} = \frac{\sum_{i \in \mathcal{U}_{\tau,k}} \sum_{t=1}^{F_{\tau,i}} x_{t,i} \psi_{t,ki}}{\sum_{i \in \mathcal{U}_{\tau,k}} \sum_{t=1}^{F_{\tau,i}} \psi_{t,ki}}, \quad y_{\tau,k} = \frac{\sum_{i \in \mathcal{U}_{\tau,k}} \sum_{t=1}^{F_{\tau,i}} y_{t,i} \psi_{t,ki}}{\sum_{i \in \mathcal{U}_{\tau,k}} \sum_{t=1}^{F_{\tau,i}} \psi_{t,ki}} \tag{5.45}$$

其中

$$\psi_{t,ki} = (2^{\delta_{i,n}^R/B} - 1)\sigma^2 10^{(L_{FS}(d_0) + \chi_\sigma)/10}, \quad \sigma = \begin{cases} \sigma_{NLOS}, & \text{相对较低海拔} \\ \sigma_{LOS}, & \text{相对较高海拔} \end{cases}$$

定理 5.4 可用于在高空或低空部署时找到 UAV BS k 的最优位置。为了解决一般情况下 UAV BS 的位置优化问题，可以使用参考文献[197-198]中的高效学习算法，其中提供了次优解。

5.4.3 具有代表性的仿真结果

为了模拟所设想的 CRAN，假定一个半径为 500m 的圆形区域，其中有 70 个地面用户和 20 个 RRH，用户和 RRH 在区域内均匀分布。表 5.4 列出了主要的仿真参数。

表 5.4 用于仿真部署了支持缓存 UAV BS 的 CRAN 所用的系统参数

参数	数值	参数	数值	参数	数值
F	1000	Y	0.13	P_B	30dBm
X	11.9	N	25	P_R	20dBm
$\chi_{\sigma_{LOS}}$	5.3	H	10	P_{max}	20W
N_{tr}	1000	d_0	5m	σ^2	-95dBm
N_s	12	λ	0.01	h_{min}	100m
N_x	4	β	2	B	1MHz
μ_{LOS}	2	μ_{NLOS}	2.4	$\delta_{S_i,n}$	5Mbit/s
χ	15	ζ_1	0.5	f_c	38GHz
$\chi_{\sigma_{NLOS}}$	5.27	η	100	B_v	1GHz
K	5	C	1	L	1Mbit
T	120	ζ_2	0.5	N_w	1000

我们考虑以下基准情况：（1）最优算法，利用有关用户移动性及其请求分布的精确信息；（2）参考文献[199]中提出的 ESN 算法；（3）用参考文献[199]中提出的 ESN 算法进行随机缓存，以预测请求的分布。

在图 5.16 中，我们研究了满足地面用户 QoE 要求所需的速率受无线前传速率变化的影响。其中，黑色曲线对应的是用户与 UAV BS 的链接，灰色曲线对应的是用户-BBU 链接。显然，增加前传速率，满足用户 QoE 所需的速率就会降低，但是同时，对于

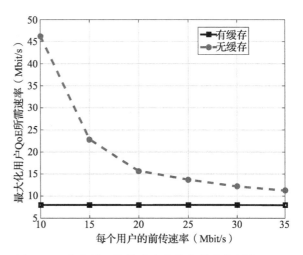

图 5.16 每个用户前传速率变化与最大化用户 QoE 所需速率的关系

用户-UAV BS 链路的速率并没有显著变化。在这种情况下，在 UAV 上缓存可以降低所需的速率，以保证用户对低无线前传速率下的 QoE 要求。

图 5.17 给出了不同方式下 UAV BS 的总发射功率与 CRAN 用户数的函数关系。与经典基线 ESN 算法相比（该算法只能预测一个非线性系统，与基于概念机 ESN 相比精度较低），使用基于概念机的 ESN 方法，UAV BS 的发射功率可以降低 17%。这是因为基于概念机的 ESN 比 ESN 算法使用了更多有关用户移动性的精确信息。从图 5.17 中还可以看出，优化部署启用缓存的 UAV BS 后，UAV 的发射功率比随机缓存的情况降低了 32%。

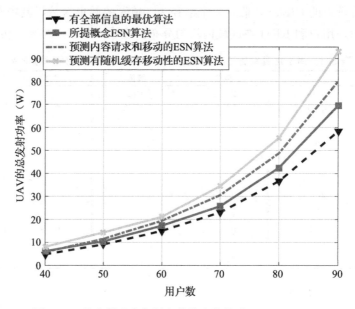

图 5.17　总发射功率与用户数的变化关系（$K=5$，$C=1$）

在图 5.18 中，我们研究了 UAV BS 的总发射功率与 UAV BS 缓存中存储的内容数量之间的关系。从图 5.18 中还可以看出，增加存储单元的数量可使 UAV BS 以更低的功率发射信号，从而降低能耗。这是因为如果有更多的存储空间，用户请求的内容在 UAV BS 上的存储机会就会增加。因此，UAV BS 可以在最小发射功率下有效地为相关联的用户提供服务。图 5.19 展示了 UAV BS 数与最小平均发射功率和平均高度之间的关系。

图 5.20 展示了 UAV 的平均最小发射功率与 UAV BS 数量的关系。通过部署更多的 UAV BS，可以降低每个 UAV BS 的发射功率。例如，将 UAV BS 的数量从 3 个增加到 7 个，会使每架 UAV 的发射功率降低 86%。这是因为当使用更多启用缓存的 UAV 时，每个 UAV BS 服务的 CRAN 用户将会更少，进而可以降低每个 UAV BS 与地面用户进行通信所需的平均发射功率。

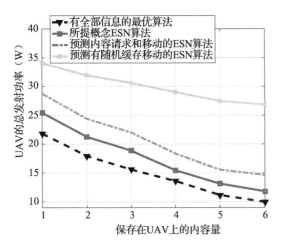

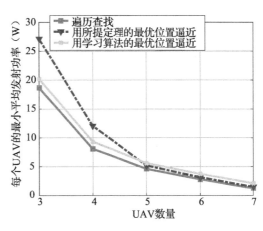

图 5.18 总发射功率与存储在 UAV 缓存的内容
量之间的关系($U=70$，$K=5$)

图 5.19 UAV BS 数与最小平均发射功率和平均
高度之间的关系

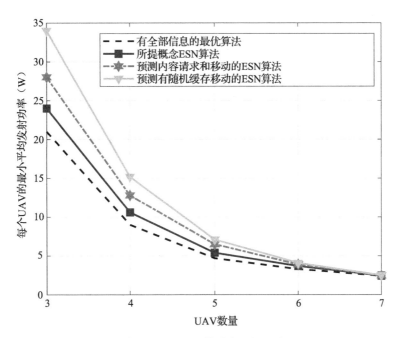

图 5.20 UAV BS 数与最小平均发射功率之间的关系($U=70$，$C=1$)

5.4.4 小结

在本节中，我们介绍了一个用于部署为地面 CRAN 用户提供无线服务的启用缓存的
UAV BS 的架构。特别是，我们利用 ESN 的机器学习工具的前瞻性方法优化了 UAV BS

的部署位置。开发的解决方案可以确保在使用最低 UAV BS 发射功率时满足 CRAN 用户的 QoE 要求。为了有效地部署启用缓存的 UAV BS，使用了各种以用户为中心的信息，例如用户的移动模式及其内容请求分布。仿真结果表明，可采用高速缓存 UAV BS 辅助无线 CRAN 的有效性和性能增益。

5.5　本章小结

在本章中，我们重点讨论了 UAV，尤其是 UAV BS 的部署挑战。本章详细研究了各种部署场景。在 5.1 节中，我们介绍了在各种场景下 UAV 部署所需的关键分析工具。在 5.2 节中，我们研究了对给定的地理区域提供无线连接 UAV BS 的有效部署。我们首先得出地面用户的下行链路覆盖率，然后基于圆形堆积理论提出了一个相同 UAV BS 的三维部署框架，以最小的发射功率提供最大的覆盖范围。在 5.3 节中，我们描述了一种有效部署 UAV 以从地面 IoT 设备收集数据的方法。我们确定了 UAV 的最优位置，设备和 UAV 的关联以及每个 IoT 设备的上行链路发射功率，以确保设备的总发射功耗最低。此外，我们分析了在时变 IoT 网络中为 IoT 设备提供服务的 UAV 的动态部署。最后，在 5.4 节中我们给出了一个用于部署启用缓存的 UAV BS 的框架，该框架可以为 CRAN 地面用户提供缓存辅助的连接。我们优化了多个启用缓存的 UAV BS 的位置，以便用最小 UAV 发射功率满足用户的 QoE 要求。

第 6 章

UAV 网络的无线感知路径规划

上一章重点介绍了 UAV 的部署，特别是 UAV BS 的部署，紧接着就是分析 UAV 的移动性。本章深入研究了 UAV 的无线感知路径规划问题，重点是 UAV UE 及其与地面蜂窝网络连接的能力。为此，我们重点研究了针对蜂窝连接 UAV UE 的干扰感知路径规划，其中每个 UAV 需要在多种 QoS 和任务目标之间进行权衡，例如最小化无线时延和对地面网络造成的干扰。在本章中，6.1 节提出了对 UAV UE 的无线感知路径规划的需求，接着在 6.2 节中提出了一个针对 UAV UE 的无线网络的综合系统模型，并正式提出了 UAV UE 无线感知路径规划的问题。随后在 6.3 节和 6.4 节中，展示了如何将博弈论和强化学习中的工具组合起来，为 UAV UE 设计自主的、自组织的路径规划机制，从而平衡 UAV 的各种无线特性需求和任务。我们还展示了一些 UAV UE 独具的特性，例如高度和建立 LOS 传输的能力，这些方面都极大地影响着 UAV UE 的路径设计。基于理论和 6.5 节中的仿真结果，我们研究了各种参数对 UAV UE 和地面用户性能的影响。在6.6 节中，我们对本章进行总结。

6.1 无线感知路径规划的需求

UAV 轨迹优化和路径规划有助于缓解其对地面用户的干扰，根据 UAV 的性能需求和地面 UE 的需求调整 UAV 的移动。显然，UAV 的轨迹将影响其自身的通信性能以及地面 UE 的性能。UAV 路径规划和无线网络性能之间的相互作用在 UAV BS 和 UAV UE 用例中都会有所体现。虽然轨迹优化和路径规划是 UAV 系统的基本问题，但 UAV 轨迹和无线通信系统的性能之间的协同提出了传统的 UAV 导航和轨迹优化工作都无法解决的新挑战。实际中，UAV 路径规划中的现有技术主要集中于非 UAV UE 应用[210-213]。例如，在参考文献[210]中提出了一种分布式路径规划算法，用于处理多个 UAV 传递对时延敏感的信息，而在参考文献[211]中以高效节能的方式对 UAV 的轨迹进行了优化。在参考文献[213]中基于雾网架构的系统协调了用于体育赛事中视频服务的 UAV 网络。

虽然这些工作很有意义，但并未解决 UAV UE 及其相关的无线挑战，这使它们不足以应对蜂窝连接的 UAV UE 遇到的问题。

在实际中，当处理用于蜂窝连接的 UAV UE 的路径规划时，必须解决许多新的挑战。首先，UAV UE 的飞行特性使它们能够与地面 BS 建立 LOS 连接。这是福也是祸。一方面，建立 LOS 连接的能力使 UAV UE 能够实现高 QoS。然而，需要付出的代价是 UAV UE 将对地面 UE 的链路上带来更强的干扰。因此，在对 UAV UE 的轨迹进行优化时，必须在提高 UAV UE 的 QoS 和最小化它们对地面 UE 的干扰之间进行权衡。其次，在对 UAV UE 路径进行规划时，任何的轨迹设计都不仅要考虑无线性能，还要考虑 UAV 的任务时间。最后，地面 UE 和 UAV UE 的共存问题需要用新的方式来优化和管理，同时必须考虑到 UAV UE 的高度移动性。

为此，在本章的后续部分我们将对 UAV UE 的路径规划进行深入研究，将重点放在无线感知的路径规划上，在设计 UAV UE 的轨迹的同时兼顾任务时间和无线性能。之后我们将展示如何通过使用博弈论和学习方法来克服动态 UAV UE 环境的挑战。最终我们将阐述各种网络参数对 UAV UE 的无线感知路径规划的影响。

6.2 UAV UE 的无线感知路径规划：模型与问题表述

对于一个蜂窝系统的上行链路，该系统总带宽是 B，由 S 个地面 BS 集合 $\mathcal{S}$，Q 个地面 UE 集合 $\mathcal{Q}$ 和 J 个蜂窝连接的 UAV UE 集合 $\mathcal{J}$ 组成。每个地面 BS s 将与 K_s 个 UE 和 N_s 个 UAV UE 通信。我们将带宽 B 分为 C 个资源块（RB），每个 UAV UE $j \in \mathcal{N}s$ 分配一个 $C_{j,s}$ RB 的集合 $C_{j,s} \subseteq \mathcal{C}$。此外，BS s 为其每个地面 UE $q \in \mathcal{K}_s$ 分配一组 $C_{j,s}$ 个 RB 集合 $C_{q,s} \subseteq \mathcal{C}$。注意，对于每个 BS s，一个给定的 RB c 与最多一个 UAV UE j 或地面 UE q 相关。然后，我们将(x_j, y_j, h_j)定义为 UAV UE j 的三维坐标，将$(x_q, y_q, 0)$定义为地面 UE q 的三维坐标。在我们的模型中，UAV UE 将以固定高度 h_j 飞行。然而，每个 UAV UE j 的水平坐标(x_j, y_j)将随着时间动态变化。每个 UAV UE j 必须以连接状态从初始位置 o_j 移动到最终目的地 d_j，同时传输数据（例如，监视视频、图像、传感器读数等）。

简单起见，我们考虑一个用于 UAV UE 移动性的虚拟网格，其空间被离散分为 A 个大小相等的区域。UAV UE 沿着区域 $\boldsymbol{c}_a = (x_a, y_a, z_a)$ 的中心移动，那么对于每个 UAV UE j，都有一组有限的可能路径 $\boldsymbol{p}_j$。其中，每个 UAV UE j 的路径 $\boldsymbol{p}_j$ 定义为区域单元 $\boldsymbol{p}_j = (a_1, a_2, \cdots, a_l)$ 的序列，使得 $a_1 = o_j$ 且 $a_l = d_j$。我们为离散区域单位$(a_1, a_2, \cdots, a_A) \in \mathcal{A}$选择一个足够小的区域，使得在每个区域内 UAV UE 的位置在最大 UAV UE 的速度下可以看作近似恒定。每个 UAV UE 的恒定速度 $0 < V_j \leqslant \hat{V}_j$，其中 $\hat{V}_j$ 是 UAV UE j 的最大速度。对于第 3 章中的 AG 信道模型，参考文献[214]中给出了位置 a 处的 UAV UE j 和 BS s 之间的路径损耗 $\xi_{j,s,a}$：

$$\xi_{j,s,a}(\text{dB}) = 20\log_{10}(d_{j,s,a}) + 20\log_{10}(\hat{f}) - 147.55 \tag{6.1}$$

这里，$\hat{f}$ 代表系统的中心频率，$d_{j,s,a}$ 代表位置 a 处的 UAV UE j 与 BS s 之间的欧式距离。对于 UAV j 和地面 BS s 之间的小尺度衰落，假设使用莱斯信道模型来反映 LOS 和多径散射，如第 3 章所述，这是合理的假设，可以方便后续分析处理。对于地面 UE 及其 BS 之间的信道，假设遵循瑞利衰落。因此，在给定载波频率 $\hat{f} = 2\text{GHz}$ 的情况下，可以定义地面 UE q 和其服务 BS s 之间的路径损耗[215]如下：

$$\zeta_{q,s}(\text{dB}) = 15.3 + 37.6\log_{10}(d_{q,s}) \tag{6.2}$$

其中，$d_{q,s}$ 是 BS s 与地面 UE q 之间的距离。

位置 a 处的 UAV UE j 在其服务的地面 BS s 的调度 RB c 上的平均 SINR $\Gamma_{j,s,c,a}$ 为：

$$\Gamma_{j,s,c,a} = \frac{P_{j,s,c,a} h_{j,s,c,a}}{I_{j,s,c} + B_c N_0} \tag{6.3}$$

其中 $P_{j,s,c,a} = \hat{P}_{j,s,a}/C_{j,s}$ 是 UAV UE j 在 RB c 上每 RB 的发射功率，$\hat{P}_{j,s,a}$ 是 UAV UE j 的总发射功率。为了方便处理，我们假设 UAV UE j 将在其所有相关的 RB 上平均分配发射功率。在式(6.3)中，$h_{j,s,c,a} = g_{j,s,c,a} 10^{-\xi_{j,s,a}/10}$ 为 UAV UE j 在位置 a 的 RB c 上和 BS s 之间的信道增益，其中 $g_{j,s,c,a}$ 为莱斯衰落参数。B_c 是 RB c 的带宽，N_0 是噪声的功率谱密度，$I_{j,s,c} = \sum\limits_{r=1,r\neq s}^{S}\left(\sum\limits_{k=1}^{K_r} P_{k,r,c} h_{k,s,c} + \sum\limits_{k=1}^{N_r} P_{n,r,c,a'} h_{n,s,c,a'}\right)$ 是在 BS s 处使用 RB c 对 UAV UE j 的总干扰功率，其中 $\sum\limits_{r=1,\ r\neq s}^{S}\sum\limits_{k=1}^{K_r} P_{k,r,c} h_{k,s,c}$ 和 $\sum\limits_{r=1,\ r\neq s}^{S}\sum\limits_{n=1}^{N_r} P_{n,r,c,a'} h_{n,s,c,a'}$ 分别是来自 K_r 个 UE 和 N_r 个 UAV UE 的干扰(在其各自的传输位置 a' 处)，这些干扰 UE 在邻区 BS r 下工作且使用与 UAV UE j 相同的 RB c。当使用 RB c 时，我们将 $h_{k,s,c} = m_{k,s,c} 10^{-\zeta_{k,s}/10}$ 定义为地面 UE k 及其关联 BS s 之间的信道增益，其中 $m_{k,s,c}$ 是瑞利衰落参数。因此，UAV UE j(位于 a 处并由 BS s 提供服务)达到的数据速率为 $R_{j,s,a} = \sum\limits_{c=1}^{C_{j,s}} B_c \log_2(1 + \Gamma_{j,s,c,a})$。

我们感兴趣的是 UAV UE 的时延，如前几章中所讨论的，它是 UAV UE 应用的一个至关重要的性能指标。为了对延迟进行建模，针对每个 UAV UE 我们考虑一个 M/D/1 队列，之后可以得到 UAV UE j 及其服务 BS 之间得链路延迟如下[216]：

$$\tau_{j,s,a} = \frac{\lambda_{j,s}}{2\mu_{j,s,a}(\mu_{j,s,a} - \lambda_{j,s})} + \frac{1}{\mu_{j,s,a}} \tag{6.4}$$

其中，$\mu_{j,s,a} = R_{j,s,a}/v$ 是在位置 a 处链路(j,s)上的速率，其中 v 是数据包大小。在此，将 $\lambda_{j,s}$ 定义为来自 UAV UE j 通过链路(j,s)的平均数据包到达。对于地面 UE，我们将数据速率作为感兴趣的关键性能指标。在这种情况下对于连接到 BS s 的地面 UE q，我们们可以将数据速率定义为：

$$R_{q,s} = \sum_{c=1}^{C_{q,s}} B_c \log_2 \left(1 + \frac{P_{q,s,c} h_{q,s,c}}{I_{q,s,c} + B_c N_0}\right) \tag{6.5}$$

其中，$h_{q,s,c} = m_{q,s,c} 10^{-\xi_{q,s}/10}$ 是地面 UE q 在 RB c 上与它的 BS s 之间的信道增益，$m_{q,s,c}$ 是瑞利衰落参数。假设在 RB 上进行等功率分配，定义 $P_{q,s,c} = \hat{P}_{q,s}/C_{q,s}$ 为 UE q 到其服务 BS s 在 RB c 上的发射功率，其中 $\hat{P}_{q,s}$ 为地面 UE q 的总发射功率。$I_{q,s,c} = \sum_{r=1,\ r\neq s}^{S} \left(\sum_{k=1}^{K_r} P_{k,r,c} h_{k,s,c} + \sum_{n=1}^{N_r} P_{n,r,c,a'} h_{n,s,c,a'}\right)$ 是在 BS s 下的地面 UE q 在 RB c 上受到的总干扰功率，其中 $\sum_{r=1,\ r\neq s}^{S} \sum_{k=1}^{K_r} P_{k,r,c} h_{k,s,c}$ 和 $\sum_{r=1,\ r\neq s}^{S} \sum_{n=1}^{N_r} P_{n,r,c,a'} h_{n,s,c,a'}$ 分别是来自 K_r 个 UE 和 N_r 个 UAV UE 的干扰（在其各自的传输位置 a' 处），这些干扰 UE 在邻区 BS r 下工作且使用与 UAV UE q 相同的 RB c。

问题表述

我们的目标是对每个 UAV UE j 基于其任务目标及其对地面蜂窝系统的干扰，找到其最优的无线感知路径。换句话说，应该使得每个 UAV UE 对地面 UE 和其他 UAV UE 造成的干扰水平、传输时延和到达目的地所需的时间最小。为此，在每个位置 $a \in \mathcal{A}$ 处，通过联合使用小区关联向量和功率控制向量对于 UAV UE 的路径进行优化。假设每个 UAV UE j 的定向图为 $G_j = (\mathcal{V}, \mathcal{E}_j)$，其中 $\mathcal{V}$ 是与单位区域 $a \in \mathcal{A}$ 的中心相对应的一组顶点，$\mathcal{E}_j$ 是沿 UAV UE j 的路径形成的一组边。我们将 $\hat{\boldsymbol{P}}$ 定义为 UAV UE j 的发射功率向量，每个元素 $\hat{P}_{j,s,a} \in [0, \overline{P}_j]$ 表示在位置 a 处 UAV UE j 到其相关 BS s 的发射功率，$\overline{P}_j$ 是 UAV UE j 的最大发射功率。我们定义一个路径构造的向量 $\boldsymbol{\alpha}$，其元素 $\alpha_{j,a,b} \in \{0, 1\}$ 代表每个 UAV UE j 是否从区域 a 到区域 b 形成直接连接。我们还定义了一个 UAV UE 与 BS 的关联向量 $\boldsymbol{\beta}$，每个元素 $\beta_{j,s,a} \in \{0, 1\}$ 表示在位置 a 处，UAV UE j 是否与地面 BS s 相连接。从形式上我们可以提出一个优化问题，以确定位于区域 a（沿其路径 $\boldsymbol{p}_j$）的每个 UAV UE 的路径、小区关联向量和功率控制策略：

$$\min_{\hat{\boldsymbol{P}},\ \boldsymbol{\alpha},\ \boldsymbol{\beta}} \vartheta \sum_{j=1}^{J} \sum_{s=1}^{S} \sum_{c=1}^{C_{j,s}} \sum_{a=1}^{A} \sum_{r=1,\ r\neq s}^{S} \frac{\hat{P}_{j,s,a} h_{j,r,c,a}}{C_{j,s}} + \varpi \sum_{j=1}^{J} \sum_{a=1}^{A} \sum_{b=1,\ b\neq a}^{A} \alpha_{j,a,b} +$$

$$\phi \sum_{j=1}^{J} \sum_{s=1}^{S} \sum_{a=1}^{A} \beta_{j,s,a} \tau_{j,s,a} \tag{6.6}$$

$$\sum_{b=1,\ b\neq a}^{A} \alpha_{j,b,a} \leqslant 1 \quad \forall j \in \mathcal{J},\ a \in \mathcal{A} \tag{6.7}$$

$$\sum_{a=1,\ a\neq o_j}^{A} \alpha_{j,o_j,a} = 1 \quad \forall j \in \mathcal{J}, \quad \sum_{a=1,\ a\neq d_j}^{A} \alpha_{j,a,d_j} = 1 \quad \forall j \in \mathcal{J} \tag{6.8}$$

$$\sum_{a=1,a\neq b}^{A} \alpha_{j,a,b} - \sum_{f=1,f\neq b}^{A} \alpha_{j,b,f} = 0 \quad \forall j \in \mathcal{J}, b \in \mathcal{A}(b \neq o_j, b \neq d_j) \tag{6.9}$$

$$\hat{P}_{j,s,a} \geqslant \sum_{b=1,b\neq a}^{A} \alpha_{j,b,a} \quad \forall j \in \mathcal{J}, s \in \mathcal{S}, a \in \mathcal{A} \tag{6.10}$$

$$\hat{P}_{j,s,a} \geqslant \beta_{j,s,a} \quad \forall j \in \mathcal{J}, s \in \mathcal{S}, a \in \mathcal{A} \tag{6.11}$$

$$\sum_{s=1}^{S} \beta_{j,s,a} - \sum_{b=1,b\neq a}^{A} \alpha_{j,b,a} = 0 \quad \forall j \in \mathcal{J}, a \in \mathcal{A} \tag{6.12}$$

$$\sum_{c=1}^{C_{j,s}} \Gamma_{j,s,c,a} \geqslant \beta_{j,s,a} \overline{\Gamma}_j \quad \forall j \in \mathcal{J}, s \in \mathcal{S}, a \in \mathcal{A} \tag{6.13}$$

$$0 \leqslant \hat{P}_{j,s,a} \leqslant \overline{P}_j \quad \forall j \in \mathcal{J}, s \in \mathcal{S}, a \in \mathcal{A} \tag{6.14}$$

$$\alpha_{j,a,b} \in \{0,1\}, \beta_{j,s,a} \in \{0,1\} \quad \forall j \in \mathcal{J}, s \in \mathcal{S}, a, b \in \mathcal{A} \tag{6.15}$$

我们的目标函数是获得 UAV UE 沿其路径上对相邻 BS 造成的总干扰水平、UAV UE 的路径长度及其无线传输延时延。ϑ、ϖ 和 ϕ 是多目标权重，用于权衡这三个绩效指标之间的性能。通过调整这些权重，可以满足每个 UAV UE 任务的要求。例如，在搜索和救援应用中最重要的指标是到达目的地的时间，而在线视频流应用中最重要的是时延(如第 2 章所述，这些指标的重要性在不同的 UAV UE 应用中各不相同)。约束条件(式(6.7))保证了 UAV UE j 沿其路径 p_j 最多访问每个区域 a 一次。约束条件(式(6.8))确保了每个 UAV UE j 选择的轨迹都从其初始位置 o_j 开始，在其最终目的地 d_j 结束(即任务目的地和起点不会改变)。式(6.9)确保了每当 UAV UE j 访问区域 b 后，其也应该离开区域 $b(b \neq o_j, b \neq d_j)$。使用式(6.10)和式(6.11)，我们确保只有当 UAV UE j 实际访问区域 a，即 $a \in p_j$ 而且 UAV UE j 在位置 a 与 BS s 连接时，UAV UE j 才会以功率 $\hat{P}_{j,s,a} > 0$ 在 a 区域向 BS s 传输。式(6.12)保证了每个 UAV UE j 在其路径 p_j 上每个位置 a 处与一个 BS s 连接。式(6.13)表示 UAV UE j(位于 a)和地面 BS s 之间的传输链路在 RB c 上的 SINR 值 $\Gamma_{j,s,c,a}$ 的上限 $\overline{\Gamma}_j$。因此，该约束将确保由 UAV UE 发送到其连接的 BS 的数据包成功译码。

由于涉及的参数和目标众多，求解集中式的优化问题具有一定的挑战性。此外，考虑到 UAV UE 固有的分布式特性以及 UAV UE 不属于无线网络运营商，开发集中式无线感知路径规划的解决方案是不可取的。这就需要一个分布式解决方案，其中每个 UAV UE j 可以自主学习其路径 p_j、发射功率水平和每个位置 a 的关联向量。为了开发这样的解决方案，在下一节中，我们将用到博弈论和机器学习的工具。

6.3　UAV UE 的自组织无线感知路径规划

6.3.1　路径规划博弈

我们的总体目标是提出一种分布式路径规划解决方案，使每个 UAV UE 能够以自组织和在线的方式采取行动。这个多主体路径规划问题可以适当地建模为具有完善信息的有限动态非合作博弈模型 $\mathcal{G}$ [217]。特别地，通过元组 $\mathcal{G}=(\mathcal{J},\ \mathcal{T},\ \mathcal{Z}_j,\ \mathcal{V}_j,\ \Pi_j,\ u_j)$ 来定义 UAV UE 路径规划博弈，其中 UAV UE 的集合 $\mathcal{J}$ 是代理/参与者的集合。$\mathcal{T}$ 被定义为一组有限的博弈阶段，代表所有 UAV UE 到完成任务所需的步骤。对于每个 UAV UE j，$\mathcal{Z}_j$ 是该 UAV UE 在每个给定时间 $t\in\mathcal{T}$ 可以选择的一组动作。此外，我们将 $\mathcal{V}_j$ 定义为 UAV UE j 到博弈阶段 t 为止观察到的所有网络状态的集合，Π_j 为在所有 $z_j\in\mathcal{Z}_j$ 上的概率分布的集合。在我们的博弈中，u_j 代表 UAV UE j 的单个应用函数。在博弈的每个阶段 t 中，UAV UE 将同时采取行动。为此，每个 UAV UE j 将寻求确定其最优选的路径 $\boldsymbol{p}_j$（从起点到目的地），同时还需要确定沿其路径 $\boldsymbol{p}_j$ 的每个位置 $a\in\mathcal{A}$ 对应的最优发射功率和小区关联向量。因此，在每个步骤 t，UAV UE j 选择一个动作元组 $z_j(t)=(\boldsymbol{a}_j(t),\ \hat{P}_{j,s,a}(t),\ \boldsymbol{\beta}_{j,s,a}(t))$，其中 $\boldsymbol{a}_j(t)=\{$左，右，前进，后退，无运动$\}$ 表示在给定方向上的固定步长 $\tilde{a}_j$。对于每个 UAV j，$\hat{P}_{j,s,a}(t)=[\hat{P}_1,\ \hat{P}_2,\ \cdots,\ \hat{P}_O]$ 表示 O 个不同的最大发射功率等级，而 $\boldsymbol{\beta}_{j,s,a}(t)$ 表示 UAV UE 与其 BS 之间的关联矢量。

对于每个 UAV UE j，我们定义一个集合 $\mathcal{L}_j$，该集合包括离该 UAV UE 最近的 L_j 个 BS。现在我们可以正式定义 UAV UE j 在阶段 t 观察到的网络状态 $\boldsymbol{v}_j(t)$：

$$\boldsymbol{v}_j(t)=[\{\delta_{j,l,a}(t),\ \theta_{j,l,a}(t)\}_{l=1}^{L_j},\ \theta_{j,d_j,a}(t),\ \{x_j(t),\ y_j(t)\}_{j\in\mathcal{J}}] \qquad (6.16)$$

其中，$\delta_{j,l,a}(t)$ 表示在阶段 t 期间位于 a 处的 UAV UE j 与 BS l 之间的欧式距离，$\theta_{j,l,a}$ 表示在位置 a 处的 UAV UE j 到 BS l 的方位角（在二维水平 x-y 平面中）$\arctan(\Delta y_{j,l}/\Delta x_{j,l})$ [218]，其中 $\Delta y_{j,l}$ 和 $\Delta x_{j,l}$ 是 UAV UE j 和 BS l 在坐标系中 x 方向和 y 方向的差。此外，$\theta_{j,d_j,a}$ 是位置 a 处的 UAV UE j 到目的地 d_j 在 x-y 平面中的方位角，定义为 $\arctan(\Delta y_{j,d_j}/\Delta x_{j,d_j})$，并且 $\{x_j(t),\ y_j(t)\}_{j\in\mathcal{J}}$ 是所有 UAV UE 在阶段 t 的水平坐标。而且，通过不同的距离间隔，将每个方位角和距离值分别映射到不同阶段。

基于式（6.6）～式（6.15）中的优化公式，将拉格朗日惩罚应用到 SINR 约束的效用函数（式（6.13））的定义中，阶段 t 时 UAV UE j 的效用函数 $u_j(\boldsymbol{v}_j(t),\ z_j(t),\ z_{-j}(t))$ 可以表示为：

$$u_j(\boldsymbol{v}_j(t),\ z_j(t),\ z_{-j}(t))=\begin{cases} \Phi(\boldsymbol{v}_j(t),\ z_j(t),\ z_{-j}(t))+C, & \text{如果 } \delta_{j,d_j,a}(t)<\delta_{j,d_j,a'}(t-1) \\ \Phi(\boldsymbol{v}_j(t),\ z_j(t),\ z_{-j}(t)), & \text{如果 } \delta_{j,d_j,a}(t)=\delta_{j,d_j,a'}(t-1) \\ \Phi(\boldsymbol{v}_j(t),\ z_j(t),\ z_{-j}(t))-C, & \text{如果 } \delta_{j,d_j,a}(t)>\delta_{j,d_j,a'}(t-1) \end{cases}$$

$$(6.17)$$

其中，$\Phi(\boldsymbol{v}_j(t),\ z_j(t),\ z_{-j}(t))$ 定义为：

$$\begin{aligned} \Phi(\boldsymbol{v}_j(t),\ z_j(t),\ z_{-j}(t)) = &-\vartheta'\sum_{c=1}^{C_{j,s}(t)}\sum_{r=1,r\neq s}^{S}\frac{\hat{P}_{j,s,a}(\boldsymbol{v}_j(t))h_{j,r,c,a}(t)}{C_{j,s}(t)}- \\ &\phi'\tau_{j,s,a}(\boldsymbol{v}_j(t),\ z_j(t),\ z_{-j}(t))- \\ &\zeta\Big(\min\Big(0,\ \sum_{c=1}^{C_{j,s}(t)}\Gamma_{j,s,c,a}(\boldsymbol{v}_j(t),\ z_j(t),\ z_{-j}(t))-\overline{\Gamma}_j\Big)\Big)^2 \end{aligned}$$

$$(6.18)$$

式(6.7)~式(6.12)、式(6.14)、式(6.15)为约束条件。ζ 是式(6.13)的惩罚系数，C 是常量参数。a' 和 a 是 UAV j 在 $t-1$ 和 t 的位置，$\delta_{j,d_j,a}$ 是 UAV UE j 与目的地 d_j 之间的距离。当更新 UAV UE 的三维坐标时，每个 UAV UE j 的行动空间以及博弈 $\mathcal{G}$ 的复杂度将呈指数级增长。尽管如此，必须限制每个 UAV UE 的海拔高度以保证 SINR 阈值(对于 UAV UE)和可达到的最小数据速率(对于地面 UE)。基于参考文献[219]中的证明，给出任何给定 UAV UE j 的最优高度上限和下限：

定理 6.1　对于 ϑ'，ϕ' 和 ζ 的所有值，以及给定的网络状态 $\boldsymbol{v}_j(t)$ 和动作 $\boldsymbol{z}_j(t)$，任何 UAV UE j 的高度的上限和下限分别是：

$$h_j^{\max}(\boldsymbol{v}_j(t),\ \boldsymbol{z}_j(t),\ \boldsymbol{z}_{-j}(t))=\max(\chi,\ \hat{h}_j^{\max}(\boldsymbol{v}_j(t),\ \boldsymbol{z}_j(t),\ \boldsymbol{z}_{-j}(t))) \quad (6.19)$$

$$h_j^{\min}(\boldsymbol{v}_j(t),\ \boldsymbol{z}_j(t),\ \boldsymbol{z}_{-j}(t))=\max(\chi,\ \hat{h}_j^{\min}(\boldsymbol{v}_j(t),\ \boldsymbol{z}_j(t),\ \boldsymbol{z}_{-j}(t))) \quad (6.20)$$

其中，χ 是 UAV UE 允许飞行的最低高度。$\hat{h}_j^{\max}(\boldsymbol{v}_j(t),\ \boldsymbol{z}_j(t),\ \boldsymbol{z}_{-j}(t))$ 和 $\hat{h}_j^{\min}(\boldsymbol{v}_j(t)$，$\boldsymbol{z}_j(t),\ \boldsymbol{z}_{-j}(t))$ 可以表示为：

$$\hat{h}_j^{\max}(\boldsymbol{v}_j(t),\ \boldsymbol{z}_j(t),\ \boldsymbol{z}_{-j}(t))=$$

$$\sqrt{\dfrac{\hat{P}_{j,s,a}(\boldsymbol{v}_j(t))}{C_{j,s}(t)\cdot\overline{\Gamma}_j\cdot\left(\dfrac{4\pi\hat{f}}{\hat{c}}\right)^2}\cdot\sum_{c=1}^{C_{j,s}(t)}\dfrac{g_{j,s,c,a}(t)}{I_{j,s,c}(t)+B_cN_0}-(x_j-x_s)^2-(y_j-y_s)^2} \quad (6.21)$$

和

$$\hat{h}_j^{\min}(\boldsymbol{v}_j(t),\ \boldsymbol{z}_j(t),\ \boldsymbol{z}_{-j}(t))=\max_r\hat{h}_{j,r}^{\min}(\boldsymbol{v}_j(t),\ \boldsymbol{z}_j(t),\ \boldsymbol{z}_{-j}(t)) \quad (6.22)$$

其中，$\hat{h}_{j,r}^{\min}(\boldsymbol{v}_j(t),\ \boldsymbol{z}_j(t),\ \boldsymbol{z}_{-j}(t))$ 表示 UAV UE j 工作在一个特定 BS r 的最低高度，可以表示为：

$$\hat{h}_{j,r}^{\min}(\boldsymbol{v}_j(t),\ \boldsymbol{z}_j(t),\ \boldsymbol{z}_{-j}(t))$$

$$=\sqrt{\dfrac{\hat{P}_{j,s,a}(\boldsymbol{v}_j(t))\cdot\sum_{c=1}^{C_{j,s}(t)}g_{j,r,c,a}(t)}{C_{j,s}(t)\cdot\left(\dfrac{4\pi\hat{f}}{\hat{c}}\right)^2\cdot\sum_{c=1}^{C_{j,s}(t)}\overline{I}_{j,r,c,a}}-(x_j-x_r)^2-(y_j-y_r)^2} \quad (6.23)$$

定理说明：定理 6.1 强调 UAV UE 的最优高度取决于其目标函数、地面 BS 的位置、网络设计参数以及网络中来自其他地面 UE 和 UAV UE 的干扰水平。因此，在每个时间阶段 t，UAV UE j 必须根据 $h_j^{\max}(\boldsymbol{v}_j(t),\ \boldsymbol{z}_j(t),\ \boldsymbol{z}_{-j}(t))$ 和 $h_j^{\min}(\boldsymbol{v}_j(t),\ \boldsymbol{z}_j(t),\ \boldsymbol{z}_{-j}(t))$ 调整飞行高度，从而适应网络动态。UAV UE 的最优高度上限和下限将减少我们博弈 $\mathcal{G}$ 中的行动空间，从而简化 UAV UE 寻找博弈方案(所谓的平衡点)的过程。接下来，我们分析 UAV UE 路径规划博弈 $\mathcal{G}$ 的解决点。

6.3.2　UAV UE 路径规划博弈的平衡

对于 UAV UE 路径规划博弈 $\mathcal{G}$，子博弈完美纳什均衡(Subgame Perfect Nash Equilibrium，SPNE)是必须研究的行为策略。SPNE 是一种代理策略，它在原始动态博弈的每个子博弈中进行纳什均衡(Nash Equilibrium，NE)。这里我们需要定义行为策略的概念，它允许每个 UAV UE 给独立于不同网络状态的每个网络状态下的动作集分配独立的概率。基于 Selten 在参考文献[220]中的开创性研究结果，我们知道对于任何具有完善信息的有限阶段广义博弈，至少存在一个 SPNE。现在定义 $\pi_j(v_j(t)) = (\pi_{j,z_1}(v_j(t)),$ $\pi_{j,z_2}(v_j(t)), \cdots, \pi_{j,z_{|Z_j|}}(v_j(t))) \in \Pi_j$ 为 UAV j 在状态 $v_j(t)$ 时的行为策略，定义 $\Delta(\mathcal{Z})$ 为动作空间 $\mathcal{Z}$ 上所有概率分布的集合。下面，我们可以定义 SPNE 的概念。

定理 6.2 行为策略$(\pi_1^*(v_j(t)), \cdots, \pi_j^*(v_j(t))) = (\pi_j^*(v_j(t)), \pi_{-j}^*(v_j(t)))$ 构成子博弈完美纳什均衡，如果 $\forall j \in \mathcal{J}$，$\forall t \in \mathcal{T}$ 且 $\forall \pi_j(v_j(t)) \in \Delta(\mathcal{Z})$，$\bar{u}_j(\pi_j^*(v_j(t)),$ $\pi_{-j}^*(v_j(t))) \geqslant \bar{u}_j(\pi_j(v_j(t)), \pi_{-j}^*(v_j(t)))$。

因此，在任一给定状态 $v_j(t)$ 和阶段 t，每个 UAV UE j 都将寻求最大化其折扣奖励的预期总和，即计算给定状态的即时奖励与下一状态预期折扣效用的总和。

$$\overline{u}(v_j(t), \pi_j(v_j(t)), \pi_{-j}(v_j(t)))$$

$$= \mathbb{E}_{\pi_j(t)}\left\{ \sum_{l=0}^{\infty} \gamma^l u_j(v_j(t+l), z_j(t+l), z_{-j}(t+l)) \,|\, v_{j,0} = v_j \right\}$$

$$= \sum_{z \in \mathcal{Z}} \sum_{l=0}^{\infty} \gamma^l u_j(v_j(t+1), z_j(t+l), z_{-j}(t+1)) \prod_{j=1}^{J} \pi_{j,z_j}(v_j(t+l)) \quad (6.24)$$

其中，$\gamma^l \in (0,1)$ 是延迟奖励的折扣因子，$\mathbb{E}_{\pi_j(v_j(t))}$ 表示基于 $\pi_j(v_j(t))$ 选择行动和状态的期望。注意，u_j 表示处于状态 v_j 的短期奖励，$\bar{u}_j$ 表示从状态 v_j 开始长期的预期奖励总和。

现在，我们可以清晰地看到 UAV UE 的轨迹优化、BS 关联向量与功率控制水平之间的耦合关系。为了找到 SPNE，在具有多个 UAV UE 的网络中，每个 UAV UE 必须获取未来奖励的全部信息(每个信息集中)。显然，这样的信息在无线网络中是不可能的，因为它需要每个 UAV UE 知道所有其他 UAV UE 在未来所有可能的动作。随着 UAV UE 数量的增加，这种信息收集过程变得更具有挑战性。我们将借助深度递归神经网络(Recurrent Neural Network，RNN)[221]的工具来克服这一挑战，RNN 的动态时间行为和自适应内存能够存储关键的先前状态信息，以预测未来的行动。接下来，在参考文献[219]的基础上研究了一种新的深度强化学习(RL)算法，该算法使用深度回声状态网络(Echo State Network，ESN)的 RNN 工具(5.4.2 节中也使用了该工具)来解决 UAV UE 路径规划博弈 $\mathcal{G}$ 的 SPNE 问题。为了更清楚地进行说明，我们首先介绍深度 ESN 架构(在第 5 章研究的浅层 ESN 的挤基础上进行了扩展)，说明该工具如何允许 UAV UE 在学习未来网络状态的同时，在需要的时候存储以前的状态。然后，研究了基于深度 ESN 架构的 RL 算法，并证明该算法能够学习博弈的 SPNE。

6.4　用于在线路径规划和资源管理的深度强化学习

本节我们从介绍深度 ESN 架构及其与标准 ESN 的区别开始。

6.4.1　深度 ESN 架构

ESN 是包含反馈连接的 RNN，属于储备池计算（Reservoir Computing，RC）的一种[222]。ESN 由输入权重矩阵 $\boldsymbol{W}_{\mathrm{in}}$、递归矩阵 $\boldsymbol{W}$ 和输出权重矩阵 $\boldsymbol{W}_{\mathrm{out}}$ 组成。ESN 的一个关键优势是训练速度快且计算效率高，这是仅更改输出权重所致。利用这种基本的 ESN 架构，我们可以通过叠加多个非线性储备层形成一个深度 ESN 架构。深度 ESN 在保持 RC 训练效率的同时，还利用了不同的抽象层次的分层时态特征表示优势。它们可以在不同的抽象层次学习数据，从而通过用简单的层次表示复杂的任务，以解决复杂任务建模的难题。我们用 $N_{j,R}^{(n)}$ 表示 UAV UE j 在第 n 层 ESN 的储备池的内部单元数量。此外，定义 UAV UE j 的外部输入维度为 $N_{j,U}$，堆积层数为 $N_{j,L}$。下面我们介绍各种 ESN 组件：

- $\boldsymbol{v}_j(t) \in \mathbb{R}^{N_{j,U}}$ 为 UAV UE j 在阶段 t 的外部输入，获取网络当前状态。
- $\boldsymbol{x}_j^{(n)}(t) \in \mathbb{R}^{N_{j,R}^{(n)}}$ 为 UAV UE j 在阶段 t 的第 n 层的存储状态。
- $\boldsymbol{W}_{j,\mathrm{in}}^{(n)}$ 为 UAV UE j 在第 n 层的输入-储备池矩阵，其中当 $n=1$ 时，$\boldsymbol{W}_{j,\mathrm{in}}^{(n)} \in \mathbb{R}^{N_{j,R}^{(n)} \times N_{j,U}}$，$n>1$ 时，$\boldsymbol{W}_{j,\mathrm{in}}^{(n)} \in \mathbb{R}^{N_{j,R}^{(n)} \times N_{j,R}^{(n-1)}}$。
- $\boldsymbol{W}_j^{(n)} \in \mathbb{R}^{N_{j,R}^{(n)} \times N_{j,R}^{(n)}}$ 为 UAV j 的第 n 层的循环储备池权重矩阵。
- $\boldsymbol{W}_{j,\mathrm{out}} \in \mathbb{R}^{|\mathcal{Z}_j| \times \left(N_{j,U} + \sum_n N_{j,R}^{(n)} \right)}$ 为 UA j 的第 n 层的储备池-输出矩阵。

这种深度 ESN 架构可以用来近似函数 $\boldsymbol{F}_j = (F_j^1, F_j^2, \cdots, F_j^{N_{j,L}})$，以便于 UAV UE j 在博弈的每个阶段 t 学习 SPNE。对于每个 $n=1, 2, \cdots, N_{j,L}$，函数 $F_j^{(n)}$ 描述了在第 n 层储备池状态的变化，例如，当 $n=1$ 时，$\boldsymbol{x}_j^{(n)}(t) = F_j^{(n)}(\boldsymbol{v}_j(t), \boldsymbol{x}_j^{(n)}(t-1))$，当 $n>1$ 时，$\boldsymbol{x}_j^{(n)}(t) = F_j^{(n)}(\boldsymbol{x}_j^{(n-1)}(t), \boldsymbol{x}_j^{(n)}(t-1))$。$\boldsymbol{W}_{j,\mathrm{out}}$ 和 $\boldsymbol{x}_j^{(n)}(t)$ 初始化为 0，而 $\boldsymbol{W}_{j,\mathrm{in}}^{(n)}$ 和 $\boldsymbol{W}_j^{(n)}$ 是随机产生的。尽管动态 ESN 储备池是初始随机生成的，但随后它将与外部输入 $\boldsymbol{v}_j(t)$ 结合以存储网络状态，并与训练输出矩阵 $\boldsymbol{W}_{j,\mathrm{out}}$ 结合以便能够近似奖励函数。此外，$\boldsymbol{W}_j^{(n)}$ 的频谱半径（即绝对值中的最大特征值）$\rho_j^{(n)}$ 必须严格小于 1 以保证储备池的稳定性[223]。本质上，$\rho_j^{(n)}$ 的值与 ESN 存储库的可变存储长度有关，这使得深度 ESN 框架可以存储重要的先前状态信息。显然，$\rho_j^{(n)}$ 的值越大，意味着存储的长度越长。

深度 ESN 架构包括输入和奖励函数。对于每个 UAV UE j 层面的深度 ESN，有两种不同的输入类型：(a) 外部输入 $v_j(t)$，它被输入深度 ESN 的第一层并捕获网络的当前状态，(b) 当 $n>1$ 时所有其他层的输入。对于深度 ESN，任何 $n>1$ 层在阶段 t 的输入是前一层的状态 $x_j^{(n-1)}(t)$。在阶段 t，对于 UAV UE j，我们定义 $\tilde{u}_j(v_j(t), z_j(t), z_{-j}(t)) = u_j(v_j(t), z_j(t), z_{-j}(t)) \prod_{j=1}^{J} \pi_{j,z_j}(v_j(t))$ 来获取式 (6.17) 中瞬时效用函数 $u_j(v_j(t), z_j(t), z_{-j}(t))$ 的期望值。因此，当 UAV UE j 在给定的网络状态 $v_j(t)$ 采取动作 z_j 时，它将获得以下奖励：

$$r_j(v_j(t), z_j(t), z_{-j}(t)) \begin{cases} \tilde{u}_j(v_j(t), z_j(t), z_{-j}(t)), & \text{如果 UAV } j \text{ 达到 } d_j \\ \tilde{u}_j(v_j(t), z_j(t), z_{-j}(t)) + \gamma \max_{z_j \in \mathcal{Z}_j} W_{j,\text{out}}(z_j(t+1), t+1) \\ [v_j'(t), x_j'^{(1)}(t), x_j'^{(2)}(t), \cdots, x_j'^{(n)}(t)], & \text{其他} \end{cases}$$

(6.25)

其中，$v_j'(t+1)$ 和 $x_j'^{(n)}(t)$ 分别表示在状态 t 下执行动作 $z_j(t)$ 和 $z_{-j}(t)$ 时，在阶段 $t+1$ 下第 n 层的网络状态和储备池状态。图 6.1 描绘了一个两层结构的深度 ESN 的储备池架构。

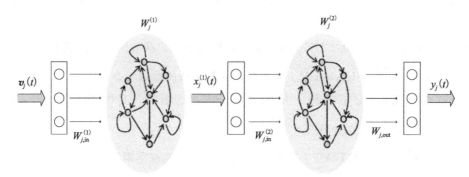

图 6.1　研究的深度 ESN 架构

6.4.2　基于深度 ESN 的 UAV UE 更新规则

现在每个 UAV UE 将使用深度 ESN 来更新阶段，以便在博弈阶段 t 存储和估计每个路径的奖励函数以及相关的小区关联/功率分配方案。在这种情况下，在任何阶段 t 我们都采用泄漏积分器储存池单元[224]来更新状态转换函数 $x_j^{(n)}(t)$。因此，对于第一层 $x_j^{(1)}(t)$，我们可以定义如下状态转换函数：

$$x_j^{(1)}(t) = (1 - \omega_j^{(1)}) x_j^{(1)}(t-1) + \omega_j^{(1)} \tanh(W_{j,\text{in}}^{(1)} v_j(t) + W_j^{(1)} x_j^{(1)}(t-1)) \quad (6.26)$$

其中，$\omega_j^{(n)} \in [0, 1]$ 是 UAV UE j 在第 n 层的泄漏参数。该参数与储备池动态响应输入的速度直接相关，$\omega_j^{(n)}$ 越大，对应的第 n 个储备池对输入的响应越快。对于 $n>1$，我们可以定义 UAV UE j 的状态转换 $x_j^{(n)}(t)$，如下：

$$x_j^{(n)}(t) = (1 - \omega_j^{(n)}) x_j^{(n)}(t-1) + \omega_j^{(n)} \tanh(W_{j,\text{in}}^{(n)} x_j^{(n-1)}(t) + W_j^{(n)} x_j^{(n)}(t-1)) \quad (6.27)$$

在训练 $W_{j,\text{out}}$ 后的网络状态 $v_j(t)$ 下，根据 UAV UE 当前采取的动作 $z_j(t)$ 和 $z_{-j}(t)$ 以及其他 UAV($-j$)的动作，在阶段 t，深度 ESN 的输出 $y_j(t)$ 可以用于估计 UAV UE j 的奖励。因此，此输出可以表示如下：

$$y_j(v_j(t), z_j(t)) = W_{j,\text{out}}(z_j(t), t)[v_j(t), x_j^{(1)}(t), x_j^{(2)}(t), \cdots, x_j^{(n)}(t)] \quad (6.28)$$

为了训练深度 ESN 输出矩阵 $W_{j,\text{out}}$，我们采用时间差法 RL 方案。在这种情况下，我们将使用一个基于奖励误差信号的线性梯度下降方案，定义如下更新规则[225]：

$$W_{j,\text{out}}(z_j(t), t+1) = W_{j,\text{out}}(z_j(t), t) + \lambda_j(r_j(v_j(t), z_j(t), z_{-j}(t)) -$$
$$y_j(v_j(t), z_j(t)))[v_j(t), x_j^{(1)}(t), x_j^{(2)}(t), \cdots, x_j^{(n)}(t)]^{\mathrm{T}}$$
$$(6.29)$$

现在，每个 UAV UE 的目标是最小化误差函数 $e_j(v_j(t)) = |r_j(v_j(t), z_j(t), z_{-j}(t)) - y_j(v_j(t), z_j(t))|$。

6.4.3　用于无限感知路径规划的深度强化学习

现在我们研究一个引入了深度 ESN 架构和更新规则的多智能体深度 RL 框架。UAV UE 将采用此框架，以便在路径规划博弈 $\mathcal{G}$ 的 SPNE 中学习其路径和资源分配参数。这个 RL 算法包括两个阶段：训练和测试。首先，对 UAV UE 进行离线训练。然后进入测试阶段，该阶段与 RL 算法的实际执行有关，在此期间对 $W_{j,\text{out}}$，$\forall j \in \mathcal{J}$ 的权重进行优化。

训练阶段：对于训练，每架 UAV 都对其输出权重矩阵 $W_{j,\text{out}}$ 进行优化，使得每一阶段 t 的误差函数 $e_j(v_j(t))$ 最小化。引入的训练阶段允许多次迭代，每次迭代有多个回合，涵盖所有 UAV UE 到达其目的地 d_j 所需的步骤数。在每一轮中，UAV UE 将在采取最高期望效用关联的动作与尝试探索其所有可能的动作之间进行权衡，以扩大其在式 (6.25) 中估计的奖励函数。这就是 RL 探索与开发之间的权衡。在此，UAV UE 必须在探索其网络环境和利用其在环境探索中获取和积累的信息之间实现 RL 过程的适当权衡[226]。这里我们将使用基本的 ε-greedy 策略，该策略下 UAV UE 能够以 $1 - \varepsilon + \dfrac{\varepsilon}{|\mathcal{Z}_j|}$ 的概率进行选择最大化效用价值的动作，并以 $\dfrac{\varepsilon}{|\mathcal{A}_j|}$ 的概率探索其他可能动作。因此，可以定义每个 UAV UE j 在其动作空间的策略：

$$\pi_{j,z_j}(v_j(t)) \begin{cases} 1 - \varepsilon + \dfrac{\varepsilon}{|\mathcal{Z}_j|}, & \operatorname{argmax}_{z_j \in \mathcal{Z}_j} y_j(v_j(t), z_j(t)) \\[3mm] \dfrac{\varepsilon}{|\mathcal{Z}_j|}, & \text{其他} \end{cases} \quad (6.30)$$

基于所选动作 $z_j(t)$，每个 UAV UE j 更新其位置，发射功率和选择关联小区，然后使用式(6.25)计算其奖励函数。为了识别网络的下一状态，每个 UAV UE j 将向其他所有 UAV UE 广播其选择的动作。随后，每个 UAV UE j 将通过式(6.26)和式(6.27)为每个深度 ESN 层(n)更新其状态转换向量 $x_j^{(n)}(t)$。在任何阶段 t，都可以利用式(6.28)更新输出 y_j。最后，对于每个 UAV UE j，可以基于式(6.29)的线性梯度下降规则来更新输出矩阵 $W_{j,\text{out}}$ 的权重。我们在算法 2 中的训练阶段进行了总结。

算法 2　深度 RL 算法的测试阶段

初始化：

$$\pi_{j,\,z_j}(v_j(t)) = \frac{1}{|\mathcal{A}_j|} \ \forall t \in T, \ z_j \in \mathcal{Z}_j, \ y_j(v_j(t), z_j(t)) = 0, \ W_{j,\,\text{in}}^{(n)}, \ W_j^{(n)}, \ W_{j,\,\text{out}}$$

for 训练的迭代总次数 **do**

　while 最少一个 UAV UE j 没有到达其终点 d_j，**do**

　　for 所有 UAV j(并行)**do**

　　　输入：基于式(6.16)，每个 UAV UE j 得到一个输入 $v_j(t)$

　　　步骤 1：动作选择

　　　每个 UAV UE j 以概率 ε 进行一次随机动作 $z_j(t)$

　　　否则，UAV j 选择 $z_j(t) = \text{argmax}_{z_j \in z_j} y_j(v_j(t), z_j(t))$

　　　步骤 2：位置、关联小区和发射功率

　　　每个 UAV UE j 基于所选的动作 $z_j(t)$ 更新其位置、关联小区和发射功率

　　　步骤 3：奖励计算

　　　每个 UAV UE j 用式(6.25)计算其奖励值

　　　步骤 4：动作广播

　　　每个 UAV UE j 向所有其他 UAV UE 广播它所选的动作 $z_j(t)$

　　　步骤 5：深度 ESN 更新

　　　● 每个 UAV UE j 基于式(6.26)和式(6.27)对深度 ESN 架构的每个层(n)更新状态转移向量 $x_j^{(n)}(t)$

　　　● 每个 UAV UE j 通过式(6.28)找到其输出 $y_j(v_j(t), z_j(t))$

　　　● 每个 UAV UE j 基于式(6.29)的线性梯度下降规则来更新输出矩阵权重 $W_{j,\text{out}}$

　　end for

　end while

end for

测试阶段：在算法 3 中对测试阶段进行了总结。测试阶段与网络中 RL 进程的实际执行有关。在测试阶段，每个 UAV UE 将以贪婪的方式(针对每个状态 $v_j(t)$)选择其动作。然后，它将更新其位置、小区关联以及相应的发射功率。每个 UAV UE 随后将广播其选择的动作，并基于式(6.26)和式(6.27)更新每个深度 ESN 层 n 的状态转换向

量 $x_j^{(n)}(t)$。

算法 3　深度 RL 算法的测试阶段

---

while 最少一个 UAV UE j 没有到达其终点 d_j，**do**

　for 所有 UAV j（并行）**do**

　　输入：基于式(6.16)中每个 UAV UE j 得到一个输入 $v_j(t)$

　　步骤 1：动作选择

　　每个 UAV UE j 选择一个动作 $z_j(t) = \mathrm{argmax}_{z_j \in z_j} y_j(v_j(t), z_j(t))$

　　步骤 2：位置、关联小区和发射功率

　　每个 UAV UE j 基于所选的动作 $z_j(t)$ 更新其位置、关联小区和发射功率

　　步骤 3：动作广播

　　每个 UAV UE j 向所有其他 UAV UE 广播它所选的动作 $z_j(t)$

　　步骤 4：状态转移向量更新

　　每个 UAV UE j 基于式(6.26)和式(6.27)对每个深度 ESN 层(n)更新状态转移向量 $x_j^{(n)}(t)$

　end for

end while

收敛性：要保证所研究的深度 RL 方案的收敛性是比较困难的，因为它高度依赖于训练过程中使用的超参数。例如，在隐藏层中使用的神经元太少会导致拟合不足，从而削弱了神经网络在复杂数据集检测信号的能力。另外，在隐藏层中使用过多的神经元会导致拟合过度或训练时间增加，从而妨碍训练过程。但是，如参考文献[219]中所示，如果算法收敛则，就可以保证找到博弈的 SPNE。此外，参考文献[219]中的仿真并未观察到大量不收敛的情况。显然，如果由于不收敛而观察到循环行为，则 UAV UE 可以简单地停止学习任何次优解决方案。尽管该解决方案可能不是 SPNE，但对于复杂的数据集，它仍然可以提供有用的次优结果。当然，以后可以考虑对所提出的 RL 算法架构进行扩展，从而始终保证收敛。

6.5　代表性仿真结果

我们模拟一个 $800\mathrm{m} \times 800\mathrm{m}$ 的正方形区域，将其划分为 $40\mathrm{m} \times 40\mathrm{m}$ 的网格。在这个区域，我们随机均匀地部署 15 个 BS，并采用 $\hat{K} = 1.59$ 的不相关莱斯信道[227]。我们将每个 UAV 的最大发射功率平均分为 5 个等级。深度 ESN 外部输入 $v_j(t)$ 为 UAV UE 数量的函数，因此，每层隐藏节点的数量 $N_{j,R}^{(n)}$ 将随着 UAV UE 数量的变化而变化。表 6.1 总结了仿真中的关键参数。

表 6.1　系统参数

参数	数值	参数	数值
UAV UE 最大发射功率 $\overline{P}_j$	20dBm	SINR 阈值 $\overline{\Gamma}_j$	-3dB
地面 UE 的发射功率 $\hat{P}_q$	20dBm	学习率 λ_j	0.01
噪声功率谱密度 N_0	-174dBm/Hz	RB 带宽 B_c	180kHz
总带宽 B	20MHz	干扰源个数 L	2
分组到达率 $\lambda_{j,s}$	$(0,1)$	分组大小 v	2000 位
载波频率 $\hat{f}$	2 GHz	损失因子 γ	0.7
隐藏层个数	2	步长 $\tilde{\alpha}_j$	40m
泄露参数/层 $\omega_j^{(n)}$	0.99, 0.99	ε	0.3

图 6.2 给出了不同发射功率下 SINR 阈值 $\overline{\Gamma}$ 变化时 UAV UE j 最优高度的上限。同时，在图 6.2 中，我们给出了不同发射功率下，干扰阈值变化时最优无人机 UE 高度的下界。从这些图中可以看出，UAV UE 的最优高度的上限随着 $\overline{\Gamma}$ 的增加而减小，而其下限随着干扰阈值 $\sum\limits_{c=1}^{C_{j,s}(t)} \overline{I}_{j,r,c,a}$ 的增加而减小。随着地网密度的增加，UAV UE 的最优高度上

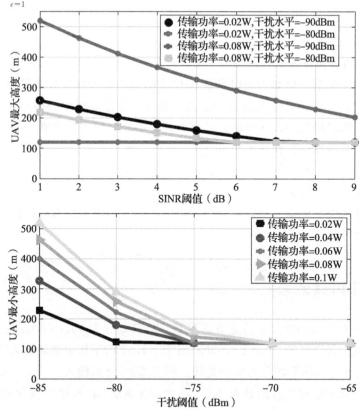

图 6.2　上图为在不同发射功率和地面网络密度下 UAV UE 最优高度上限与 SINR 阈值 $\overline{\Gamma}$ 的关系；下图为在不同发射功率下 UAV UE 最优高度下限与干扰阈值 $\sum\limits_{c=1}^{C_{j,s}(t)} \overline{I}_{j,r,c,a}$ 的关系

限会变小，而其下限会随着地网数据需求的增加而增大。因此，在这种情况下 UAV UE 适合在更高的高度上运行。

图 6.3 是单个 UAV 的一个典型路径，展示了用我们的方法产生的无线感知路径，并与基线最短路径方案产生的路径进行了比较。基线最短路径方案的目标是最小化 UAV UE 任务时间。我们的方案在最短的路径基线中考虑了路径规划中的无线指标因素，与我们的方案相反，在最短路径基线中 UAV UE 的目标是以最少的步骤到达其目的地。表 6.2 给出了图 6.3 中 UAV UE 路径的性能结果。在我们研究的 RL 方法中，UAV UE 选择远离密集部署的地面网络区域的路径，同时仍保持与其服务地面 BS 的距离。因此，在我们的方法中 UAV UE 明显在优化其网络性能和完成任务并到达目的地所需的最短时间步长之间进行了平衡。这条路径明显地使 UAV UE 对地面 UE 的干扰水平以及 UAV UE 的无线延迟降到了最低（请参见表 6.2）。其中，与最短路径相比，所提方法使每个地面 UE 的平均速率提高了 25%，无线延迟降低了 47%，同时到达目的地需要的步骤相同。

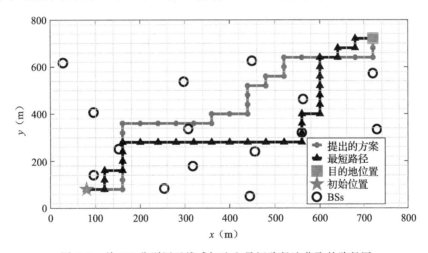

图 6.3　单 UE 分别用无线感知法和最短路径法获取的路径图

表 6.2　UAV 的性能评估

	步骤	时延（ms）	每个 UE 的平均速率（Mbit/s）
无线感知法	32	6.5	0.95
最短路径法	32	12.2	0.76

图 6.4 比较了由无线感知方法和最短路径基线两种方案所产生的各个 UAV UE 平均延迟和平均地面 UE 速率。此外，我们用表 6.3 比较所有 UAV UE 到达其任务目的地所需的步骤。从图 6.4 和表 6.3 中可以清楚地看到，与最短路径基线相比，我们的方法使每个 UAV UE 达到了更短的无线延迟和更高的地面 UE 速率。在不同的网络规模下都可以看到这一优势。我们还可以看到，我们的无线感知解决方案需要采取的步骤可以与最短路径方案相媲美。实际上，与最短路径相比，无线感知方案在 UAV UE 时延和地面 UE

数据速率之间进行了更好的权衡。例如，以 5 个 UAV UE 的情况为例，我们可以观察到所提方案使平均地面 UE 数据速率提高了 37%，平均延迟降低了 62%。实际上可以基于一些参数来调整效用函数的多目标权重，例如地面网络的速率需求、UAV UE 的功率限制以及 UAV UE 可承受的最大无线延迟。图 6.4 还表明，对于所有方案，UAV UE 数量的增加都将导致每个 UAV UE 平均延迟增加，每个地面 UE 平均速率降低。这是因为 UAV UE 与其服务的地面 BS 之间的 LOS 链路导致地面 UE 和其他 UAV UE 的干扰水平增加了。

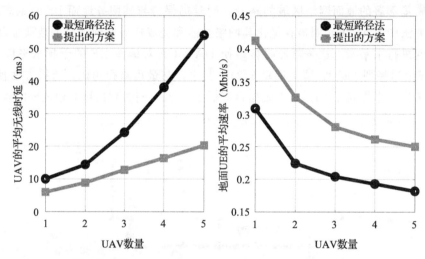

图 6.4　在不同网络规模下用我们所提的方法和最短路径法针对每 UAV 平均无线延迟和每地面 UE 速率的性能评估

表 6.3　不同 UAV UE 数目下所有 UE 用我们所提的方法和最短路径法到达其目的地所需步骤

步骤	1 UAV	2 UAVs	3 UAVs	4 UAVs	5 UAVs
无线感知法	4	4	6	7	8
最短路径法	4	4	6	6	7

图 6.5 描述了不同效用函数下的 UAV UE 海拔高度对每个 UAV UE 的无线延迟以及每个地面 UE 平均数据速率的影响。显然更高的 UAV UE 海拔高度会造成（针对所有效用函数）平均延迟的增加，这是因为 UAV UE 与它们的服务 BS 之间的距离增加了，这加剧了路径损耗效应。同时，更高的 UAV UE 高度下地面 UE 的平均数据速率也更高，因为路径损耗效应减少了空对地干扰。显然，我们可以在最小化每个 UAV UE 的平均延迟和最大化平均地面 UE 数据速率之间找到一个有趣的折中。因此，除了多目标权重之外，可以修改 UAV UE 的高度以便满足地面 UE 的速率要求，同时还根据每个 UAV UE 的任务目标最小化其通信延迟。

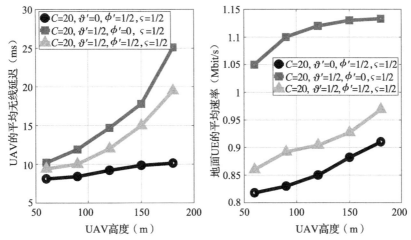

图 6.5   针对不同的 UAV UE 高度用所提的方法对每个 UAV 平均无线延迟和每
          个地面 UE 速率的性能评估

图 6.6 中显示了在两个不同的效用函数下每个 UAV UE 沿其路径的平均发射功率与地面 BS 数量的关系：一个侧重于降低每个 UAV UE 的平均延迟，另一个侧重于最小化对地面 UE 的干扰。该图说明了增加地面 BS 数量将直接影响 UAV UE 的功率水平。例如，对于较密集的网络，来自地面 UE 的干扰增加造成发射功率的增加。因此 UAV UE 就会使用更大的发射功率以满足无线延迟要求。我们还可以观察到，当最小化相邻地面 BS 造成的干扰水平时，每个 UAV UE 的平均发射功率从 36mW 降低到 29mW。这是由于随着地面 BS 的数量增加，每个 UAV UE 对地面网络的干扰也将增加。反过来，这使得每个 UAV UE 必须降低其发射功率。我们注意到，无论地面网络的大小如何，当最小化无线延迟时，每个 UAV UE 的平均发射功率都大于最小的干扰水平的情况。因此，UAV UE 的发射功率是其任务目标和地面 BS 数量的函数。

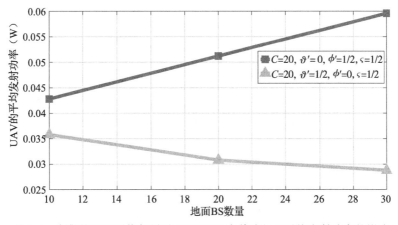

图 6.6   密集的地面网络部署对 UAV UE 在其路径上平均发射功率的影响

图 6.7 展示了当 UAV UE 固定在 120m 时，每个 UAV UE 的无线延迟和每个地面 UE 速率与 BS 数量的关系。对于密集的地面网络，每个 UAV UE 的平均延迟会增加，而每个 UE 的平均速率会下降。例如，为了达到最小化干扰水平以及提高能效的目标，每个 UAV UE 的平均无线延迟从 13ms 增加到 47ms，随着 BS 数量从 10 个增加到 30 个，地面 UE 的平均速率从 0.86Mbit/s 降低到 0.48Mbit/s。

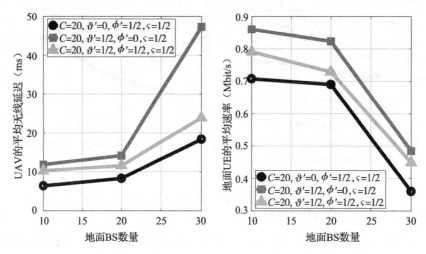

图 6.7 在 UAV UE 高度固定在 120m 时网络规模大小对 UAV UE 无线延迟和地面 UE 速率的影响

图 6.8 显示了每个 UAV UE 的无线延迟和每个地面 UE 的速率对于不同的 UAV UE 高度和地面网络大小(BS 数量)的变化。随着 UAV 高度增加和地面网络变得更密集，每个 UAV UE 的平均无线延迟变得更大。例如，在 20 个 BS 的情况下，UAV UE 高度翻倍

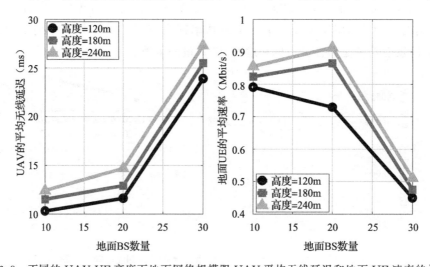

图 6.8 不同的 UAV UE 高度下地面网络规模跟 UAV 平均无线延迟和地面 UE 速率的关系

时时延增加了 27％。同时，对于 UAV UE 固定在高度 180m，且 BS 数量从 10 个增加到 30 个时，时延增加了 120％。图 6.5 中的结果表明，在密集的地面网络中 UAV UE 的最大高度有所降低。因此，当 BS 数量从 10 个增加到 30 个时，最好在更低的高度上操作 UAV。从图 6.8 中我们还可以看到，由于干扰的增加，密集的地面网络会导致每个地面 UE 的平均数据速率降低。同时，地面 UE 的平均数据速率也会随着 UAV UE 高度的升高而增加。显然，整个网络的性能直接取决于 UAV UE 的高度和 BS 的数量。在密集的地面网络中，对于更关注无线传输延迟的应用，UAV UE 必须在较低的高度飞行，而当地面 UE 需要达到最低的数据速率时，UAV UE 必须在较高的高度飞行。

在图 6.9 中，我们研究了不同效用函数下 UAV UE j 的网络状态 $v_j(t)$ 中最近的 BS 数量 (L_j) 的改变对地面 UE 平均速率的影响。随着状态定义中最近的 BS 数量增加，可以看到到地面 UE 的平均速率有所提升。例如，当 UAV UE 最小化对地面网络造成的干扰时，随着状态定义中 BS 的数量从 1 个增加到 5 个，地面 UE 的平均速率提升了 28％。随着 L_j 的增加，UAV UE 对其周围环境有了更好的了解。因此，UAV UE 可以更恰当地选择下一个位置以最小化它们对地面网络的干扰水平。另一个重要的发现是，随着 L_j 的增加，外部输入 v_j 将变大，这需要每层中有更多的神经元，这将增加收敛所需的迭代次数，体现了在提高地面 UE 性能与保持低算法复杂度之间的有趣折中。

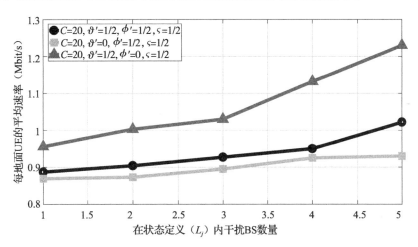

图 6.9　在状态定义 (L_j) 内干扰 BS 数量与每地面 UE 平均速率的关系

图 6.10 展示了学习率 λ 对平均训练误差 $e_j(v_j(t))$ 的作用关系。从本质上讲，学习率的选择直接决定了 RL 过程达到 SPNE 所需的步长。在这方面，选择一个较小的学习率，例如 $\lambda=0.0001$，将会收敛得更慢。相反，选择大的学习率（例如，$\lambda=0.1$），能够减小前几次迭代的误差函数值，但是此后的影响趋于平稳。图 6.10 表明，$\lambda=0.1$ 会在测试阶段导致不收敛。而 $\lambda=0.0001$ 和 $\lambda=0.01$ 能够导致收敛。这是因为较大的初始学习率会使损失函数更快地衰减，从而使模型陷入优化空间的特定区域，而不是更好地进行探索。

显然，$\lambda=0.01$ 相比于其他更小或者更大值，可以获得更好的性能。为了解决该问题，我们采用了早期终止技术以避免过度拟合。

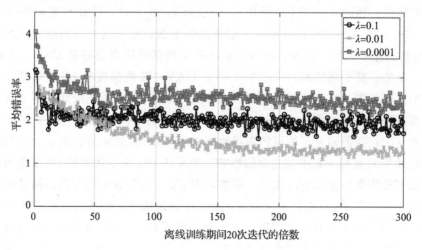

图 6.10　离线训练阶段的收敛与学习率的关系

6.6　本章小结

本章中，我们研究了一种新型干扰感知的路径规划方案，该方案可使蜂窝连接的 UAV UE 最大限度地减少对地面网络造成的干扰。该问题被描述成一个 UAV UE 参与的非协作博弈问题。为了解决该博弈问题，人们研究了一种基于 ESN 的深度 RL 算法，并证明了如果算法收敛就能找到路径规划博弈的 SPNE。该算法使每个 UAV 以自主方式决定其下一个位置、发射功率和小区关联矢量，从而适应网络的变化。仿真结果表明，与最短路径方案相比，所提出的方法在每个 UAV 的延迟和每个地面 UE 速率方面更具有优势。结果表明，UAV UE 的高度在减小对地面 UE 的干扰水平以及 UAV UE 的无线传输时延方面起着至关重要的作用。具体来说，UAV 的高度是地面网络密度、UAV UE 目标和网络中其他 UAV UE 动作的函数。最后，本章设计的模型中可以使用第 2 章中讨论的许多 UAV UE 用例。

第 7 章

UAV 网络的资源管理

UAV 的部署及其移动性要求网络运营商重新审视网络资源的管理方式，如空间资源（例如小区关联）和频谱资源。特别是 UAV 网络的三维特性和移动性对资源管理提出了新的挑战。在本章中，我们主要关注在支持 UAV 的无线网络中如何优化和管理无线通信资源。在 7.1 节中，我们首先分析悬停 UAV BS 支持的无线网络中一个非常独特的问题：存在明确悬停时间限制的小区关联。自然地，UAV 悬停时间的存在将极大地改变小区关联的方式。然后，在 7.2 节中，我们将小区关联问题推广到一个集成了 UAV BS 和 UAV UE 的完整三维蜂窝系统。随后，在 7.3 节中，我们将调查能够接入授权和非授权频谱资源的 UAV BS 所支持的无线网络中的频谱和缓存管理问题。在本章的最后，我们对 UAV 网络资源管理问题提出了见解。

7.1 UAV 辅助无线网络在悬停时间限制下的小区关联

基于我们在参考文献 [228] 中的工作，本节我们将研究使用 UAV BS 向地面用户提供下行链路连接的无线网络中的小区关联问题。特别地，我们研究了使用悬停 UAV（能够在特定地理区域保持相对静止）来提供无线通信和连接的潜力。如前几章所讨论的，UAV BS 确实可以通过向拥挤（例如热点）地区、受灾地区以及体育馆或露天剧场等举办临时活动的场所提供连接来补充现有的无线系统。然而，为了提供这种连接，LAP UAV（比如四旋翼 UAV）必须能够在给定区域上空悬停一段时间。在这种场景中，UAV BS 在给定地理区域内的悬停时间受到 UAV 的电池、能源和其他硬件条件的限制。因此，悬停时间的限制给 UAV BS 能够提供的数据服务质量施加了许多约束。在这里，我们的目标是研究这种悬停时间限制如何强烈地影响 UAV BS 提供的性能和连通性。特别地，我们专注于在认识到 UAV BS 的悬停时间限制的同时，如何优化小区关联管理以满足用户的数据服务需求。

值得一提的是，UAV BS 无线网络的小区关联问题在之前的一些工作中已经进行了研究，参见参考文献[229]和参考文献[230]。尽管这些工作展示了区域到 UAV(area-to-UAV)分配如何提高蜂窝系统的无线容量，但没有考虑 UAV 辅助无线网络中的地面用户可以在空间上随意地分布。此外，这些研究没有明确地考虑悬停时间的影响，但这是设计合适的资源和小区关联机制所必需的。实际上，UAV BS 的飞行/悬停持续时间将给 UAV 辅助无线系统[231-232]带来独有的重要技术挑战。在此前提下，UAV BS 的悬停时间(定义为 UAV BS 在一定地理区域的空中保持相对静止以与地面用户进行无线通信的飞行时间)对系统性能有多方面的影响。例如，UAV 悬停时间越长，UAV BS 服务于地面无线用户的时间越长，进而使得 UAV BS 能维持更高的负载需求和服务更大的地理区域。反之，更短的悬停时间(因为受到 UAV 机载电池以及第 1 章中所讨论的一些飞行监管条例的限制)会限制 UAV BS 可以转发的数据量。因此，如果要分析 UAV 辅助无线网络中的小区关联和资源管理，就必须明确考虑悬停时间限制。在此前提下，以往与资源管理相关的 UAV 研究[25,42,157,169,171,229,233-237]大多没有考虑悬停时间限制，这激发了本节的研究。

7.1.1　系统模型

我们关注的是部署了多个无线用户的一个 $\mathcal{D} \subset \mathbb{R}^2$ 的二维地理区域。在二维空间平面上，用户服从一个给定的通用分布 $f(x, y)$。网络部署了由 M 个 UAV 组成的集合 $\mathcal{M}$ 作为空中基站，为地面用户提供连接⊖。对于每一个位于高度 h_i 的 UAV $i \in \mathcal{M}$，我们定义 $s_i = (x_i, y_i, h_i)$ 为其三维坐标。考虑无线网络的下行链路，为 UAV BS 采用一种频分多址接入方案。对于每个 UAV BS i，我们将 P_i 定义为最大发射功率，B_i 定义为总可用带宽。

由于对小区关联感兴趣，我们将地理区域划分为不同的子区域，如图 7.1 所示。对于每个 UAV BS i，我们将 A_i 定义为地理区域中由 UAV BS i 服务的分区，换句话说，所有定位在 A_i 区域的用户将与 UAV BS i 关联进行无线连接。假设我们有 M 个 UAV BS，那么我们的区域将被划分为 M 个不相交的分区(每个 UAV 一个分区)。每个 UAV i 有一个悬停时间 τ_i，它表示 UAV i 在相应小区区域分区上悬停(即相对停止)，为地面无线用户服务所用的时间。在其悬停时间内，每个 UAV BS 将连接蜂窝地面用户，执行控制和计算，并将所需的数据传输到设备。因此，我们可以定义一个变量 T_i，它捕捉给定的 UAV i 为其关联用户服务的有效数据传输持续时间。当然，T_i 将小于总悬停时间，因为 UAV 的悬停时间不仅用于无线传输，还用于执行控制和计算功能。因此，我们定义了一个 UAV 控制时间函数 $g_i(.)$，它依赖于 A_i 中的用户总数。$g_i(.)$ 捕捉了悬停时间中未用于有效无线数据传输的部分。这个控制时间包含 UAV BS i 必须花费在控制和计算功能、建立连接和信令交互的总时间。直观地说，控制时间随着给定小区中的用户总数而增加。

⊖　为了给 UAV 网络提供回传连接，也为了简化模型，我们考虑使用现成的解决方案，如卫星或 WiFi[238]。

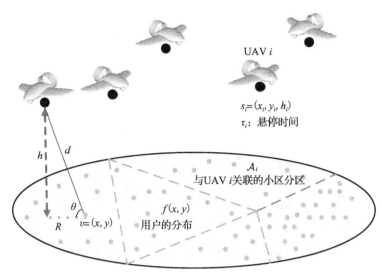

图 7.1　系统模型

每个 UAV BS 发送给给定地面用户的数据总量(即位)称为数据服务。这个数据服务受到许多关键因素的影响，如有效数据传输时间(源自飞行时间)和网络带宽，而网络带宽本身依赖于悬停时间和控制时间。显然，数据服务将受到悬停时间的影响。特别地，对于 UAV BS 无线网络，我们可以考虑两种类型的资源：带宽(就像在经典蜂窝网络中所做的那样)和依赖于悬停时间的有效数据传输时间(UAV 网络的一个独特特性)。

现在模型已经建立，可以考虑两个重要的资源管理场景。**场景 1**，我们称之为悬停时间限制下的 UAV 通信，在这种场景中，给定最大的悬停时间(由每个 UAV BS 的飞行和能源限制决定)，目标是为该区域找到一个最佳的小区分区，以公平的方式最大化传输给地面用户的平均数据量。特别地，场景 1 涉及基于悬停时间限制和无线用户的空间分布以最优方式划分区域。简而言之，场景 1 提出了以下问题：在每个 UAV 的最大悬停时间限制下，网络如何在包含公平(例如负载均衡)约束的情况下最大化数据服务总量？场景 1 主要属于资源有限的无线传输场景，其中资源的数量(对于我们的场景：悬停时间和带宽资源)不足以完全满足无线用户的需求。场景 1 的一个实例是在无线组网中具有高用户负载和关联需求的地理热点上部署电池受限的 UAV BS。

场景 2，被称为负载限制下的 UAV 通信。这里的目标是优化 UAV BS 的悬停时间，以完全满足地面用户对数据服务的需求(以位为单位)。因此，场景 2 提出了以下问题：在对每个地面用户(在每个位置)负载需求已知的情况下，网络如何使 UAV BS 的平均悬停时间最小化？回答这个问题就可以使一个无线网络以最小的 UAV BS 悬停时间满足其用户的需求。减少悬停时间将间接地减少 UAV 的能耗。场景 2 的分析特别适用于公共安全和紧急情况，在这些情况下，所有地面用户必须快速有效地由空中 UAV BS 提供服务。

在本章中，我们将对场景 1 的解决方案进行分析说明。对于场景 2，鉴于其解决方案与场景 1 类似，我们把注意力限制在一些有洞察力的数值结果上。

为了建立我们的网络模型，我们需要使用一个合适的 AG 信道模型。正如第 3 章所讨论的，UAV 网络中存在几种 AG 信道模型。在本节中，我们采用 ITU[239] 和参考文献 [157] 中提供的且在第 3 章中讨论并广泛使用的概率路径损耗模型。该模型包括一个 LOS 和 NLOS 组件。为了标记方便和保持一致性，我们在这里重新定义了这个模型。例如，UAV BS i 与位于 (x, y) 的给定用户之间的路径损耗为：

$$\Lambda_i(x, y) = \begin{cases} \left(\dfrac{4\pi f_c d_o}{c}\right)^2 (d_i(x, y)/d_o)^2 \mu_{LOS} & \text{LOS 链路} \\ \left(\dfrac{4\pi f_c d_o}{c}\right)^2 (d_i(x, y)/d_o)^2 \mu_{NLOS} & \text{NLOS 链路} \end{cases} \tag{7.1}$$

其中，μ_{LOS} 和 μ_{NLOS} 是 LOS 和 NLOS 连接的不同衰减因子。同时变量 f_c 表示载频，d_o 表示自由空间参考距离，c 表示光速。$d_i(x, y) = \sqrt{(x-x_i)^2 + (y-y_i)^2 + h_i^2}$ 表示 UAV i 与位于 (x, y) 的任意用户之间的距离。定义任意 UAV BS 到用户链路的 LOS 概率如下：

$$P_{LOS,i} = b_1\left(\frac{180}{\pi}\theta_i - 15\right)^{b_2} \tag{7.2}$$

在式(7.2)中，$\theta_i = \arcsin^t\left(\dfrac{h_i}{d_i(x, y)}\right)$ 表示 UAV BS 与地面用户之间的仰角（单位为弧度），b_1 和 b_2 为捕捉了环境影响的常数。回顾一下，NLOS 概率为 $P_{NLOS,i} = 1 - P_{LOS,i}$。现在，给定 $d_o = 1\text{m}$ 以及 $K_o = \left(\dfrac{4\pi f_c}{c}\right)^2$，我们可以定义平均路径损耗为 $K_o d_i^2(x, y)$ $[P_{LOS,i}\mu_{LOS} + P_{NLOS,i}\mu_{NLOS}]$。然后，我们可以得到从 UAV i 接收的信号功率：

$$\overline{P}_{r,i}(x, y) = \frac{P_i}{K_o d_i^2(x, y)[P_{LOS,i}\mu_{LOS} + P_{NLOS,i}\mu_{NLOS}]} \tag{7.3}$$

其中，P_i 为 UAV BS i 的发射功率。我们可以把由 UAV BS i 服务的，位于坐标 (x, y) 的任意用户的接收 SINR 写为：

$$\gamma_i(x, y) = \frac{\overline{P}_{r,i}(x, y)}{I_i(x, y) + \sigma^2} \tag{7.4}$$

其中，$I_i(x, y) = \beta \sum_{j \neq i} \overline{P}_{r,j}(x, y)$ 项捕捉了位于 (x, y) 的用户经历的干扰，这些干扰来自除 UAV BS i 以外的所有其他 UAV BS。我们还定义 $0 \leq \beta \leq 1$ 作为控制干扰量的加权因子（例如，作为可以进行某种形式干扰抑制的项）。$\beta = 1$ 和 $\beta = 0$ 分别表示两个极端场景：完全干扰场景和无干扰场景。

接下来，对于由 UAV BS i 服务的位于坐标 (x, y) 的给定用户，我们可以定义数据速率：

$$C_i(x, y) = W(x, y)\log_2(1 + \gamma_i(x, y)) \tag{7.5}$$

其中，$W(x, y)$ 是分配给位于坐标 (x, y) 的用户的带宽，因此 UAV BS i 给位于坐标 (x, y) 的用户提供的数据服务为：

$$L_i(x, y) = T_i C_i(x, y) \tag{7.6}$$

其中，T_i 为 UAV BS i 的有效传输时间。在这里，$L_i(x, y)$ 本质上是发送到位于坐标 (x, y) 的地面用户的总位数。这个数据服务项是几个参数的函数，比如用户的位置、分配的带宽、服务 UAV 的位置，以及 UAV BS i 的有效数据传输时间 T_i。正如前面所讨论的，现在每一个 UAV 有两个关键的资源分配给其服务的地面用户：数据传输的有效时间和带宽。当然，每个用户可以获得的资源数量取决于各种网络参数，包括小区的分区、UAV 的带宽和悬停时间，以及用户总数。定义通用模型之后，现在可以分析场景 1 的小区关联和分区了。

7.1.2　在悬停时间限制下最大化数据服务的最优和公平的小区分区

如前所述，在场景 1 中，目标是在考虑 UAV BS 悬停时间限制和地面用户当前空间分布的情况下，推导出能够最大化无线用户的平均数据服务的最优小区分区。我们假设每个小区将被分配给一个 UAV BS。同时，给定小区内的所有用户将由分配给该小区的 UAV BS 提供服务。通常使用经典的分区方法，如泰森多边形和加权泰森多边形[240]，来进行小区分区。但是，这些已知的技术没有明确地考虑用户的空间分布，这可能导致不平衡的小区分区和负载。简而言之，经典的基于泰森多边形的小区分区方法可能会给用户带来极其不公平的数据服务。相反，在最大化数据服务总量的同时，我们的方法将确保资源在所有用户之间平等共享。因此，我们的方法避免了创建不平衡的小区分区，从而比经典的泰森多边形解决方案具有更佳的公平性。

UAV BS i 用于服务位于其小区分区 A_i 内用户的悬停时间 τ_i 将包含有效数据传输时间和控制时间。为了确保公平，我们设定了以下条件：

$$T_i = \tau_i - g_i\left(\int_{A_i} f(x, y)\mathrm{d}x\mathrm{d}y\right), \ \forall i \in \mathcal{M} \tag{7.7}$$

式中 g_i 为控制时间，取决于分区 A_i 中用户的数量。这里我们可以看到，给定用户的空间分布 $f(x, y)$ 和用户总数 N 时，分区 A_i 的平均用户数可定义为 $N\int_{A_i} f(x, y)\mathrm{d}x\mathrm{d}y$ [241]。

从式(7.5)和式(7.6)中，我们观察到 $T_i B_i$ 项可以被视为 UAV BS i 为分区 A_i 中用户服务的资源。因此，为了确保公平的资源配置策略，应该有：

$$\frac{T_i B_i}{\int_{A_i} f(x, y)\mathrm{d}x\mathrm{d}y} = \frac{T_j B_j}{\int_{A_j} f(x, y)\mathrm{d}x\mathrm{d}y}, \ \forall i \neq j \in \mathcal{M}^{\ominus} \tag{7.8}$$

式(7.8)保证拥有更大带宽和更长悬停时间的 UAV BS 能为更多的用户提供服务。

　　$\ominus$　注意，给定 UAV 的悬停时间 $\tau_i (\forall i \in \mathcal{M})$ 后，可以根据式(7.7)和式(7.8)计算 $T_i (\forall i \in \mathcal{M})$。

给定式(7.8)和 $\int_{\mathcal{D}} f(x, y)\mathrm{d}x\mathrm{d}y = \sum_{k=1}^{M}\int_{\mathcal{A}_k} f(x, y)\mathrm{d}x\mathrm{d}y = 1$，我们可以推导出对每个分区用户数量的约束：

$$\int_{\mathcal{A}_i} f(x, y)\mathrm{d}x\mathrm{d}y = \frac{B_i T_i}{\sum_{k=1}^{M} B_k T_k}, \quad \forall i \in \mathcal{M} \tag{7.9}$$

通过审视式(7.9)，我们可以观察到每个生成的最优分区的用户数量取决于 UAV BS 的资源。例如，如果 UAV BS 有相同的带宽和悬停时间，然后由式(7.7)～式(7.9)推导出 $\int_{\mathcal{A}_i} f(x, y)\mathrm{d}x\mathrm{d}y = \frac{1}{M}$，$\forall i \in \mathcal{M}$。换句话说，相同的 UAV BS 将服务于同等负载的小区。

给定式(7.5)、式(7.6)和式(7.9)，我们可以定义位置 $(x, y) \in \mathcal{A}_i$ 的平均数据服务为：

$$L_i(x, y) = \frac{T_i B_i}{N\int_{\mathcal{A}_i} f(x, y)\mathrm{d}x\mathrm{d}y}\log_2(1 + \gamma_i(x, y)) = \left(\frac{1}{N}\sum_{k=1}^{M} B_k T_k\right)\log_2(1 + \gamma_i(x, y))$$

$$\tag{7.10}$$

我们现在可以正式提出一个优化问题，其目标是对 UAV BS 的服务区域进行优化划分，以实现平均数据服务的最大化，具体如下：

$$\max_{\mathcal{A}_i, i \in \mathcal{M}} \sum_{i=1}^{M}\int_{\mathcal{A}_i}\left(\frac{1}{N}\sum_{k=1}^{M} B_k T_k\right)\log_2(1 + \gamma_i(x, y))f(x, y)\mathrm{d}x\mathrm{d}y \tag{7.11}$$

$$\text{s. t.} \int_{\mathcal{A}_i} f(x, y)\mathrm{d}x\mathrm{d}y = \frac{B_i T_i}{\sum_{k=1}^{M} B_k T_k}, \quad \forall i \in \mathcal{M} \tag{7.12}$$

$$\gamma_i(x, y) \geqslant \gamma_{\mathrm{th}}, \text{ 如果}(x, y) \in \mathcal{A}_i, \ \forall i \in \mathcal{M} \tag{7.13}$$

$$\mathcal{A}_l \bigcap \mathcal{A}_m = \varnothing, \ \forall l \neq m \in \mathcal{M} \tag{7.14}$$

$$\bigcup_{i \in \mathcal{M}} \mathcal{A}_i = \mathcal{D} \tag{7.15}$$

其中，式(7.12)是对每个小区负载的约束，式(7.13)是将每个用户关联到一个 UAV i 的必要条件。式(7.14)和式(7.15)保证小区分区互不相交，其并集覆盖整个考虑的区域 $\mathcal{D}$。

给定式(7.13)，我们引入一个函数 $q_i(x, y) = \left(\frac{\gamma_i(x, y)}{\gamma_{\mathrm{th}}}\right)^{-n}$，$n$ 为一个很大的数字（即趋近于 $+\infty$），然后，我们从式(7.11)的目标函数中减去 $q_i(x, y)$。现在可以观察到，当违反式(7.13)的约束时，$q_i(x, y)$ 趋向于 $+\infty$，因此，点 (x, y) 将不会被分配给 UAV i，或者相当于 $(x, y) \notin \mathcal{A}_i$。因此，只要问题是可解的，我们就可以省略式(7.13)，同时通过 $q_i(x, y)$ 惩罚式(7.11)中的目标函数。我们现在令 $\lambda = \frac{1}{N}\sum_{k=1}^{M} B_k T_k$，$\omega_i = \frac{B_i T_i}{\sum_{k=1}^{M} B_k T_k}$。那么，式(7.11)中的优化可以转换为以下最小化问题：

$$\min_{\mathcal{A}_i, i \in \mathcal{M}} \sum_{i=1}^{M} \int_{\mathcal{A}_i} - (\lambda \log_2(1 + \gamma_i(x, y)) - q_i(x, y)) f(x, y) \mathrm{d}x \mathrm{d}y \tag{7.16}$$

$$\mathrm{s.t.} \int_{\mathcal{A}_i} f(x, y) \mathrm{d}x \mathrm{d}y = \omega_i, \ \forall i \in \mathcal{M} \tag{7.17}$$

$$\mathcal{A}_l \bigcap \mathcal{A}_m = \varnothing, \ \forall l \neq m \in \mathcal{M} \tag{7.18}$$

$$\bigcup_{i \in \mathcal{M}} \mathcal{A}_i = \mathcal{D} \tag{7.19}$$

为了求解式(7.16)，必须面对许多挑战。这些挑战包括优化变量 $\mathcal{A}_i$（$\forall i \in \mathcal{M}$）的连续性，$f(x, y)$ 是一个 x 和 y 的通用函数，并存在式(7.17)中的复杂约束。因此，我们将使用来自最优传输理论[242]领域的数学工具来解决这些问题，并找到最优的小区分区 $\mathcal{A}_i$，使其平均总数据服务达到最大化。最优输运理论本质上是利用所谓的传输映射 T 来研究两个连续或离散集之间的匹配问题，它用于将一个集合映射到另一个集合。在我们考虑的场景中，有一个连续分布的用户集合，必须与一个离散的 UAV BS 位置集合匹配。通常，通过将用户最优地映射到 UAV BS，可以得到最优的小区分区。

给定式(7.16)，小区分区通过下式与传输映射的概念相关联[243]：

$$\left\{ T(\boldsymbol{v}) = \sum_{i \in \mathcal{M}} \boldsymbol{s}_i \mathbb{1}_{\mathcal{A}_i}(\boldsymbol{v}); \int_{\mathcal{A}_i} f(x, y) \mathrm{d}x \mathrm{d}y = \omega_i \right\} \tag{7.20}$$

其中，$\omega_i = \dfrac{B_i T_i}{\sum\limits_{k=1}^{M} B_k T_k}$，正如式(7.17)给出的，$\omega_i$ 直接与 UAV BS 悬停时间和带宽相关。另外，$\mathbb{1}_{\mathcal{A}_i}(\boldsymbol{v})$ 是一个指示函数，如果 $\boldsymbol{v} \in \mathcal{A}_i$，则为 1，否则为 0。给定这个表示法，我们可以在以下最优传输框架内对式(7.16)进行转换。给定用户的一个连续概率度量 f 和一个对应于 UAV 的离散概率度量 $\Gamma = \sum\limits_{i \in \mathcal{M}} \omega_i \delta_{s_i}$，我们必须找到最优的传输映射使得 $\int_{\mathcal{D}} J(\boldsymbol{v}, T(\boldsymbol{v})) f(x, y) \mathrm{d}x \mathrm{d}y$ 最小化。在此例中，δ_{s_i} 为 Dirac 函数，J 为传输代价函数，由式(7.16)给出：

$$J(\boldsymbol{v}, \boldsymbol{s}_i) = J(x, y, \boldsymbol{s}_i) = q_i(x, y) - \lambda \log_2(1 + \gamma_i(x, y)) \tag{7.21}$$

现在我们可以看到代价函数 J 和源分布 f 都是连续的。在这种情况下，利用所谓的最优传输的 Monge-Kantorovich 问题，我们可以声明如下定理（其证明可在参考文献[228]中找到）：

定理 7.1　式(7.16)中的优化问题等价于下述无约束最大化问题：

$$\max_{\psi_i, i \in \mathcal{M}} \left\{ F(\boldsymbol{\psi}^{\mathrm{T}}) = \sum_{i=1}^{M} \psi_i \omega_i + \int_{\mathcal{D}} \psi^c(x, y) f(x, y) \mathrm{d}x \mathrm{d}y \right\} \tag{7.22}$$

式中 $\boldsymbol{\psi}^{\mathrm{T}}$ 为变量 ψ_i，$\forall i \in \mathcal{M}$ 的向量，并且 $\psi^c(x, y) = \inf\limits_i J(x, y, \boldsymbol{s}_i) - \psi_i$。

定理 7.1 表明，式(7.16)中复杂的最优小区分区问题可以转化为具有 M 个变量并易于处理的优化问题。因此，通过求解式(7.22)，我们可以得到 ψ_i，$\forall i \in \mathcal{M}$ 的最优值，然后可以用于推导最优小区分区。实际上，该解可以由以下定理完全表征[228]：

定理 7.2   给定式(7.22)，F 是一个变量为 ψ_i，$\forall i \in M$ 的凹函数。我们也有：

$$\frac{\partial F}{\partial \psi_i} = \omega_i - \int_{\mathcal{D}_i} f(x, y)\mathrm{d}x\mathrm{d}y \tag{7.23}$$

其中，$\mathcal{D}_i = \{(x, y)\,|\,J(x, y, s_i) - \psi_i \leqslant J(x, y, s_j) - \psi_j,\ \forall j \neq i\}$。

定理 7.2 证明了 F 作为 ψ^{T} 的函数的凹特性。因此，通过最大化 F，我们可以推导出 ψ_i，$\forall i \in M$ 的最优值。随后，给定 ψ_i，$\forall i \in M$ 最优值，式(7.20)可以用来获得对应式(7.16)的最优小区分区。特别是，如参考文献[228]所示，利用定理 7.2 的结果，最终可以使用基于梯度下降的方法来找到最优分区。

正如在参考文献[228]中所证明的，可以采用类似的方法来解决场景 2 中的小区分区问题。接下来，我们将提供一组仿真结果来展示悬停时间对使用 UAV BS 的无线网络整体运行的影响。仿真结果将包括对场景 1 和场景 2 的深入理解。

7.1.3   大量仿真和数值结果

我们使用大量仿真来评估开发的框架。使用二维截断高斯分布在一个面积为 1000m×1000m 的矩形区域部署无线地面用户。选择这种空间分布是因为它能精确表征热点区域。我们对 UAV 采用网格部署，并且部署在 200m 的高度。除非另有说明，我们考虑 $\beta = 1$ 的完全干扰场景。我们使用 $g_i(Na_i) = \alpha(Na_i)^2$ 作为控制时间，α 是一个任意常数。其他参数见表 7.1。我们将基于开发的最优小区分区方法的仿真结果与经典的加权泰森多边形基线仿真结果进行了比较。所有统计结果都是大量独立运行的平均值。

表 7.1   仿真参数

参数	描述	值
f_C	载频	2GHz
P_i	每个 UAV BS 的发射功率	0.5W
N_o	噪声功率谱密度	$-170\mathrm{dBm/Hz}$
N	地面用户数量	300
μ_{LOS}	LOS 场景相对自由空间的附加路径损耗	3dB
μ_{NLOS}	NLOS 场景相对自由空间的附加路径损耗	23dB
B	带宽	1MHz
α	时间控制因子	0.01
h	UAV BS 的高度	200m
u	每个用户的负载	100Mb
μ_x, μ_y	截断高斯分布的均值	250m, 330m
b_1, b_2	环境参数(密集城市)	0.36, 0.21[157]

场景 1 的代表性结果

在图 7.2 和图 7.3 中展示了一个说明性的分区方法比较示例，将我们研究的方法和经典的加权泰森多边形图进行比较。在此，我们给出了一个非均匀用户分布下的 UAV 分区实例。此实例包括为服从非均匀截断高斯空间分布的地面用户提供服务的 5 个 UAV BS。这里，我们将最大悬停时间设置为 30 分钟，这是四旋翼 UAV BS 的典型值[244]。图 7.2和图 7.3 使用较深的颜色表示用户密度较高的区域。图 7.3 表明与 UAV BS 4 和 UAV BS 5 相关的小区分区比分区 1 拥有更多的用户。因此，在悬停时间限制下，UAV BS 无法公平地为定位在小区分区 4 和小区分区 5 中的地面用户服务。然而，我们所讨论的方法所产生的最优小区分区是以一种使公平约束下的平均数据服务最大化的方式得到的。例如，图 7.2 显示，与加权泰森多边形相比，小区分区 4 和小区分区 5 的尺寸减小了，因此，我们开发的解决方案在用户之间产生了更好的公平性。

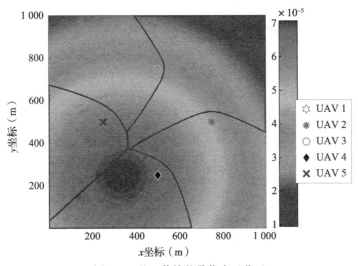

图 7.2　基于传输的最优小区分区

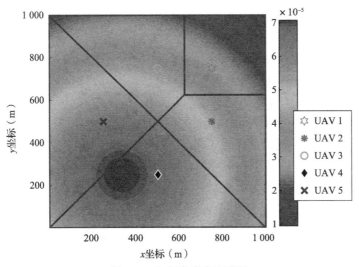

图 7.3　加权泰森多边形图

图 7.4 使用流行的 Jain 公平性指数对不同的 σ_o 值(即确定截断高斯分布是否均匀的参数)进一步评估了所研究方案的公平性。在这里,我们注意到 σ_o 值越大,空间分布越均匀。图 7.4 清楚地表明,我们研究的考虑了悬停时间的解决方案具有更好的公平性,这是以两种解决方案得到的最小 Jain 指数为例证的。特别是,所开发的框架在具有高度非均匀空间分布的场景(即实际的、现实世界的热点场景)中更加公平。显然,当分布趋近于均匀时,开发的方法将趋近于泰森多边形实例。

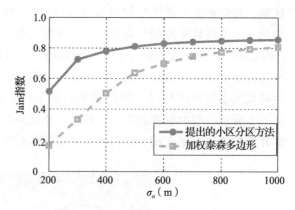

图 7.4 开发的解决方案与泰森多边形的 Jain 公平指数(从平均数据的角度)比较

图 7.5 中显示了干扰因子 β 如何影响总数据服务的平均值。图 7.5 首先证实了一种直觉,即较低的干扰将为用户带来较高的数据服务。例如,对于有 5 个 UAV BS 的场景,可以通过将 β 从 1 减少到 0.1 来使数据服务增加 2 倍。从图 7.5 我们也可以观察到,只有在完成适当的干扰抑制的情况下(例如 β 值较小),增加 UAV BS 数量才是有益的。例如,图 7.5 显示,如果 $\beta=0.1$,将 UAV BS 的数量从 5 增加到 10,可以提供一个相当大的增益(约 56%)。但是,对于 $\beta=1$,这个增益只有 5%。

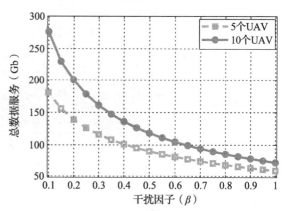

图 7.5 所研究的解决方案获得的平均数据服务(作为干扰因子的函数)

图 7.6 显示了最大悬停时间对数据服务的影响。图 7.6 的一个有意思的结果是,使用数量较少(即 5 个 UAV BS)但悬停时间相对较大(40 分钟)的 UAV BS,相比数量翻倍(10 个 UAV BS)的最大悬停时间为 30 分钟的 UAV BS,可以产生更好的性能。因此,增加 10 分钟的悬停时间比 UAV BS 数量增加一倍获得的性能更好。当然,这些增益不仅源于悬停时间,还源于增加 UAV

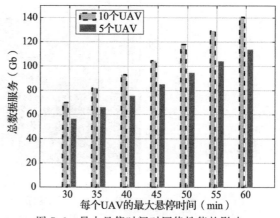

图 7.6 最大悬停时间对网络性能的影响

BS 会增加干扰的事实。尽管如此，这个结果清楚地展示了悬停时间在 UAV BS 无线网络资源管理中的重要性。对于系统运营商来说，在许多情况下，部署能力更强的 UAV BS（如第 1 章讨论的，用于飞行/悬停的能源更多）比部署数量更多但飞行时间较短的 UAV BS 更有效。

场景 2 的代表性结果

接下来，我们给出场景 2 的说明性结果。回想这个场景中，目标是在每个地面用户的数据服务需求下最小化悬停时间。在数值结果中，我们将该数据服务需求设置为 10Mb。

首先，在图 7.7 中展示了网络带宽如何影响 UAV 所需的总悬停时间，我们比较了两种带宽分配方案：一种是最小化悬停时间的最优带宽分配（在参考文献[228]中推导），另一种是作为基线的等带宽分配。从图 7.7 中可以看出，带宽越大，悬停时间越短。因此，有更多的带宽可以使 UAV BS 更快地服务于地面用户（以一个给定的目标速率）。此外，图 7.7 还显示，与未知悬停时间的等带宽分配相比，在已知悬停时间的情况下优化带宽可将悬停时间最多减少 51%。

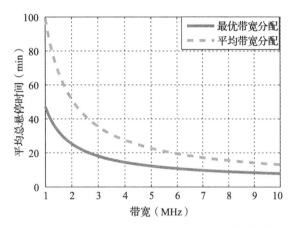

图 7.7　带宽和带宽分配对 UAV 平均悬停时间的影响

在图 7.8 中，我们给出了在无干扰场景下的 UAV BS 平均总悬停时间，这个时间是 UAV BS 数量的函数。在这个场景下可以清楚地看到，总带宽使用量随网络大小呈线性增长。图 7.8 也显示在无干扰情况下，使用更多的 UAV BS 可以潜在地减少总悬停时间。例如，从图 7.8 可以看出，UAV BS 数

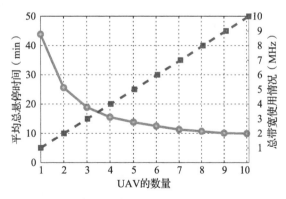

图 7.8　平均悬停时间作为网络规模（UAV 数量）和带宽的函数

量增加 2 倍（即从 2 个增加到 6 个），总悬停时间会减少 53%。然而，在无干扰的情况下部署更多的 UAV 将需要更多的带宽。因此，图 7.8 的结果揭示了一个非常清晰的带宽和悬停时间之间的基本权衡：如果可以部署悬停时间更长的 UAV BS，网络设计者可以以一个频谱效率更高的方式运营网络（即使用更少的带宽）。

最后，在图 7.9 中，我们评估了干扰对悬停时间的影响。当然，更高的干扰需要更长的 UAV BS 悬停时间，因为相关传输速率更低。传输速率降低使 UAV BS 需要更长时间的悬停以满足地面用户的服务需求。从图 7.9 中可以看到，对于一个完全干扰场景（$\beta=1$），平均悬停时间超过无干扰场景下（$\beta=0$）的 4 倍。因此，考虑到 UAV BS 的悬停时间能力，必须通过调度和干扰抑制技术合理控制网络中的干扰管理方式。

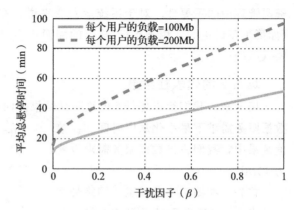

图 7.9　干扰对 UAV BS 平均悬停时间的影响

7.1.4　小结

在本节中，我们分析了 UAV BS 悬停时间对其网络性能的影响。特别地，我们研究了一种全面的解决方案，用于存在悬停时间限制的情况下，优化 UAV 辅助无线网络的小区关联和分区。我们首先展示了解决方案是可以使用最优传输理论工具完整表征的。然后，我们阐明了各种参数，如带宽、干扰和用户的空间分布如何影响 UAV BS 网络的悬停时间和数据服务性能。本节的结果可以作为研究 UAV 辅助无线网络中更复杂的资源管理和小区关联机制的基础。

7.2　三维无线蜂窝网络的资源规划和小区关联

在 7.1 节中，我们重点讨论了 UAV 仅作为支持地面用户的 UAV BS 这一角色的无线网络。然而，在未来的无线网络，特别是在 5G 和 6G 网络中，我们设想部署两种类型的 UAV：UAV BS 和 UAV UE，如本书第 1 章和第 2 章所述。在这种网络中，UAV BS 不仅可以用于支持地面用户，还可以用于支持飞行 UAV。为此，在本节中，基于参考文献[245]的工作，我们将跳出 7.1 节的二维模型，设计一个包含 UAV BS 和 UAV UE 的完备的三维蜂窝网络。在该场景中，我们关注 UAV BS 和 UAV UE 这两种类型 UAV 之间的相互作用，并研究如何将经典的二维网络模型（例如六边形网格）推广到三维空间。这样的推广需要对空间重用进行适当的规划（即如何在三维空间中执行频率规划），并需要在三维空间中运用新的小区关联方法。开发的模型还将包含用于提供回传连接的 HAP。

在这里我们注意到，在 UAV 通信的现状下，大多数模型都专注单个用例：UAV BS 或 UAV UE。例如，大多数部署工作[169,174,246]以及资源管理[247-249]只考虑有地面用户的 UAV BS，没有考虑飞行 UE。与此同时，之前对 UAV UE 的研究[219,250-251]只关注此类 UAV UE 如何利用地面 BS，而没有关注 UAV BS 与 UAV UE 之间的 UAV 对 UAV 通信的可能性。总体来说，鉴于 UAV UE 和 UAV BS 在未来网络中的部署具有巨大潜力，受第 2 章各种应用的推动，研究一个完整的三维无线蜂窝网络，集成这两种 UAV 用例是势在必行的。本节将进行这样的研究，重点是资源规划和管理。

7.2.1　三维蜂窝网络的精确模型

我们考虑一个三维无线蜂窝网络，它包含由 N 个 UAV BS(LAP)组成的集合 $\mathcal{N}$，由 L 个 UAV UE 组成的集合 $\mathcal{L}$，以及几个 HAP UAV。在该空中三维网络中，UAV BS 为 UAV UE 提供下行链路服务，而 HAP 用于为 UAV BS 提供回传连接[252]。我们认为每一个 UAV BS 配备全向天线，以实现全三维连接。HAP 可以为我们的三维网络提供一个适宜的回传解决方案，因为它们可以建立 LOS 回传连接，同时根据 UAV BS 的位置调整它们的位置。虽然可以为考虑的三维网络使用不同的回传类型[253]，但我们使用 HAP UAV，它可以通过自由空间光学(FSO)通信回传链路连接到 UAV BS。与使用地面无线连接相比，这样的选择是为了改善回传链路的可靠性和延迟。我们还假设每个 UAV BS 将连接到最近的 HAP(提供最高的速率)进行回传。我们使用 C_n 来表示 UAV BS n 在回传中的传输速率。在考虑的模型中，假设这个速率为常数并预先确定。每个 UAV BS n 有发射功率 P_n 和带宽 B_n。UAV UE 的空间分布(三维空间)由通用函数 $f(x, y, z)$ 给出。这个函数捕捉每个 UAV UE 出现在三维位置 (x, y, z) 的概率。UAV BS 可以使用机器学习技术(例如参考文献[245]中的技术)来估计 UAV UE 的分布，无须连续跟踪 UAV UE。与 7.1 节类似，我们感兴趣的是对空间进行分区，找到与每个 UAV BS 关联的小区。在这里，我们关注三维空间，因此，我们把这个空间分成 N 个三维小区。每个小区表示一个必须由单个 UAV BS 提供服务的空间体量。我们定义集合 $\mathcal{V}_n$ 来表示与 UAV BS n 关联的三维小区，UAV BS n 服务于位于这个三维小区中的 UAV UE。因此，我们可以计算小区 $\mathcal{V}_n$ 内 UAV UE 的平均数量：

$$K_n = L \int_{\mathcal{V}_n} f(x, y, z) \mathrm{d}x \mathrm{d}y \mathrm{d}z \tag{7.24}$$

在考虑的模型中，我们对 UAV BS 采用了 FDMA 方案。因此，UAV BS n 到坐标 (x, y, z) 处 UAV UE 的平均下行链路数据速率为：

$$R_n(x, y, z) = \frac{B_n}{K_n} \log_2(1 + \gamma_n(x, y, z)) \tag{7.25}$$

其中，$\frac{B_n}{K_n}$ 表示小区 $\mathcal{V}_n$ 内服务每个 UAV UE 所用的带宽。该带宽是通过在 UAV UE 之间共享总带宽来确定的。在式(7.25)中，$\gamma_n(x, y, z)$ 表示位于坐标 (x, y, z) 处的 UAV UE 所经历的并服务于 UAV BS $n \in \mathcal{N}$ 的 SINR。

为了量化 UAV UE 的性能，我们使用平均延迟作为一个关键指标。我们考虑了三种类型的延迟测量：(a) UAV BS 到 UAV UE 的传输延迟(b) UAV BS 用于服务 UAV UE 的计算延迟(c) UAV BS 到 HAP 链路的回传延迟。对于向坐标 (x, y, z) 处的 UAV UE

发送数据的 UAV BS $n \in \mathcal{N}$，传输延迟为：

$$\tau_n^{\mathrm{Tr}}(x, y, z, K_n) = \frac{\beta}{R_n(x, y, z)} \tag{7.26}$$

其中，β 表示传输到每个 UAV UE 的每个数据包的大小（单位为位）。

接下来，我们可以很容易地定义回传传输延迟，它取决于 UAV BS 的负载和回传数据速率。具体来说，UAV BS $n \in \mathcal{N}$ 到其回传服务 HAP 之间的链路的平均回传延迟为：

$$\tau_n^{\mathrm{B}}(K_n) = \frac{\beta L \displaystyle\int_{\mathcal{V}_n} f(x, y, z) \mathrm{d}x \mathrm{d}y \mathrm{d}z}{C_n} = \frac{\beta K_n}{C_n} \tag{7.27}$$

式中，$\beta L \displaystyle\int_{\mathcal{V}_n} f(x, y, z) \mathrm{d}x \mathrm{d}y \mathrm{d}z$ 为 UAV BS n 上的平均负载，C_n 为 UAV BS n 与其服务 HAP 之间的最大回传数据速率。

接下来要定义计算时间，我们首先观察到它取决于两个因素：（a）UAV BS 的处理速度（b）每个 UAV BS 的处理的数据（即负载）大小。为此，我们引入了一个函数 $g_n(\beta K_n)$ 来表示 UAV BS n 的计算延迟。这里，βK_n 表示 UAV BS n 必须处理的总数据量。因此，我们现在可以定义位于坐标 (x, y, z) 的，并由 UAV BS n 服务的 UAV UE 经历的总延迟时间：

$$\tau_n^{\mathrm{tot}}(x, y, z, K_n) = \tau_n^{\mathrm{Tr}}(x, y, z, K_n) + \tau_n^{\mathrm{B}}(K_n) + g_n(\beta K_n) \tag{7.28}$$

在为我们的三维网络提供一个具体的模型之后，现在可以定义我们的目标，即通过寻找 UAV BS 和 UAV UE 之间最优的三维小区关联来最小化 UAV UE 的平均延迟。要做到这一点，我们必须首先确定 UAV BS 如何部署在一个三维蜂窝结构中。然后，给出这样的部署和 UAV UE 空间分布的估计，我们可以确定使 UAV UE 平均延迟最小的最优三维小区分区 $\mathcal{V}_n$，$\forall n \in \mathcal{N}$。这个问题可以以如下方式正式提出：

$$\min_{\mathcal{V}_1, \cdots, \mathcal{V}_N} \sum_{n=1}^{N} \left[\int_{\mathcal{V}_n} \tau_n^{\mathrm{Tr}}(x, y, z, K_n) f(x, y, z) \mathrm{d}x \mathrm{d}y \mathrm{d}z + \tau_n^{\mathrm{B}}(K_n) + g_n(\beta K_n) \right]$$

$$\tag{7.29}$$

$$\mathrm{s.t.} \ \mathcal{V}_l \bigcap \mathcal{V}_m = \varnothing, \ \forall l \neq m \in \mathcal{N} \tag{7.30}$$

$$\bigcup_{n \in \mathcal{N}} \mathcal{V}_n = \mathcal{V} \tag{7.31}$$

式中，$K_n = L \displaystyle\int_{\mathcal{V}_n} f(x, y, z) \mathrm{d}x \mathrm{d}y \mathrm{d}z$ 为小区 $\mathcal{V}_n$ 内 UAV UE 的平均数量，它依赖于三维小区关联，$\mathcal{V}$ 为考虑的 UAV UE 能够飞行的整个空间。式（7.30）和式（7.31）是约束条件，用来保证导出的三维分区能得到互不相交的空间并且其并集覆盖整个三维区域 $\mathcal{V}$。

7.2.2　UAV BS 蜂窝网络的三维部署：截断的八面体结构

在解决小区关联问题之前，我们必须在三维空间中合理部署和规划我们的网络。鉴于三维蜂窝网络与传统的二维六边形网络有着本质的区别，首先需要开发一种具有三维空间频率规划机制的 UAV BS 三维部署新方法。受六边形用于二维空间的方式启发，我们采用截断八面体结构的概念在三维空间中部署 UAV BS，并推导可以表征 UAV BS 之间同信道干扰的整数频率因子。

事实上，在一个经典的地面蜂窝网络中，六边形蜂窝被用于 BS 规划。之所以使用六边形是因为不重叠的六边形可以完全覆盖(没有缝隙)一个二维空间。这种形状也可以很好地近似全向 BS 天线的圆形辐射模式。受此启发，在本节中我们将考虑三维空间中的类似问题。例如，在三维空间中，能够嵌合给定空间(即完全填充空间而不产生空隙)的正多面体几何形状包括六棱柱体、正方体、菱形十二面体和截断八面体[254]。从这个集合中，我们可以看到截断八面体可以实现最接近球面的近似。此外，截断八面体[254]最小化了完全覆盖三维空间所需的多面体的数量。截断八面体是一个具有正多边形面的三维多面体。由图 7.10 可以看出，截断八面体有 14 个面、8 个正六边形、6 个正方形、24 个顶点、36 条边[255]。如前所述，一个截断八面体可以完全填充和嵌合三维欧几里得空间，并且不同的小区之间不会重叠。归因于这些特性，我们采用一种截断八面体蜂窝结构来建模和部署一个三维蜂窝网络。

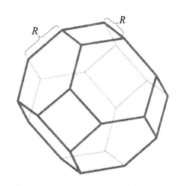

图 7.10　一个三维截断八面体的图解

为了形成三维无线网络，我们将部署 UAV BS 以覆盖整个期望的空间。因此，我们将首先引入一种完全覆盖给定空间的多个截断八面体小区的排列。然后将 UAV BS 放置在每个截断八面体的中心，如图 7.11 所示。这种部署方法提供了对三维空间的全面覆盖，并且，正如本节其余部分所显示的那样，它还提供了一种易操作的分析三维无线网络的方法。此外，这种方法也有助于三维空间中易操作的频率规划。基于此方法，我们现在可以通过以下定理确定 UAV BS 及其截断八面体小区的确切位置：

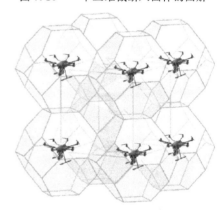

图 7.11　利用截断八面体小区部署一个基于 UAV BS 的三维蜂窝网络

定理 7.3　所研究的三维蜂窝网络中 UAV BS 的三维位置为：

$$\boldsymbol{P}_{\{a,b,c\}}=[x_o,\ y_o,\ z_o]+\sqrt{2}R[a+b-c,\ -a+b+c,\ a-b+c] \qquad (7.32)$$

其中 a、b、c 是从集合 $\{\cdots,\ -2,\ -1,\ 0,\ 1,\ 2,\ \cdots\}$ 中选取的整数，R 为所考虑的截断八面体的边长。$[x_o,\ y_o,\ z_o]$ 是一个给定参考位置的笛卡儿坐标(例如指定空间的中心)。

这个定理的证明可以在参考文献[245]中找到。利用定理 7.3 可以求出 UAV BS 在截断八面体中心位置的精确三维坐标。通过利用定理 7.3(如参考文献[245]所示),也可以用下面的结果确定频率复用因子以及干扰 UAV BS:

定理 7.4 在考虑的三维蜂窝网络中,通过求解以下方程,可以确定任意可行的整数频率复用因子:

$$
\begin{cases}
q = \sqrt{\dfrac{\left[3(n_1^2 + n_2^2 + n_3^2) - 2(n_1 n_2 + n_1 n_3 + n_2 n_3)\right]^3}{27}} \\[3mm]
q = \sqrt{\dfrac{\left[3(m_1^2 + m_2^2 + m_3^2) - 2(m_1 m_2 + m_1 m_3 + m_2 m_3)\right]^3}{64}}
\end{cases}
\tag{7.33}
$$

其中 q 为正整数,表示频率复用因子。n_1、n_2、n_3、m_1、m_2 和 m_3 为通过生成可行频率复用因子而满足式(7.33)的整数。

定理 7.4 使得网络运营商能够在三维无线网络中确定可行的频率复用因子。这个定理也将使运营商在频率规划期间确定同信道 UAV BS 的三维位置。例如,当 $(n_1, n_2, n_3) = (1, 0, 0)$ 且 $(m_1, m_2, m_3) = (1, 1, 0)$ 时,可以得到频率复用因子为 1。实际上,$q = 1$ 属于所有 UAV BS 相互干扰的最坏情况。对于这种最坏情况,我们可以通过以下矩阵的列来确定相应于边长 R、中心为 $(0, 0, 0)$ 的参考小区的同信道干扰 UAV BS 的位置:

$$
\boldsymbol{H} = \sqrt{2} R [\boldsymbol{H}_1 \quad \boldsymbol{H}_2]_{3 \times 16}
\tag{7.34}
$$

式中,

$$
\boldsymbol{H}_1 = \begin{pmatrix}
1 & 1 & -1 & 1 & 1 & -1 & -1 & -1 \\
-1 & 1 & 1 & 1 & 1 & -1 & 1 & -1 \\
1 & -1 & 1 & -1 & 1 & -1 & -1 & 1
\end{pmatrix}
$$

$$
\boldsymbol{H}_2 = \begin{pmatrix}
1 & -1 & 2 & 0 & 0 & -2 & 0 & 0 \\
-1 & -1 & 0 & 2 & 0 & 0 & -2 & 0 \\
-1 & 1 & 0 & 0 & 2 & 0 & 0 & -2
\end{pmatrix}
$$

矩阵 $\boldsymbol{H}$ 的每一列表示一个同信道 UAV BS 的三维位置。在确定了无线网络的三维规划并给出了空间分布的估计之后,我们可以进一步解决所提出的小区关联问题。

7.2.3 最小延迟三维小区关联

现在可以将我们的三维小区关联问题重写如下:

$$
\min_{v_1, \cdots, v_N} \sum_{n=1}^{N} \left[\iiint_{v_n} \frac{\beta K_n}{B_n \log_2(1 + \gamma_n(x, y, z))} \hat{f}(x, y, z) \mathrm{d}x \mathrm{d}y \mathrm{d}z + \frac{\beta K_n}{C_n} + g_n(\beta K_n) \right]
\tag{7.35}
$$

$$\text{s. t. } K_n = L \int_{\mathcal{V}_n} \hat{f}(x,\ y,\ z)\mathrm{d}x\mathrm{d}y\mathrm{d}z \tag{7.36}$$

$$\mathcal{V}_l \bigcap \mathcal{V}_m = \varnothing, \qquad \forall\, l \neq m \in \mathcal{N} \tag{7.37}$$

$$\bigcup_{n \in \mathcal{N}} \mathcal{V}_n = \mathcal{V} \tag{7.38}$$

其中，$\gamma_n(x,\ y,\ z)$表示坐标$(x,\ y,\ z)$处由 UAV BS $n \in \mathcal{N}$ 服务的 UAV UE 的下行链路 SINR。对于空对空通信，我们考虑一个实际的有界路径损耗模型（例如参考文献[256] 和我们在第 3 章所讨论的）。因此，SINR 可以写为下式：

$$\gamma_n(x,\ y,\ z) = \frac{\eta \kappa_n(x,\ y,\ z) P_n [1 + d_n(x,\ y,\ z)]^{-\alpha}}{\sum\limits_{u \in \mathcal{I}_{\text{int}}} \eta \kappa_u(x,\ y,\ z) P_u [1 + d_u(x,\ y,\ z)]^{-\alpha} + N_o B_n} \tag{7.39}$$

$$d_n(x,\ y,\ z) = \sqrt{(x-x_n)^2 + (y-y_n)^2 + (z-z_n)^2} \tag{7.40}$$

$$d_u(x,\ y,\ z) = \sqrt{(x-x_u)^2 + (y-y_u)^2 + (z-z_u)^2},\ u \in \mathcal{I}_{\text{int}} \tag{7.41}$$

在这里，我们定义$\kappa_n(x,\ y,\ z)$为 UAV BS n 和位于$(x,\ y,\ z)$的 UAV UE 之间的信道增益系数。这个系数取决于环境以及 UAV UE 和 UAV BS 的位置。例如，$\kappa_n(x,\ y,\ z) = 1$ 捕捉了 LOS 空对空通信，而$0 < \kappa_n(x,\ y,\ z) < 1$ 表示 NLOS 环境。在式(7.39) 中，参数α表示路径损耗指数，N_o为噪声功率谱密度，η为路径损耗常数，$(x_n,\ y_n,\ z_n)$为 UAV BS n 的三维位置。$d_n(x,\ y,\ z)$为位于$(x,\ y,\ z)$处 UAV UE 与 UAV BS n 之间的距离，$d_u(x,\ y,\ z)$为位于$(x,\ y,\ z)$处 UAV UE 与 UAV BS u 之间的距离，$\mathcal{I}_{\text{int}}$ 表示与 UAV BS n 运营在相同频率的同信道干扰 UAV BS 集合。

从 7.1 节的小区关联问题中可以看出，由于地理空间划分的复杂性，解决如式(7.35) 这样的小区关联问题具有挑战性。这个挑战在三维实例中加剧了难度，因为优化变量$\mathcal{V}_n$，$\forall\, n \in \mathcal{N}$ 是连续和相互依赖的三维关联空间并且没有先验信息。同时，我们可以注意到，由于式(7.35)中的目标函数不能以封闭形式表示，因此问题变得棘手。如 7.1 节所述，我们将借助最优传输理论的工具来克服这些挑战。然而，这里所研究问题的三维方面将需要新的结果来表征最优小区关联。

同样，我们可以使用半离散最优传输框架来解决我们的小区关联问题。特别地，我们进行了 UAV UE 的连续三维分布和 UAV BS 的离散集合之间的映射。然后我们可以使用最优传输工具来描述解决方案[245]：

定理 7.5　对于 UAV BS l，最小化式(7.35)中平均延迟的最优三维小区关联由下式给出：

$$\mathcal{V}_l^* = \Big\{(x,\ y,\ z)\,\big|\,\alpha_l + \frac{K_l}{L} h_l(x,\ y,\ z) + \frac{\beta}{C_l} + g_l'(\beta K_l) \leqslant$$

$$\alpha_m + \frac{K_m}{L} h_m(x,\ y,\ z) + \frac{\beta}{C_m} + g_m'(\beta K_m),\ \forall\, l \neq m \Big\} \tag{7.42}$$

式中，$h_l(x,\ y,\ z) \triangleq \dfrac{\beta}{B_l \log_2(1 + \gamma_l(x,\ y,\ z))}$，以及 $\alpha_l \triangleq \displaystyle\int_{\mathcal{V}_l} h_l(x,\ y,$

$z)\mathrm{d}x\mathrm{d}y\mathrm{d}z$ 。

定理 7.5 可用于完全确定最优的三维小区划分，使每个 UAV BS 到 UAV UE 的平均传输延迟最小化。显然，从式(7.42)中，我们观察到这种最优的三维小区关联将是不同无线网络参数的函数，如 UAV UE 的空间分布、UAV BS 的位置、回传率、网络负载和 UAV BS 的计算速度。给定这些参数，我们可以使用定理 7.5 对感兴趣的三维空间进行最优划分，并确定最小延迟的三维小区关联方案。自然地，为了最小化平均延迟，正在经历更好的回传链路，以及具有更高的计算能力或更高的带宽和发射功率的 UAV BS 将服务更多 UAV UE。利用这个定理和已知的优化算法，如在参考文献[245]和参考文献[243]中提出的算法，可以设计高效的迭代算法来寻找任何包含 UAV BS 和 UAV UE 的无线网络的三维小区分区。

7.2.4 具有代表性的仿真结果

为了模拟所研究的系统，我们考虑一个大小为 3km×3km×3km 的三维立方体空间。然后，我们使用开发的截断八面体解决方案部署了 18 个 UAV BS。UAV BS 的位置可以使用 $a \in \{-1, 0, 1\}$，$b \in \{-1, 0, 1\}$，$c \in \{0, 1\}$，$R = 400\mathrm{m}$ 等参数配置并从式(7.32)获得。我们使用给定均值和方差的三维截断高斯分布，生成 UAV UE 位置连续空间分布的一个随机实现。该样本用于估计 UAV UE 的空间分布。我们考虑用一个数据大小(即每个 UAV BS 的负载)的二次函数来表示计算时间，因此对于任意给定的 UAV BS n，我们定义计算时间 $g_n(\beta K_n) = \dfrac{(\beta K_n)^2}{\omega_n}$，其中 ω_n 是 UAV BS n 的处理速度。除非另有说明，我们使用参数表 7.2。将我们开发的三维小区关联与传统的基于 SINR 的小区关联(即加权泰森多边形图)进行对比。

表 7.2 三维网络仿真中使用的典型参数

参数	描述	值
f_C	载频	2GHz
P_n	UAV BS 的发射功率	0.5W
N_o	噪声功率谱密度	$-170\mathrm{dBm/Hz}$
L	UAV UE 的数量	200
B_n	每个 UAV BS 的带宽	10MHz
α	路径损耗指数	2
η	路径损耗常数	1.42×10^{-4}
β	UAV UE 数据包大小	10kb
q	频率复用因子	1
C_n	UAV BS n 的回传率	$(100+n)\mathrm{Mb/s}$
ω_n	每个 UAV BS 的计算速度	$10^2 \mathrm{Tb/s}$
μ_x，μ_y，μ_z	截断高斯分布在 x、y 和 z 方向的均值	1000m，1000m，1000m
σ_x，σ_y，σ_z	空间分布在 x、y 和 z 方向的标准差	600m，600m，600m
κ_n	信道增益系数	1

在图 7.12 中，我们以网络中 UAV UE 的数量为变量，给出了研究的方法和基于 SINR 的方案所产生的平均总延迟。图 7.12 显示，UAV UE 总数的增加将导致总延迟增加。这源于一个更大的 UAV UE 网络将使 UAV BS 的负载更高，因此，它将增加传输、回传和计算延迟。从图 7.12 中，我们可以看到，UAV 的数量从 200 增加到 300，导致基于 SINR 的关联和我们的方法的总延迟分别增加 56% 和 42%。此外，图 7.12 清楚地表明，与基于 SINR 的基线方法相比，开发的解决方案显著地减少了延迟。这是因为开发的解决方案不仅明确地考虑了 SINR，还考虑了网络拥塞对传输、回传和计算延迟的影响。因此，所研究的解决方案可以帮助网络避免引入经历过高延迟的高负载三维小区。最后，从图 7.12 中我们可以看到，与基线相比，开发的框架的平均总延迟减少了 43.9%。

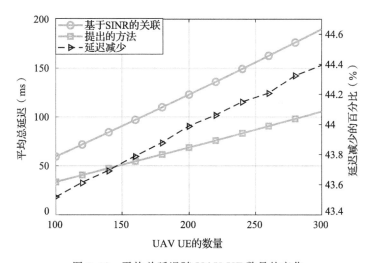

图 7.12　平均总延迟随 UAV UE 数量的变化

接下来在图 7.13 中，我们评估了传输带宽对延迟的影响。例如，因为数据速率得到了提升，较高的带宽可以带来较低的传输延迟。因此，从图 7.13 中我们可以看到，与基于 SINR 的基线相比，所开发的解决方案可以显著提高频谱效率。开发的解决方案可以用更少的带宽实现与 SINR 关联方法类似的性能。例如，如图 7.13 所示，为了保证最大总延迟为 70ms，所开发的解决方案将比基于 SINR 的基线使用少 57% 的带宽。图 7.13 还显示，带宽越大，延迟降低的比例就越小。这是因为对于带宽较大的

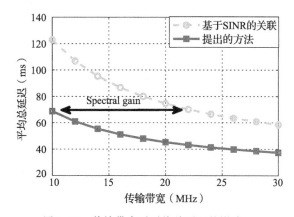

图 7.13　传输带宽对平均总延迟的影响

网络，传输延迟要比其他两个延迟组成部分（回传和计算）小得多。

接下来，在图 7.14 中，我们研究了 UAV UE 负载的变化如何影响传输、计算和回传延迟。首先，正如直觉所预期的那样，UAV UE 负载增加将使所有三个延迟组成部分增加。然而，有趣的是，图 7.14 显示传输延迟的增长速度高于回传和计算延迟。在这里，我们注意到 UAV UE 负载对不同延迟组成部分的影响和两个关键因素有关：（a）负载与延迟之间的关系（b）三维小区分区与式（7.42）所量化的负载之间的关系。从本质上说，随着负载的变化，三维小区和不同的延迟组成部分将以一种最小化总延迟的方式发生变化。

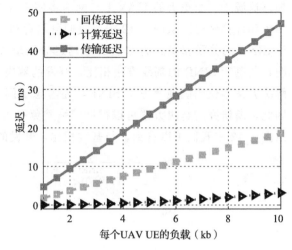

图 7.14 考虑的框架产生的传输、回传和计算延迟与每个 UAV UE 负载的关系

7.2.5 小结

在本节中，我们介绍了一种新颖的框架，该框架支持完备的三维无线蜂窝网络运营。所开发的框架允许网络运营商在三维空间规划 UAV BS 的部署，以满足飞行 UAV UE 无线性能指标的目标。特别是，我们已经开发了一种方法，允许联合部署 UAV BS 的三维网络，在这个三维网络上规划频率，然后，设计一个延迟最小化的小区关联方案。本节的关键结果显示，与传统的基于 SINR 的小区关联基线相比，所开发的解决方案方法显著降低了 UAV UE 的延迟。此外，开发的延迟最小化小区关联技术可以给 UAV 三维蜂窝网频谱效率带来重要的改进。当然，可以对这个开发的框架进行扩展，以考虑额外的资源管理维度，包括带宽分配和功率优化。另一个有趣的未来研究方向是将地面、地面网络整合到我们开发的三维无线蜂窝系统中。

7.3　UAV 无线网络中授权和非授权频谱资源的管理

在前两小节中，我们主要通过开发优化的小区关联方法关注空间资源的管理。然而，频谱是 UAV 辅助无线网络中另一种必须妥善管理的重要资源。特别是，飞行 UAV BS 使用的频谱必须以适当的方法进行共享，以满足地面用户的需求，同时提高频谱效率，最大限度地减少干扰。因此，对 UAV 无线网络进行频谱管理、分析频谱资源的分配方式，是解决 UAV 无线网络资源管理问题的关键。此外，考虑到 UAV BS 的移动性和灵活性，它们可能有利于"缓存"地面用户普遍下载的热门内容。高速缓存的使用也可以帮助 UAV BS 减少在 UAV BS 和核心网络之间的回传/前传链路上对大规模传输的需求。

显然，在支持缓存的 UAV BS 无线网络中，网络必须管理两个关键资源：(a) 频谱 (b) 缓存的内容。为此，在本节中，我们将重点讨论 UAV BS 辅助无线网络中的资源管理问题，这些 UAV BS 也出于前传的目的通过无线连接到云。我们特别关注一种场景，在这种场景下，UAV 可以通过访问授权和非授权频段来缓解频谱稀缺的问题。事实上，我们将研究 UAV BS 如何利用非授权频段上的 LTE(LTE-U)技术，在任何不损害地面 WiFi 用户性能的前提下使用可用的 WiFi 波段来补充授权频谱资源。

在这里我们注意到，参考文献[237，257-263]中已经对 UAV 辅助无线网络中的频谱和资源管理问题进行了研究。然而，之前的研究工作通常集中在 UAV 对地的链路上，并没有考虑到 UAV BS 和核心网络之间的前传链路。此外，大多数前期工作(除了参考文献[257]中的工作外)都没有研究使用 LTE-U 以及缓存来克服频谱稀缺和前传限制问题。同时，参考文献[257]中的工作并没有考虑到缓存的概念。因此，有必要提供一个更全面的研究，即如何在支持 LTE-U 的 UAV BS 辅助无线网络中正确管理资源，同时考虑到前传的局限性和在 UAV BS 侧进行缓存的可能性。

7.3.1　LTE-U UAV BS 网络模型

如图 7.15 所示，我们考虑一个 LTE-U 网络，其中部署了由 K 个 UAV BS 组成的集合 $\mathcal{K}$，通过下行链路服务于由 U 个 LTE-U 地面用户组成的集合 $\mathcal{U}$。在本系统中，我们还考虑了由 W 个 WiFi 接入点(WiFi Access Point，WAP)组成的地面 WiFi 网络，这些接入点连接到 N_w 个 WiFi 用户。我们给 UAV BS 配备存储单元，用来缓存热门内容。UAV

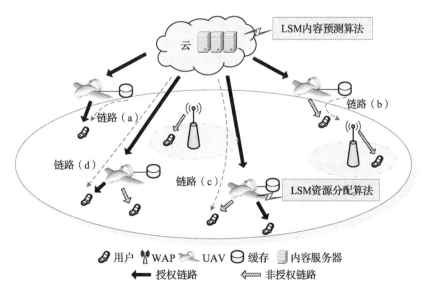

图 7.15　部署多个具有 LTE-U 能力并支持缓存的 UAV BS 的无线通信系统示例

BS 将通过(专有)授权频段的前传链路连接到一个云服务器。云提供到核心网络的连接。由于我们专注于 LTE-U 方案，因此假定 UAV BS 以双模式运行，双模式可以同时访问授权和非授权频谱资源。在我们的模型中，每个 UAV BS 最多可以给每个地面用户分配一种类型的资源(即授权或非授权)。我们假设每个非授权频段都可以被 UAV BS 或 WAP 占用。UAV BS 只能在访问该频谱不会使 WiFi 用户的数据速率低于最低目标速率的情况下使用非授权频谱。

在考虑的系统中，每个 UAV BS 将在其服务用户之间共享授权频段。为了访问 LTE-U 中的非授权频谱，我们采用了参考文献[264]中所述的占空比方法。在这种占空比场景下，UAV BS 将采用不连续的占空比传输模式来访问非授权频谱，同时保持 WiFi 用户的传输速率在给定的阈值之上。因此，用于访问非授权频段的时间段将在 LTE-U 和 WiFi 用户之间进行适当地分配。在这方面，LTE-U UAV BS 将传输一段时间占比 ϑ 和静音一段时间占比 $1-\vartheta$。在 LTE-U UAV BS 的静音时段内，WiFi 传输将使用标准的载波侦听多路访问及冲突避免(Carrier Sense Multiple Access with Collision Avoidance，缩写 CSMA/CA)协议[265]。

我们假设所有的地面用户从由 N 个内容组成的集合 $\mathcal{N}$ 中请求相同大小的内容。内容存储在云服务器的网络，并且每个内容的大小为 L。我们将 $\boldsymbol{p}_i=[p_{i1},\cdots,p_{iN}]$ 定义为每个用户内容请求的分布。这里，$\boldsymbol{p}_i$ 的每个元素 p_{ij} 捕捉用户 i 请求内容 j 的概率。为了支持缓存，我们假设每个 UAV k 有一个存储单元，可以存储从一个热门用户内容集合 $\mathcal{C}_k$ 中提取的 C 个内容。对于具有缓存功能的 LTE-U 网络，可以通过以下四个链路之一将内容传输给地面用户：(a)从云到 UAV BS，通过授权频段传输，然后 UAV BS 到地面用户，也通过授权频段传输(b)从云到 UAV BS，通过授权频段传输，然后 UAV BS 到地面用户，通过非授权频段传输(c)直接通过授权频段从 UAV BS 的缓存传输到地面用户(d)直接通过非授权频段从 UAV BS 的缓存传输到地面用户。显然，传输链路(c)和传输链路(d)展示了使用缓存分担前传流量并缓解云到 UAV BS 传输拥堵的案例。

如前所述，地面 WAP 将使用采用二进制时隙指数退避算法的 CSMA/CA 方案。在这种场景中，使用如参考文献[266]中展示的标准 WiFi 模型，我们可以得到共享非授权频段的 N_w 个 WiFi 用户的饱和容量为：

$$R(N_w)=\frac{P_{\text{tr}}(N_w)P_s(N_w)E[A]}{(1-P_{\text{tr}}(N_w))T_\sigma+P_{\text{tr}}(N_w)(T_c+P_s(N_w)(T_s-T_c))} \tag{7.43}$$

其中，$P_{\text{tr}}(N_w)=1-(1-\tau)^{N_w}$，$P_{\text{tr}}(N_w)$ 为某时间段内至少有一次传输的概率，而 τ 为每个 WiFi 用户的传输概率。T_s 是因为一次成功的传输而检测到信道被占用的平均时间，T_c 为在碰撞中每个 WAP 检测到信道被占用的平均时间，T_σ 是空闲时隙，$P_s(N_w)=N_w\tau(1-\tau)^{N_w-1}/P_{\text{tr}}(N_w)$ 是成功传输的概率，以及 $E[A]$ 是一个数据包的平均大小。我们考虑了标准的分布式协调功能访问和 RTS/CTS 访问机制。T_c 和 T_s 可表示为[266]：

$$T_s = \text{RTS}/C^U + \text{CTS}/C^U + (H + E[A])/C^U + \text{ACK}/C^U + 3\text{SIFS} + \text{DIFS} + 4\delta \quad (7.44)$$

$$T_c = \text{RTS}/C^U + \text{DIFS} + \delta \quad (7.45)$$

这里 $H = PHY_{hdr} + MAC_{hdr}$，$C^U$ 表示 WiFi 信道的位率（比特率）。ACK、RTS、DIFS、SIFS、CTS 和 δ 表示参考文献[266]中给出的标准 WiFi 参数。为了验证式(7.43)中的关系，我们假设以下两个条件成立：(a) 在成功传输后，任何给定的 WiFi 用户将立即有一个可用的新数据包(b) 使用二进制时隙指数退避方案。显然，T_c 和 T_s 会显著影响 WiFi 网络的饱和容量。

每个 LTE 时隙由 T_w 个 WiFi 时隙组成。在所选择的占空比方法下，UAV BS 可以占用总非授权频段为 T_w 的时隙的一部分 ϑ（即时隙占比为 ϑ）。与此同时，剩余的部分 $(1-\vartheta)$ 非授权时间段将被 WiFi 用户占用。图 7.16 显示了 WiFi 和 LTE-U 用户之间的时隙划分。现在，我们可以写出在 WiFi 上的（每个用户）时隙占比：

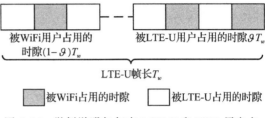

图 7.16　举例说明如何在 LTE-U 和 WiFi 用户之间分配时隙

$$R_w = \frac{R(N_w)(1-\vartheta)}{N_w} \quad (7.46)$$

在 7.46 中，N_w 代表非授权频段上的 WiFi 用户总数。为每个无线用户给定一个目标数据速率需求 γ，我们可以用 $\vartheta \leqslant 1 - N_w \gamma / R(N_w)$ 表示分配给 LTE-U 用户的非授权频段时隙占比。

定义了系统模型的主要组成部分以及相关的 WiFi 模型之后，接下来，我们对各种 UAV BS 到地面用户链路的数据速率进行了正确的建模。

7.3.2　数据速率和排队模型

现在，我们可以通过 UAV BS 确定与向地面用户传输内容相关的速率。这包括云到 UAV BS 的前传链路（地对空链路）和从 UAV BS 到用户的 AG 链路。对于授权频段传输（前传或 AG），我们假定为 LOS 连接。

从 UAV BS k 到用户 i 通过 LOS 授权频段链路传输所经历的传输路径损耗（单位为 dB）将是[194]：

$$l_{ki}^{\text{LOS}} = 20\log\left(\frac{4\pi d_{ki} f}{c}\right) + \eta^l + \chi_\kappa + \Omega$$

其中，$20\log(d_{ki} f 4\pi/c)$ 表示自由空间路径损耗，d_{ki} 表示 UAV BS k 和地面用户 i 之间的距离，c 表示光速，f 为载频，η^l 为授权频段 LOS 连接带来的附加衰减因子，χ_κ 为阴影衰落高斯随机变量，其均值为零，标准差为 κ。Ω 是假设遵循莱斯分布的小尺度衰落功率（见 3.4.4 节）。

我们现在可以定义在 t 时刻 UAV BS k 与用户 i 之间下行链路授权频段传输的数据速率：

$$R_{lki}(u_{ki}(t)) = u_{ki}(t)F_l \log_2\left(1 + \frac{P_K 10^{l_{ki}^{LOS}/10}}{\sum\limits_{j\in\mathcal{K},\ j\neq k} P_K 10^{l_{ji}^{LOS}/10} + P_c h_i + \sigma^2}\right) \tag{7.47}$$

式(7.47)中，P_K 为每个 UAV BS 的发射功率。$h_i = g_{Ci} d_{Ci}^{-\alpha}$，其中 g_{Ci} 为云与用户 i 之间的瑞利衰落信道增益，d_{Ci} 为二者之间的距离。F_l 为下行链路授权频段带宽，P_C 为云的前传发射功率。σ^2 为高斯噪声功率，$u_{ki}(t)$ 为 UAV BS k 在 t 时刻分配给用户 i 的下行链路授权频段占比，且 $\sum\limits_i u_{ki}(t) = 1$。$\sum\limits_{j\in\mathcal{K},\ j\neq k} P_K 10^{l_{ji}^{LOS}/10}$ 捕捉用户 i 和除 k 之外的所有 UAV BSs 之间的干扰，假设所有 UAV BS 使用相同的频谱进行内容传输，并将所有可用的频谱资源分配给其服务的用户。那么所有 UAV BS(除 UAV BS k 之外)都会对用户 i 产生干扰。

为了计算 UAV BS 和地面用户之间非授权频段传输的数据速率，我们使用式(7.46)获得可以被 UAV BS 占用的非授权频段时隙占比 ϑ。给定该占比，与 UAV BS k 关联的给定用户 i 的下行链路非授权频段数据速率为：

$$R_{uki}(e_{ki}(t)) = e_{ki}(t)\vartheta F_u \log_2\left(1 + \frac{P_K 10^{l_{ki}^u/10}}{\sum\limits_{j\in\mathcal{K},\ j\neq k} P_K 10^{l_{ji}^u/10} + \sigma^2}\right) \tag{7.48}$$

其中，l_{ki}^u 为非授权频段 LOS 路径损耗，F_u 为非授权频段带宽，$e_{ki}(t)$ 为占比 ϑ，且 $\sum\limits_i e_{ki}(t) = 1$。

为了计算前传速率，我们首先将 UAV 的总前传带宽 F_C 平均分配给从云接收到内容的用户。因此，给定用户在被 UAV BS k 服务时请求云内容的前传速率将为：

$$R_{Ck}(t) = \frac{F_C}{U_C(t)} \log_2\left(1 + \frac{P_C L_k}{\sum\limits_{j\in\mathcal{K},\ j\neq k} P_K 10^{l_{ki}^{LOS}/10} + \sigma^2}\right) \tag{7.49}$$

其中，L_k 为云到 UAV BS k 的 LOS 路径损耗，$U_C(t)$ 为在时刻 t 时，从云接收到内容的用户数，$U_C(t)$ 可以在用户请求内容时由内容服务器计算。

我们现在可以仔细考虑所研究系统的排队过程。首先，我们定义变量 $V_i(t)$ 来捕捉在时隙 t 结束时从内容服务器随机到达用户 i 的内容(比特数)。由于每个用户在每个时隙 t 内最多可以请求一个内容，因此我们有 $V_i(t) \in \{0, L\}$。在给定的时隙 t 开始时，我们可以推导出用户 i 的队列长度(即比特数)$Q_i(t)$ [267]：

$$Q_i(t+1) = Q_i(t) - R_{ki}(t) + V_i(t) \tag{7.50}$$

其中，$R_{ki}(t)$ 为用户 i 的数据速率。如图 7.15 所示，内容传输链路包括：(a)授权频段上 UAV BS 到用户的链路(b)非授权频段上 UAV BS 到用户的链路(c)非授权频段上云到

UAV BS 到用户的链路(d) 授权频段上云到 UAV BS 到用户的链路。因此，我们可以将
UAV BS k 到用户 i 的内容传输速率如下定义：

$$R_{ki}(u_{ki}(t), e_{ki}(t)) = \begin{cases} R_{lki}(u_{ki}(t)), & \text{链路(a)} \\ R_{uki}(e_{ki}(t)), & \text{链路(b)} \\ \dfrac{R_{uki}(e_{ki}(t))R_{Ck}(t)}{R_{uki}(e_{ki}(t))+R_{Ck}(t)}, & \text{链路(c)} \\ \dfrac{R_{lki}(u_{ki}(t))R_{Ck}(t)}{R_{lki}(u_{ki}(t))+R_{Ck}(t)}, & \text{链路(d)} \end{cases} \qquad (7.51)$$

其中，链路(c)的速率表达式是基于云向 UAV BS k 传输单个数据包的持续时间为 $1/R_{Ck}$
(t)，以及 UAV BS k 向用户 i 传输单个数据包的持续时间为 $1/R_{uki}(t)$ 得到的。因此，从
云到用户 i 的传输数据速率将为 $\dfrac{1}{1/R_{Ck}(t)+1/R_{uki}(t)}$。在式(7.51)中，链路(a) 和链路
(b) 是指 UAV BS k 已经缓存了用户 i 请求的内容的情况。在这种情况下，UAV BS k 可
以直接将请求的内容从 UAV BS k 传输到用户 i，而不需要通过云。相比之下，对于链路
(c)和链路(d)，用户的内容是在云上的，而不是缓存的。因此，对于这些链路，将内容传
输给用户 i，涉及让 UAV BS k 从云(通过回传)获取数据，然后将其传输给用户。自然，
我们可以直接观察到链路(a) 和链路(b) 比链路(c) 和链路(d) 可以获得更高的数据速率。

　　为了捕捉每个用户的内容传输时延，我们采用了队列稳定性的概念。从本质上说，
如果满足式(7.52)，队列 $Q_i(t)$ 可以被称为速率稳定的[267]：

$$\lim_{t\to\infty}\frac{Q_i(t)}{t}=0 \qquad (7.52)$$

　　由参考文献[267]可以看出，当 $R_{ki}(t) \geqslant V_i(t)$ 时，队列 $Q_i(t)$ 是速率稳定的。

　　定义模型中使用的各种性能指标之后，现在我们可以正式提出资源管理问题，其中
包括频谱分配、用户关联和内容缓存。

7.3.3　资源管理问题的定义和解决

　　我们的目标是设计一个资源管理框架，能够在支持缓存的 UAV BS 服务的无线网络
中，有效地分配授权和非授权频段上的频谱。其目标是优化资源管理过程，以满足所有
用户的队列稳定性需求。这个问题可以表述为一个优化问题，其目标是使具有稳定队列
的用户数量最大化。这种最大化要求为每个 UAV BS k 找到最优关联 $\mathcal{U}_k$、由指标 $\boldsymbol{u}_k$ 捕捉
的授权频段带宽分配、由变量 $\boldsymbol{e}_k$ 捕捉的非授权频段时隙分配，以及每个 UAV BS k 可能
缓存的内容的集合 $\mathcal{C}_k$。这个问题可以以如下形式提出：

$$\max_{\boldsymbol{u}_k(t),\, \boldsymbol{e}_k(t),\, \mathcal{C}_k,\, \mathcal{U}_k} \sum_{k\in\mathcal{K}}\sum_{i\in\mathcal{U}_k} \mathbb{1}_{\left\{\lim_{t\to\infty}\frac{Q_i(t)}{t}=0\right\}}$$

$$= \max_{\boldsymbol{u}_k(t),\, \boldsymbol{e}_k(t),\, \mathcal{C}_k,\, \mathcal{U}_k} \sum_{k\in\mathcal{K}}\sum_{i\in\mathcal{U}_j} \mathbb{1}_{\{R_{ki}(u_{ki}(t),\, e_{ki}(t))\geqslant V_i(t)\}} \qquad (7.53)$$

$$\text{s. t. } R_w \geqslant \gamma \tag{7.53a}$$

$$\sum_{i \in \mathcal{U}_k} u_{ki}(t) = 1, \quad \forall k \in \mathcal{K} \tag{7.53b}$$

$$\sum_{i \in \mathcal{U}_k} e_{ki}(t) = 1, \quad \forall k \in \mathcal{K} \tag{7.53c}$$

其中，当 x 为真时，$\mathbb{1}_{\{x\}} = 1$，反之，$\mathbb{1}_{\{x\}} = 0$，$\mathcal{U}_k$ 为 UAV BS k 服务的用户集合，$u_k(t)$，$e_k(t)$ 分别表示下行链路授权频段和非授权频段上的资源分配指标。

式(7.53)中的第一个约束使网络能保持每个 WiFi 用户的平均数据速率高于期望的阈值，而第二个约束确保授权频段分配不会超过每个 UAV BS 的总带宽。最后一个约束捕获了这样一个事实，即在非授权频段上的时隙不能超过分配给 UAV BS 的时隙总数。从式(7.51)中，我们可以看到式(7.53)中的 $R_{ki}(u_{ki}(t), e_{ki}(t))$ 依赖于缓存的内容、资源分配和用户关联。

式(7.53)中的最大化问题由于各种原因难以求解。第一，内容缓存和频谱分配依赖于 UAV BS 与用户的关联，进而依赖于每个用户的数据速率。这些依赖关系使得问题难以求解。第二，式(7.53)的问题可以很容易地被证明是非凸的和组合的。第三，由于涉及缓存，UAV BS 必须能够进行某种预测，以推测用户内容请求的分布。如参考文献[268]所示，为了解决这三个挑战，可以采用机器学习技术来解决缓存和资源分配的联合问题。虽然许多机器学习工具可以用于地址预测和网络优化，但在这里，人们可以采用液体状态机(Liquid State Machines，LSM)的概念，这是一种新型的脉冲神经网络[269]。LSM 非常适用于所研究的模型，因为它们在处理带有时间戳的数据(如无线用户的内容请求)方面非常有效。此外，LSM 在处理涉及连续变量大空间的复杂问题时非常有效，就像我们的资源管理问题一样。通过使用 LSM，我们将使得网络能够在一段时间内正确地存储和跟踪用户的行为信息和网络状态。特别是，基于 LSM 的方法将使得云能够利用用户行为信息(存储在 LSM 中)来预测用户的内容请求分布，并自动调整资源分配过程以适应网络环境的任何变化。此外，LSM 有一个非常有效的训练过程，可以很容易地在无线网络中运行和操作。使用这些观察，参考文献[268]中的工作显示了如何开发一个有效的预测和强化学习算法以分布式的方式解决式(7.53)的问题。在这里省略算法和解决方法的细节，感兴趣的读者可见参考文献[268]。接下来，我们将展示一些具有代表性的结果，阐明基于 LSM 的资源管理如何有效地用于 UAV 辅助无线网络的部署。

7.3.4 具有代表性的仿真结果

为了进行仿真模拟，我们使用来自视频索引——优酷的真实数据在内容请求分布方面训练我们的 LSM。然后建立半径 $r = 200\text{m}$ 的环形网络区域网络模拟器，其中部署 $U = 20$ 个均匀分布的用户，$K = 5$ 个均匀分布的 UAV BS。我们使用 MATLAB 的 LSM 工具箱来实现 LSM 算法[269]。所有的仿真参数和训练过程都基于参考文献[268]。我们将该解决方案与以下两种方案进行比较：（a）Q 学习方案，被称为"有缓存的 Q 学习"（b）由 LSM 预测补充的 Q 学习方案，我们称之为"无缓存的 Q 学习"。

图 7.17 给出了不同网络规模下，通过研究的解决方案和基线方案得到的具有稳定队列的平均用户数。在图 7.17 中，除了前面提到的两个基线之外，我们还对比了使用 LSM 进行预测和用户关联的启发式搜索算法，该算法依靠启发法寻找最优资源分配。从图 7.17 可以看出，对于 5 个 UAV BS，基于 LSM 的方法的稳定队列用户数分别比有缓存的 Q 学习方案和无缓存的 Q 学习方案提高了 17.8% 和 57.1%。这些增益展示了 LSM 如何使用预测来解决缓存和资源管理问题，从而提高性能。图 7.18 进一步证实了 LSM 的这一优势，其中显示了所有考虑的解决方案达到的数据速率的累积分布函数（CDF）。从图 7.18 中，首先我们可以观察到，在所有研究的解决方案下，所有用户的数据速率都小于 2Mbit/s，这是模拟中的数据速率要求（每个用户）。此外，图 7.18 清楚地证实了图 7.17 的结果，它表明，与 Q 学习基线相比，基于 LSM 的方法显著地改善了数据速率的 CDF。

接下来，在图 7.19 中，我们评估

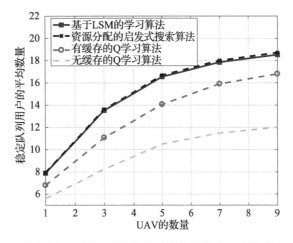

图 7.17　稳定队列用户的平均数量作为网络规模的函数

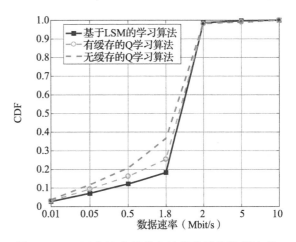

图 7.18　LSM 方法和基线方法能达到的数据速率的累积分布函数

了基于 LSM 的用于资源管理的解决方案的收敛属性（从迭代次数的角度）。显然，从图 7.19 可以看出，与有缓存的 Q 学习相比，LSM 方法达到收敛所需的迭代次数减少了 20%。这是 LSM 预测网络发展的固有能力的副产品。

图 7.20 显示了 LTE-U 占用 WiFi 时隙的比例对平均稳定队列用户数的影响。从图 7.20 中首先可以看出，LTE-U 用户占用的 WiFi 时隙越多，UAV BS 在非授权频段上会有更多的空闲时段分配给用户，从而满足更多用户的稳定队列需求。从图 7.20 还可以看出，LSM 与无缓存的 Q 学习和有缓存的 Q 学习相比，平均稳定队列用户数分别提高了 41.4% 和 10%。

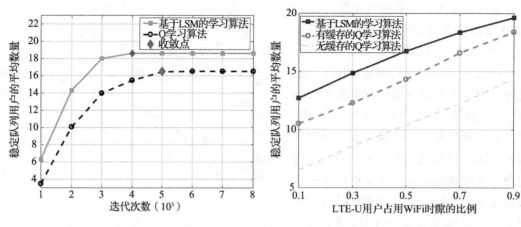

图 7.19　学习算法的收敛　　　　图 7.20　稳定队列用户的平均数随 LTE-U 用户
　　　　　　　　　　　　　　　　　　　　占用 WiFi 时隙比例的变化关系

最后，在图 7.21 中，我们研究了前传带宽对不同类型链路传输速率的影响。这里，我们用一个随机选择的用户来说明结果。由图 7.21 可知，前传带宽对链路(a)和链路(b)的数据速率没有影响(因为使用了缓存的内容)，增加带宽会改善链路(c)和链路(d)的数据速率。图 7.21 还显示链路(b)和链路(c)的非授权频段数据速率高于链路(a)和链路(d)的授权频段数据速率，这是因为使用非授权频段使得 UAV BS 能够避免来自其他 UAV BS 和前传链路的授权频段干扰。

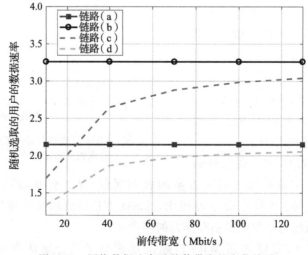

图 7.21　网络数据速率随前传带宽的变化关系

7.3.5　小结

在本节中，我们展示了 UAV BS 与新兴技术(如 LTE-U 和缓存)的使用如何产生有趣且具有挑战性的资源管理问题。特别地，我们研究了一种 UAV BS 可以使用 LTE-U 和缓存来克服频谱稀缺和前传容量限制挑战的模型。在研究的模型中，UAV BS 必须决定缓存哪些内容、服务哪些用户，以及如何跨授权和非授权频段分配它们的频谱，同时考虑到相互干扰（在授权频段）和 WiFi 性能（在非授权频段）。之后，我们提出了频谱分配、缓存和用户关联的联合问题，它是一个非凸的优化问题。然后，我们提出了如何开发预测性的机器学习工具来解决大规模 UAV BS 无线网络中的非凸资源管理问题。我们的结果揭示了 UAV 网络中复杂的资源管理问题是如何产生的，以及如何克服其复杂性并设计实用的解决方案。自然地，可以对该模型进行许多扩展，例如通过集成 UAV UE，以及考虑存在与 UAV BS 和 WiFi 网络共存的地面 BS。

7.4　本章小结

在本章中，我们展示了在蜂窝网络环境中引入 UAV BS 和 UAV UE 将产生各种重要的资源管理问题。此类资源管理问题包括小区关联、频谱共享、缓存和对各种 UAV 资源（包括空间、频谱和时间资源）的全面管理。首先，我们展示了 UAV BS 的独特特性，例如飞行时间限制，通常会影响资源管理问题，特别是小区关联问题。在此基础上，我们设计了一个集成了 UAV BS 和 UAV UE 的完全成熟的三维蜂窝网络。对于这个三维网络框架，我们展示了各种规划和资源管理问题是如何交织在一起的。我们还阐明了如何系统地优化这样一个三维蜂窝系统的性能（在延迟方面）。然后，研究了 UAV BS 辅助网络中的联合频谱分配、用户关联和内容缓存问题。我们展示了这三个问题是如何协同的，并设计了一个基于学习的方案在实际 UAV 网络中解决它们。从本质上讲，本章中提供的模型和解决方案可以作为为三维蜂窝网络（集成了异构的 UAV BS、UAV UE，以及跨多个不同的无线电接入技术和频段运营的地面基础设施）设计有效资源管理框架的重要基础。

第 8 章

UAV 网络中的协同通信

正如我们在第 1 章和第 2 章中所讨论的，利用多个 UAV 之间的协作以及协调传输是一种很有前景的解决方案，用于增强整合了 UAV BS 和 UAV UE 的无线网络的性能。在 UAV BS 场景中，多个 UAV 可以在空中形成一个灵活的、可重构的、无线天线阵列[22]，每个 UAV 作为一个天线阵列单元(如图 8.1 所示)。可重构的基于 UAV 的天线阵列系统充当飞行 BS，与经典的固定阵元的天线阵列系统相比，有许多关键的优势。例如，可以通过优化 UAV 在阵列中的位置来实现波束赋形增益最大化，波束赋形可以在三维空间中向任何方向进行。此外，由于空中有很大的可用空间，可以创建大增益 UAV 天线阵列。在 UAV UE 场景中，多个 UAV UE 或 BS 之间的协同通信(如图 8.2 所示)可以提高网络

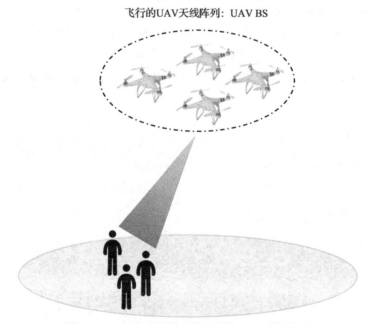

飞行的UAV天线阵列：UAV BS

图 8.1　UAV BS 场景下的可重构飞行天线阵列

的覆盖和容量，特别是当 UAV UE 与地面用户共存的时候。在这种情况下，协同多点（Coordinated Multi-Point，CoMP）传输在实现蜂窝连接的 UAV UE 场景的高效协同通信中起着关键作用。

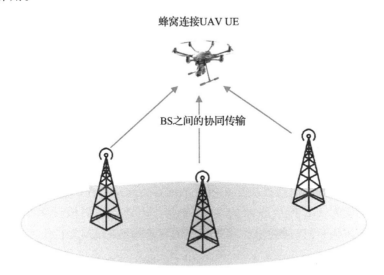

图 8.2　蜂窝连接 UAV UE 场景下的协同传输

因此，本章将研究多种涉及 UAV 无线网络协同通信的场景。我们将详细分析协同通信(利用 BS 之间的 CoMP 原理)在提高 UAV UE 连通性和容量方面的作用，同时我们将阐述如何将 UAV 天线阵列用于飞行 UAV BS。在 8.1 节中，我们具体介绍了一个基于 CoMP 传输的框架，在降低干扰的前提下服务于高空蜂窝连接的 UAV UE。使用来自随机几何的工具，推导出内容覆盖率的上界(为不同系统参数的函数)，特别是在地面 BS 天线下倾的场景下，为 UAV 的总体部署提供了见解。然后，在 8.2 节中，我们研究了如何有效地使用多个四旋翼 UAV 组成一个天线阵列，作为一个单一的协同 UAV BS 为地面用户提供无线服务，目标是在最小化机载通信服务时间的同时最大化性能。我们还将使用 bang-bang 控制理论的理论假设，表征最优旋翼转速，以最小化控制时间。所得结果阐明了利用天线阵列系统的一些基本权衡。最后 8.3 节是本章的小结。

8.1　蜂窝连接的 UAV UE 无线系统中的 CoMP 传输

基于我们在参考文献[270]中的工作，在本节中我们介绍了一个整体框架，该框架利用 CoMP 传输为高空蜂窝连接的 UAV UE 服务，同时管理跨小区干扰并提高接收信干比(Signal-to-Interference Ratio，SIR)。我们特别考虑了一个支持缓存的 BS 网络(即可以用类似于第 5 章的方法缓存内容)，在这个网络中，一个空中 UAV UE 通过 CoMP 传输从邻近的地面 BS 下载之前缓存好的内容。利用随机几何的工具，我们推导了一个相当严格的内容覆盖率上界，此上界是多个系统参数的函数。接下来我们展示了一个飞行的 UAV UE 能够达到的性能是如何受 CoMP 协作距离、内容的可用性和目标数据速率等各种因素影响的。然后，我们还展示了地面 BS 天线的下倾在即使使用了 CoMP 的场景下如何限制一个空中 UAV UE 所能达到的性能(在覆盖率方面)。

8.1.1 空中 UAV UE 网络的 CoMP 模型

我们研究由许多支持缓存的 BS 组成的无线蜂窝网络(例如一个小型小区网络)，这些 BS 基于齐次泊松点过程(PPP)$\Phi_b = \{b_i \in \mathbb{R}^2, \forall i \in \mathbb{N}^+\}$ 分布，密度为 λ_b。在该网络中有一个飞行高度为 h_d 的 UAV UE，位于 $(0, 0, h_d) \in \mathbb{R}^3$。在我们的模型中，BS 被分成多个(不相交的)簇来对 UAV UE 进行服务[271]。在这个用例中，BS 簇用半径为 R_c 的圆表示，其地面中心位于 UAV UE 的下方(如图 8.3 所示)。簇的区域定义为 $A = \pi R_c^2$。在该网络中，位于簇中的 BS 可以通过协作将缓存的内容传输给 UAV UE。我们注意到，在高海拔地区 BS 可能会对 UE 产生强烈的 LOS 干扰。因此，我们假设多个 BS(位于 UAV UE 附近的特定范围内)可以通过协作将缓存的内容传输给 UAV UE。

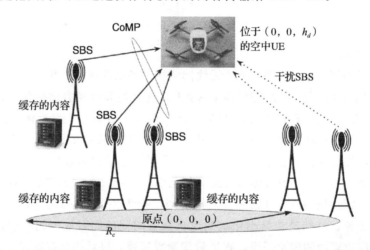

图 8.3 提出的包含地面小型 BS(SBS)和一个飞行 UAV UE 的系统模型图解

8.1.2 概率缓存位置和服务距离分布

BS 使用内存存储能力来缓存文件库中的内容，库中的每个文件都包括 UAV UE 可能请求的内容目录。不同的文件根据受欢迎程度按降序编入索引。为了确定如何放置内容，我们采用了随机放置方案。在该方案中，每个内容 f 独立缓存在每个 BS 上，其缓存概率为 c_f，$0 \leqslant c_f \leqslant 1$。此外，我们将 BS 缓存给定内容建模为一个 PPP Φ_{bf}，其密度为 $\lambda_{bf} = c_f \lambda_b$[151]。同样，一个 BS 不缓存给定内容 f 可以建模为另一个 PPP $\Phi_{bf}^!$，其密度为 $\lambda_{bf}^\circ = (1 - c_f)\lambda_b$，$\Phi_b = \Phi_{bf} \bigcup \Phi_{bf}^!$。现在，在一个簇内，我们可以得到缓存内容 f 的 BS 数量的概率质量函数（PMF）：

$$\mathbb{P}(n=\kappa)=\frac{(c_f\lambda_b A)^\kappa \mathrm{e}^{-c_f\lambda_b A}}{\kappa!} \tag{8.1}$$

式（8.1）中的模型只是一个均值为 $c_f\lambda_b A$ 的泊松分布。

考虑包含 κ 个具有缓存功能的 BS 的簇，具有缓存功能的 BS 是一个二项点过程（Binomial Point Process，BPP）。在这个模型中，κ 个 BS 在簇内服从独立均匀分布。我们使用 $\Phi_{cf}=\{b_i\in\Phi_{bf}\bigcap\mathcal{B}(0,R_c)\}$ 表示提供内容 f 的协作 BS 集合，$\mathcal{B}(0,R_c)$ 为中心，半径为 R_c。

给定一个位于 $\mathbb{R}^2$ 原点的 UAV UE，UAV UE 到 BS 的距离等于 $\boldsymbol{R}_\kappa=(R_1,\cdots,R_\kappa)$。现在以 $\boldsymbol{R}_\kappa=\boldsymbol{r}_\kappa$，$\boldsymbol{r}_\kappa=[r_1,\cdots,r_\kappa]$ 为条件，我们可以得到联合距离分布的条件概率密度函数（Probability Density Function，PDF），由 $f_{\boldsymbol{R}_\kappa}(\boldsymbol{r}_\kappa)$ 给出。

BS i 与 UAV UE 之间水平距离 r_i 的 PDF 可表示为[151]：

$$f_{R_i}(r_i)=\begin{cases}\dfrac{2r_i}{R_c^2}, & 0\leqslant r_i\leqslant R_c\\[2mm] 0, & \text{否则}\end{cases}$$

服务距离 $\boldsymbol{R}_\kappa=(R_1,\cdots,R_\kappa)$ 的条件联合 PDF 可以利用 BPP 的独立同分布（i.i.d.）属性来确定：

$$f_{\boldsymbol{R}_\kappa}(\boldsymbol{r}_\kappa)=\prod_{i=0}^{\kappa}\frac{2r_i}{R_c^2} \tag{8.2}$$

注意，每个 BS 到 UAV UE 的垂直距离为 h_{BS}。在这里，我们使用 θ_t 和 θ_B 表示垂直维度上 BS 的下倾角和天线波束宽度。在我们考虑的模型中，旁瓣和主瓣增益分别用 G_s 和 G_m 表示。BS i 到 UAV UE 的距离为 $d_i=\sqrt{r_i^2+(h_d-h_{\mathrm{BS}})^2}$。

8.1.3　信道模型

如第 3 章所述，BS 和 UAV UE 之间的信道增益由大尺度衰落和小尺度衰落组成。我们考虑将概率 LOS/NLOS 模型用于 BS i 和 UAV UE 之间的大尺度衰落。该模型的信道增益可表示为：

$$\zeta_v(r_i)=A_v G(r_i)d_i^{-\alpha_v}=A_v G(r_i)(r_i^2+(h_d-h_{\mathrm{BS}})^2)^{-\alpha_v/2} \tag{8.3}$$

其中，$v\in\{l,n\}$，α_l 和 α_n 表示 LOS 和 NLOS 通信链路的路径损耗指数。同时，路径损耗常数（考虑参考距离为 1m）用 A_l 和 A_n 表示。BS i 对 UAV UE 的天线增益表示为：

$$G(r_i)=\begin{cases}G_m, & \text{如果 } r_i\in\mathcal{S}_{bs}\\[2mm] G_s, & \text{如果 } r_i\notin\mathcal{S}_{bs}\end{cases}$$

其中，$\mathcal{S}_{bs}$ 包含满足 $h_{\mathrm{BS}}-r_i\tan\left(\theta_t+\dfrac{\theta_B}{2}\right)<h_d<h_{\mathrm{BS}}-r_i\tan\left(\theta_t-\dfrac{\theta_B}{2}\right)$ 的 r_i。

为了捕捉小尺度衰落，我们使用了一个 Nakagami-m 衰落模型，其 PDF 如下：

$$f(\omega) = \frac{2\dfrac{m}{\eta}^m \omega^{2m-1}}{\Gamma(m)} \exp\left(-\frac{m}{\eta}\omega^2\right) \tag{8.4}$$

其中，m 和 η 分别表示衰落参数和控制扩散参数。考虑到在 BS 和 UAV UE 之间有一个显性的 LOS 链路的事实，$m > 1$。

还可以证明，信道功率增益分布有如下 PDF：

$$f(\gamma) = \frac{\left(\dfrac{m}{\eta}\right)^m \gamma^{m-1}}{\Gamma(m)} \exp\left(-\frac{m}{\eta}\gamma\right) \tag{8.5}$$

BS i 与位于距离 r_i 处的 UAV UE 之间的 LOS 概率由下式计算[272]：

$$\mathbb{P}_l(r_i) = \prod_{n=0}^{\max(p-1,\,0)} \left[1 - \exp\left(-\frac{\left(h_{\mathrm{BS}} + \dfrac{h(n+0.5)}{m+1}\right)^2}{2c^2}\right) \right] \tag{8.6}$$

其中，a、b、c 为与环境相关的参数，$h = h_d - h_{\mathrm{BS}}$ 以及 $p = \left\lfloor \dfrac{r_i - \sqrt{ae}}{1000} \right\rfloor$。

接下来，我们将提出一种多 BS 之间的 CoMP 传输方案，以减轻上行链路干扰，并提高 UAV UE 的性能。我们特别开发了一个框架来评估具有缓存能力的为蜂窝连接 UAV UE 提供的 CoMP 传输的性能。

8.1.4 覆盖率分析

现在我们通过 UAV UE 的覆盖率来描述网络性能。在考虑的模型中，每个 BS 的发射功率为 P_t，一个典型 UAV UE 在 $(0, 0, h_d) \in \mathbb{R}^3$ 位置处飞行。假设 κ 个 BS 提供一个内容 f，UAV UE 的接收信号由下式给出：

$$P = \underbrace{\sum_{i=1}^{\kappa} P(r_i)\omega_i w_i X_f}_{\text{desired signal}} + \underbrace{\sum_{j \in \Phi_{bf}^1 \cap \mathcal{B}(0,\,R_c)} P(u_j)\omega_j w_j Y_j}_{I_{\mathrm{in}}} +$$

$$\underbrace{\sum_{k \in \Phi_b \backslash \mathcal{B}(0,\,R_c)} P(u_k)\omega_k w_k Y_k}_{I_{\mathrm{out}}} + Z \tag{8.7}$$

其中，$P(r_i) = \sqrt{P_t}\zeta_v(r_i)^{0.5}$，$v \in \{l, n\}$，$\omega_i$ 是 BS i 的 Nakagami-m 衰落。同时，w_i 是 BS i 的预编码，X_f 表示由多个 BS 传输的信道输入符号。I_{in} 为簇内干扰，I_{out} 为簇外干扰，Y_j 为干扰 BS j 的发射信号，还有：

$$P(u_j) = \begin{cases} P_l(u_j) = \sqrt{P_t}\zeta_l(u_j)^{0.5}, & \text{对于 LOS} \\ P_n(u_j) = \sqrt{P_t}\zeta_n(u_j)^{0.5}, & \text{对于 NLOS} \end{cases}$$

其中 u_j 为 UAV UE 与 BS j 之间的水平距离，Z 为表示噪声的循环对称零均值复高斯随机变量。

我们用 $\Phi_b \backslash \Phi_{cf} = \{b_i \in \{\Phi_b \backslash \mathcal{B}(0, R_c)\} \bigcup \{\Phi_{bf}^! \bigcap \mathcal{B}(0, R_c)\}\}$ 来表示干扰 BS 集合，以及定义 $\Phi_{cf}^! = \Phi_{bf}^! \bigcap \mathcal{B}(0, R_c)$。

注意，当可以获得地面 BS 信道状态信息的时候，预编码 $w_i = \dfrac{\omega_i^*}{|\omega_i|}$，其中 ω_i^* 为 ω_i 的复共轭。鉴于式(8.7)中 X_f、Y_j 和 Y_k 的独立性，可以推导出 UAV UE 的 SIR：

$$
\Upsilon_{|r_\kappa} = \sum_{o=0}^{\kappa} \binom{\kappa}{o} \prod_{i=0}^{o} \mathbb{P}_l(r_i) \prod_{j=o+1}^{\kappa} \mathbb{P}_n(r_j)
$$

$$
\frac{P_t \left| \displaystyle\sum_{i=1}^{o} \zeta_l^{1/2}(r_i)\omega_i + \sum_{j=o+1}^{\kappa} \zeta_n^{1/2}(r_j)\omega_j \right|^2}{I_{\text{in}} + I_{\text{out}}} \tag{8.8}
$$

其中，$\left| \displaystyle\sum_{i=1}^{o} \zeta_l^{1/2}(r_i)\omega_i + \sum_{j=o+1}^{\kappa} \zeta_n^{1/2}(r_j)\omega_j \right|^2$ 为 κ 个 Nakagami-m 随机变量的加权和平方。考虑到 Nakagami-m 随机变量加权和的互操作性，利用 Cauchy-Schwarz 不等式求其上界：

$$
\left| \sum_{i=1}^{o} \zeta_l^{1/2}(r_i)\omega_i + \sum_{j=o+1}^{\kappa} \zeta_n^{1/2}(r_j)\omega_j \right|^2 = \left(\sum_{i=1}^{\kappa} Q_i \right)^2
$$

$$
\leqslant \kappa \left(\sum_{i=1}^{\kappa} Q_i^2 \right) \tag{8.9}
$$

式中，$Q_i = \zeta_v^{1/2}(r_i)\omega_i$ 是一个缩放的 Nak-agami-m 随机变量（RV），$v \in \{l, n\}$，$i \in \mathcal{K}_f$。给定 $\omega_i \sim \text{Nakagami}(m, \eta/m)$，我们有 $Q_i^2 \sim \Gamma(k_i = m, \theta_i = 2\eta\zeta_v(r_i)/m)$。

我们使用伽马二阶矩匹配求和的方法[273]，得到一个具有不同 θ_i 值的 κ 个伽马随机变量 Q_i 之和的统计等价 PDF。

我们可以看到等价伽马分布（$J \sim \Gamma(k, \theta)$）有以下参数：$k = \left(\sum_i k_i\theta_i \right)^2 / \sum_i k_i\theta_i^2$ 和 $\theta = \sum_i k_i\theta_i^2 / \sum_i k_i\theta_i$。

为了评估二阶矩近似的准确性，我们在图 8.4 中描绘了等效信道增益的 PDF。这里，κ 个伽马随机变量之和可以近似为一个伽马随机变量，有以下参数：

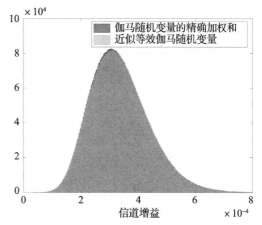

图 8.4　包含路径损耗和衰落在内的协同 BS 与 UAV UE 之间信道等效增益 PDF 的蒙特卡罗仿真。为一个 20km^2 的仿真区域运行了密度为 $\lambda_b = 20\text{BS/km}^2$ 的 PPP 仿真实现，其中参数 $m = 3$ 并且 $R_c = 200\text{m}$。

$$
k = \frac{m\left(\displaystyle\sum_i \zeta_v(r_i) \right)^2}{\displaystyle\sum_i (\zeta_v(r_i))^2} \quad \text{和} \quad \theta = \frac{\eta \displaystyle\sum_i \zeta_v(r_i)}{m \displaystyle\sum_i \zeta_v(r_i)} \tag{8.10}
$$

此时(8.10)中形状参数 k 的上界可表示为：

$$k = m \frac{\left(\sum_i \zeta_v(r_i)\right)^2}{\sum_i (\zeta_v(r_i))^2} \leqslant m \frac{\kappa \sum_i (\zeta_v(r_i))^2}{\sum_i (\zeta_v(r_i))^2} = m\kappa \tag{8.11}$$

式中 mk 是整数。

现在我们推导出 UAV UE 的覆盖率，以服务距离 r_κ 为条件的条件覆盖率可以由下式给出：

$$\mathbb{P}_{\mathrm{cov}|r_\kappa} = \mathbb{P}[\Upsilon_{|r_\kappa} > \vartheta] \approx \sum_{o=0}^{\kappa} \binom{\kappa}{o} \prod_{i=0}^{o} \mathbb{P}_l(r_i) \times$$

$$\prod_{j=o+1}^{\kappa} \mathbb{P}_n(r_j) \mathbb{P}\left(\frac{\kappa P_t \left(\sum_{i=1}^{\kappa} Q_i\right)^2}{I_{\mathrm{in}} + I_{\mathrm{out}}} > \vartheta\right) \tag{8.12}$$

$$= \sum_{o=0}^{\kappa} \binom{\kappa}{o} \prod_{i=0}^{o} \mathbb{P}_l(r_i) \prod_{j=o+1}^{\kappa} \mathbb{P}_n(r_j) \mathbb{P}\left(\frac{\kappa P_t J}{I_{\mathrm{in}} + I_{\mathrm{out}}} > \vartheta\right) \tag{8.13}$$

其中，ϑ 代表 SIR 阈值。UAV UE 的非条件覆盖率有如下结果：

定理 8.1 UAV UE 的覆盖率可以表示为：

$$\mathbb{P}_{\mathrm{cov}} = \sum_{\kappa=1}^{\infty} \mathbb{P}(n=\kappa) \int_{r_\kappa=0}^{R_c} \mathbb{P}_{\mathrm{cov}|r_\kappa} \prod_{i=0}^{\kappa} \frac{2r_i}{R_c^2} \mathrm{d}r_\kappa \tag{8.14}$$

式中，$\mathbb{P}_{\mathrm{cov}|r_\kappa}$ 表示式(8.16)中的条件覆盖率，其中 $\varpi = \vartheta/\kappa P_t \theta$。

$$\mathbb{P}_{\mathrm{cov}|r_\kappa} = \sum_{o=0}^{\kappa} \binom{\kappa}{o} \prod_{i=0}^{o} \mathbb{P}_l(r_i) \prod_{i=o+1}^{\kappa} \mathbb{P}_n(r_i) \sum_{k=0}^{k-1} \frac{(-\varpi)^k}{k!} \frac{\partial^k}{\partial \varpi^k}$$

$$\exp\left(-2\pi\lambda_{bf}^o \int_{v=0}^{R_c} (1 - \delta_l \mathbb{P}_l(v) - \delta_n \mathbb{P}_n(v)) v \mathrm{d}v\right) \times$$

$$\exp\left(-2\pi\lambda_p \int_{v=R_c}^{\infty} (1 - \delta_l \mathbb{P}_l(v) - \delta_n \mathbb{P}_n(v)) v \mathrm{d}v\right) \tag{8.15}$$

证明 此证明基于我们在参考文献[270]的工作，置于此处提供指导。

$$\mathbb{P}\left(\frac{\kappa P_t J}{I_{\mathrm{in}} + I_{\mathrm{out}}} > \vartheta\right) = \mathbb{P}(\kappa P_t J > \vartheta(I_{\mathrm{in}} + I_{\mathrm{out}}))$$

$$= \mathbb{E}_{I_{\mathrm{in}}, I_{\mathrm{out}}}[\mathbb{P}(\kappa P_t J > \vartheta(I_{\mathrm{in}} + I_{\mathrm{out}}))]$$

$$= \mathbb{E}_{I_{\mathrm{in}}, I_{\mathrm{out}}}\left[\mathbb{P}\left(J > \frac{\vartheta}{\kappa P_t}(I_{\mathrm{in}} + I_{\mathrm{out}})\right)\right]$$

$$\overset{(a)}{\approx} \mathbb{E}_{I_{\mathrm{in}}, I_{\mathrm{out}}}\left[\sum_{k=0}^{k-1} \frac{(\vartheta/\kappa P_t \theta)^k}{k!}(I_{\mathrm{in}} + I_{\mathrm{out}})^k e^{-\frac{\vartheta}{\kappa P_t \theta}(I_{\mathrm{in}} + I_{\mathrm{out}})}\right]$$

$$\overset{(b)}{=} \mathbb{E}_{I_{\mathrm{in}}, I_{\mathrm{out}}}\left[\sum_{k=0}^{k-1} \frac{(-\varpi)^k}{k!} \frac{d^k}{d\vartheta^k} \mathcal{L}_{I_{\mathrm{in}}+I_{\mathrm{out}}|r_\kappa}(\varpi)\right] \tag{8.16}$$

其中，过程(a)源于伽马随机变量的 PDF，过程(b)是基于 $\varpi = \vartheta/\kappa P_t \theta$ 以及随机变量 $I_{\mathrm{in}} + I_{\mathrm{out}}$ 的拉普拉斯变换。

$$
\begin{aligned}
\mathcal{L}_{I_{\mathrm{in}}+I_{\mathrm{out}}|r_\kappa}(\varpi) &= \mathbb{E}_{I_{\mathrm{in}},\,I_{\mathrm{out}}}\big[\exp(-\varpi(I_{\mathrm{in}}+I_{\mathrm{out}}))\big] \\
&= \mathbb{E}\left[\mathrm{e}^{-\varpi\sum\limits_{j\in\Phi_{cf}^!}\gamma_j P(u_j)^2}\; \mathrm{e}^{-\varpi\sum\limits_{j\in\Phi_b\backslash\mathcal{B}(0,\,R_c)}\gamma_j P(u_j)^2}\right] \\
&= \mathbb{E}_{\Phi_b}\left[\prod_{j\in\Phi_{cf}^!}\mathbb{E}_{\gamma_j}\mathrm{e}^{-\varpi\gamma_j P(u_j)^2}\prod_{j\in\Phi_b\backslash\mathcal{B}(0,\,R_c)}\mathbb{E}_{\gamma_j}\mathrm{e}^{-\varpi\gamma_j P(u_j)^2}\right] \\
&\overset{(a)}{=} \mathbb{E}_{\Phi_b}\left[\prod_{j\in\Phi_{cf}^!}\left[\left(1+\frac{\varpi P_l(u_j)^2}{m}\right)^{-m}\mathbb{P}_l(u_j)+\right.\right. \\
&\qquad\quad \left.\left(1+\frac{\varpi P_n(u_j)^2}{m}\right)^{-m}\mathbb{P}_n(u_j)\right]\cdot \\
&\qquad\quad \prod_{j\in\Phi_b\backslash\mathcal{B}(0,\,R_c)}\left[\left(1+\frac{\varpi P_l(u_j)^2}{m}\right)^{-m}\cdot\right. \\
&\qquad\quad \left.\left.\mathbb{P}_l(u_j)+\left(1+\frac{\varpi P_n(u_j)^2}{m}\right)^{-m}\mathbb{P}_n(u_j)\right]\right] \\
&\overset{(b)}{=} \exp\left(-2\pi\lambda_{bf}^{\circ}\int_{v=0}^{R_c}(1-\delta_l\mathbb{P}_l(v)-\delta_n\mathbb{P}_n(v))v\,\mathrm{d}v\right)\cdot \\
&\qquad\quad \exp\left(-2\pi\lambda_p\int_{v=R_c}^{\infty}(1-\delta_l\mathbb{P}_l(v)-\delta_n\mathbb{P}_n(v))v\,\mathrm{d}v\right)
\end{aligned}
\tag{8.17}
$$

最后，利用式(8.13)、式(8.16)、式(8.17)和式(8.1)可以得到 UAV UE 的覆盖率。 □

由式(8.14)可以看出，增加协作距离和缓存概率能增加 UAV UE 的覆盖率。此外，通过增加缓存 BS 的数量，也能增加期望信号功率。

8.1.5 具有代表性的仿真结果

这里给出了一些基于我们在参考文献[270]的工作的蒙特卡罗仿真结果。表 8.1 列出了仿真参数。

图 8.5 给出了由式(8.14)得到的覆盖率的理论上界和精确覆盖率的仿真结果，以及利用柯西不等式得到的上界。我们可以清楚地看到，利用柯西-施瓦茨不等式得到的上界非常接近真实的、确切的覆盖率。虽然覆盖率的理论上界没有基于柯西不等式的上界那么严格，但它接近于精确的覆盖率。在图 8.5 中，我们比较了 CoMP 传输方法和 UAV UE 由最近的地面 BS 服务的情况下的覆盖率。我们现在可以直接观察到，使用 CoMP 从多个 BS 传输相同的内容极大地

表 8.1 仿真参数

描述	参数	值
LOS 路径损耗指数	α_l	2.09
NLOS 路径损耗指数	α_n	3.75
LOS 路径损耗常数	A_l	$-41.1\mathrm{dB}$
NLOS 路径损耗常数	A_n	$-32.9\mathrm{dB}$
天线主瓣增益	G_m	10dB
天线旁瓣增益	G_s	$-3.01\mathrm{dB}$
Nakagami 衰落参数	m	3
Nakagami 扩展因子	η	2
BS 天线高度	h_{BS}	30m
空中 UE 海拔	h_d	100m
建筑物所占的面积比例	a	0.3
平均建筑物数量	e	200 个/km^2
建筑物高度瑞利参数	c	15
协作距离	R_C	200m
BS 密度	λ_b	20BS/km^2
SIR 阈值	ϑ	0dB
下倾角	θ_t	8°
垂直波束宽度	θ_B	30°
内容缓存概率	c_f	1

提高了 UAV UE 的覆盖率。

在图 8.6 中,我们检验了协作距离(R_c)对地面用户和 UAV UE 覆盖率的影响。从图 8.6 中可以看出,增加协作距离会提高覆盖率。这一结果背后的主要原因是,增加 R_c 会使更多的 BS 在服务 UE 时进行相互协作。地面 UE 的覆盖率大于 UAV UE 的覆盖率。但是,随着协作距离的增大,UAV UE 与地面 UE 的覆盖率差距越来越小。

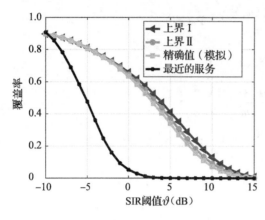

图 8.5　推导覆盖率上界和 SIR 阈值 ϑ 的关系

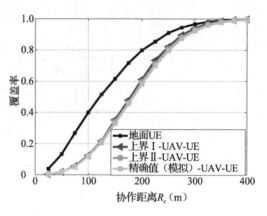

图 8.6　空中 UAV UE 和地面 UE 覆盖率随协作距离 R_c 的变化关系

图 8.7 研究了覆盖率是如何通过改变 SIR 阈值而变化的。我们首先可以看到,当 SIR 阈值增加时,覆盖率降低。这是由于通信系统的基本限制,满足较高 SIR 覆盖阈值的可能性较小。我们还将评估缓存概率 c_f 的影响。正如我们从图 8.7 中看到的,一旦减少 c_f,由于缓存 BS 的数量减少,覆盖率会降低。事实上,缓存 BS 的数量越少,协同通信的增益越低。

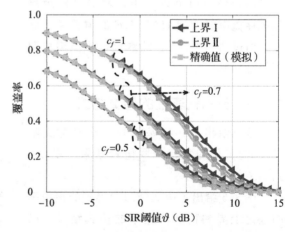

图 8.7　在不同内容缓存概率 c_f 下的覆盖率和 SIR 阈值 ϑ 的关系

8.1.6　小结

在本节中,我们讨论了一个用于在蜂窝连接的 UAV 系统中服务于 UAV UE 的协同传输和概率缓存的框架。我们特别给出了内容覆盖率上界的一个闭合表达式。通过蒙特卡罗仿真,我们对理论结果进行了评估,并证明所给出的覆盖率近似值的严密性。此外,我们还展示了 CoMP 传输是如何提高 UAV UE 的覆盖率的。在 8.2 节中,我们将重点讨论协作在创建 UAV 虚拟天线阵列中所起的作用。

8.2　UAV 可重构天线阵列：UAV BS 场景

正如我们在第 2 章中所讨论的，一个有前途的 UAV 应用是在空中创建一个灵活的、可重构的无线天线阵列[22]，其中每个 UAV 充当一个天线阵元。在波束赋形灵活性和天线阵列增益方面，基于 UAV 的可重构天线阵列系统与传统的天线阵列系统相比具有许多关键性优势。

在本节中，我们介绍了一个框架，用于部署基于 UAV 天线阵列的系统，作为一个可协调的完全成熟的空中 UAV BS。这种基于天线阵列的 UAV BS 可以向地面用户提供无线服务。目标是设计一种 UAV 天线阵列，在由传输时间和控制时间组成的最小服务时间内为地面用户服务。我们注意到，从用户和 UAV 的角度来看，缩短服务时间是有益的。对于地面用户而言，因为他们可以被更快地服务，服务时间较短意味着时延更小。对于 UAV 服务而言，时间直接关系到飞行时间和能量消耗。显然，减少服务时间，飞行 UAV 的飞行时间和能耗也相应减少。在基于 UAV 的阵列天线系统中，为了使服务时间最小化，我们考虑了两个主要步骤。首先，我们通过优化 UAV 在阵列中的位置来最小化传输时间。然后，我们最小化服务于不同的地面用户时移动 UAV 所需的控制时间。

8.2.1　基于 UAV 的空中天线阵列：基本模型

我们研究的系统包含了随机分布在某一地理区域的由 L 个地面用户组成的集合 $\mathcal{L}$。为服务这些用户，部署了由 M 个小型四旋翼 LAP UAV 组成的集合 $\mathcal{M}$，并且可以通过协作形成一个空中 UAV BS。本质上，M 个 UAV 可以在空中创建一个无线天线阵列，作为一个单独的 UAV BS（具有波束赋形能力），如图 8.8 所示，每个阵元都是一个 UAV。尽管其他通用化形式也可以考虑，但我们专注对称线性天线阵列[274]。UAV $m \in \mathcal{M}$ 和用户 $i \in \mathcal{L}$ 的三维位置表示为 $(x_{m,i}, y_{m,i}, z_{m,i})$ 和 (x_i^u, y_i^u, z_i^u)。为了避免 UAV 之间的碰撞，我们考虑距离最近的两个 UAV 之间的最小分离距离为 $D_{\min}$。从 UAV m 发送的信号具有振幅 a_m 和相位 β_m。UAV m 与天线阵列原点之间的距离为 $d_{m,i} = \sqrt{(x_{m,i}-x_o)^2+(y_{m,i}-y_o)^2+(z_{m,i}-z_o)^2}$，$(x_o, y_o, z_o)$ 为原点在笛卡儿坐标中的三维位置。此外，对于每一个 UAV，天线辐射放射图用 $w(\theta, \phi)$（在球坐标系中）表示，其中 θ 和 ϕ 分别为极角和方位角。

由于地面用户在考虑的区域内处于不同的位置，因此天线阵列内的 UAV 必须改变其位置来服务于它们。注意，UAV 悬停在特定位置为用户服务，移动到新的位置会改变波束的方向并为新用户提供服务。因此，在考虑的基于 UAV 的天线阵列系统中，我们专注于机械波束控制（通过移动 UAV），而不是传统的电子波束控制。服务时间是用于发送数据的传输时间和用于移动和稳定 UAV 的控制时间的函数。可以看出，下行链路传输时间和 UAV 天线阵列的数据速率成反比。数据速率是信噪比的函数，因而取决于天线阵列的增益。

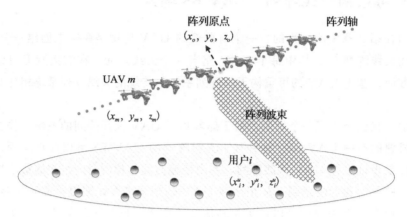

图 8.8   基于 UAV 的天线阵列

考虑到服务时间对 UAV 和地面用户的重要性，我们的目标是通过优化和控制 UAV 的位置（使传输时间最小化）并在最短的控制时间内移动它们来最小化服务时间。对于 UAV 到用户的链路，鉴于 UAV 天线阵列的高海拔以及波束赋形可用于缓解多径效应（并基于前面章节中提供的各种论证），我们考虑主导 LOS 模型。服务一个给定地面用户 i 的下行链路数据速率为：

$$R_i(\boldsymbol{x}_i,\ \boldsymbol{y}_i,\ \boldsymbol{z}_i)=B\log_2\left(1+\frac{r_i^{-\alpha}P_tK_oG_i(\boldsymbol{x}_i,\ \boldsymbol{y}_i,\ \boldsymbol{z}_i)}{\sigma^2}\right) \tag{8.18}$$

其中，$\boldsymbol{x}_i=[x_{m,i}]_{M\times1}$，$\boldsymbol{y}_i=[y_{m,i}]_{M\times1}$，$\boldsymbol{z}_i=[z_{m,i}]_{M\times1}$，$m\in\mathcal{M}$ 表示服务于用户 i 时 UAV 的位置。B 为传输带宽，r_i 为阵列原点到用户 i 的距离。P_t 为 UAV 天线阵列的总发射功率，σ^2 为噪声功率，K_o 为路径损耗常数。在式(8.18)中，$G_i(\boldsymbol{x}_i,\ \boldsymbol{y}_i,\ \boldsymbol{z}_i)$ 表示为用户 i 服务时的阵列增益。

现在，基于 UAV 的天线阵列总增益可以由下式给出：

$$G_i(\boldsymbol{x}_i,\ \boldsymbol{y}_i,\ \boldsymbol{z}_i)=\frac{4\pi|F(\theta_i,\ \phi_i)|^2w(\theta_i,\ \phi_i)^2}{\int_0^{2\pi}\int_0^{\pi}|F(\theta,\ \phi)|^2w(\theta,\ \phi)^2\sin\theta\,\mathrm{d}\theta\,\mathrm{d}\phi}\eta \tag{8.19}$$

式中，$0\leqslant\eta\leqslant1$ 为天线阵列效率，$F(\theta,\ \phi)$ 为阵列因子[275]：

$$F(\theta,\ \phi)=\sum_{m=1}^{M}a_m\mathrm{e}^{j[k(x_{m,\,i}\sin\theta\cos\phi+y_{m,\,i}\sin\theta\sin\phi+z_{m,\,i}\cos\theta)+\beta_m]} \tag{8.20}$$

其中 λ 为波长，$k=2\pi/\lambda$ 为相位常数，天线阵列的整体辐射方向图可由 $F(\theta,\ \phi)w(\theta_i,\ \phi_i)$ 计算[275]。

现在，基于 UAV 的天线阵列连接到地面用户所需的总服务时间可以表示为：

$$T_{\text{service}} = \sum_{i=1}^{L} \frac{q_i}{R_i(\boldsymbol{x}_i, \boldsymbol{y}_i, \boldsymbol{z}_i)} + T_i^{\text{crl}}(\boldsymbol{V}, \boldsymbol{x}_i, \boldsymbol{y}_i, \boldsymbol{z}_i) \tag{8.21}$$

T_{service} 代表总服务时间，q_i 是用户 i 的负载，定义为必须传输给用户的位数。T_i^{crl} 是 UAV 根据地面用户 i 的位置来调整其自身位置的控制时间。特别地，T_i^{crl} 捕捉了 UAV 从状态 $i-1$ 的位置(即 UAV 服务于用户 $i-1$ 所处的位置，$i>1$)更新到状态 i 所需的时间。控制时间是基于 UAV 动力学得到的，是控制输入、外力和 UAV 运动的函数。事实上，每个 UAV 都需要一个控制输入向量，以便为不同的用户服务时，从初始位置移动到新的位置。对于四旋翼 UAV，旋翼转速通常被认为是控制输入。因此，在式(8.21)中，有 $\boldsymbol{V}=[v_{mn}(t)]_{M\times 4}$，其中 $v_{mn}(t)$ 为 UAV m 的旋翼 n 在时刻 t 的转速。每个旋翼的最大转速为 $v_{\max}$。在这种场景中，可以通过适当调整旋翼转速来最小化 UAV 的控制时间。操作 UAV 的一个重要方面是稳定性，这需要在服务地面用户时通过控制 UAV 的旋翼转速，同时考虑风动力学来确保。

我们的目标是通过找到 UAV 相对于阵列中心的最优位置以及最优控制输入来最小化 UAV 的总服务时间。更正式地，优化问题可以由下式给出：

$$\underset{\boldsymbol{X}, \boldsymbol{Y}, \boldsymbol{Z}, \boldsymbol{V}}{\text{minimize}} \sum_{i=1}^{L} \frac{q_i}{R_i(\boldsymbol{x}_i, \boldsymbol{y}_i, \boldsymbol{z}_i)} + T_i^{\text{crl}}(\boldsymbol{V}, \boldsymbol{x}_i, \boldsymbol{y}_i, \boldsymbol{z}_i) \tag{8.22}$$

$$\text{st.} \, d_{m+1,i} - d_{m,i} \geq D_{\min}, \quad \forall m \in \mathcal{M} \setminus \{M\} \tag{8.23}$$

$$0 \leq v_{mw}(t) \leq v_{\max}, \quad \forall m \in \mathcal{M}, \, w \in \{1, \cdots, 4\} \tag{8.24}$$

其中 $\boldsymbol{X}$、$\boldsymbol{Y}$ 和 $\boldsymbol{Z}$ 是位置矩阵。在这些矩阵，第 i 行是向量 $\boldsymbol{x}_i$、$\boldsymbol{y}_i$ 或 $\boldsymbol{z}_i$，$\forall i \in \mathcal{L}$。式(8.23)是避免冲突的约束，式(8.24)与最大转速限制有关。

我们可以观察到式(8.22)中的优化问题同时考虑了传输时间(第一项)和控制时间(第二项)。因为其非线性、非凸性和各优化变量之间的相互依赖性，求解该优化问题具有一定的挑战性。为了求解式(8.22)，我们按如下步骤进行。首先，根据每个用户的位置优化 UAV 在线阵中的位置，使传输时间最小化，因此对于 L 个用户，我们找到 L 个 UAV 天线阵列位置集合。然后，根据第一步的结果，我们利用最优控制机制使移动和稳定 UAV 的控制时间最小化。

8.2.2　传输时间最小化：优化阵列内 UAV 的位置

在这里，对于每个地面用户，我们找到阵列中 UAV 的最佳位置，以确保为用户服务的传输时间最小化。考虑式(8.18)、式(8.19)和式(8.21)，可以通过最大化 UAV 天线阵列针对每个用户的指向性来最小化传输时间。假设 M 为偶数，由位于 x 轴上的 M 个 UAV 组成的 UAV 天线阵的阵列因子为：

$$F(\theta, \ \phi) = \sum_{m=1}^{M} a_m e^{j[kx_{m, i}\sin\theta\cos\phi + \beta_m]}$$

$$\overset{(a)}{=} \sum_{n=1}^{M/2} a_n (e^{j[kd_n\sin\theta\cos\phi + \beta_n]} + e^{-j[kd_n\sin\theta\cos\phi + \beta_n]})$$

$$\overset{(b)}{=} 2\sum_{n=1}^{N} a_n \cos(kd_n\sin\theta\cos\phi + \beta_n) \tag{8.25}$$

其中 $N = M/2$，d_n 表示阵元 $n \in \mathcal{N} = \{1, \ 2, \ \cdots, \ N\}$ 和阵列原点之间的距离。在过程(a)中，我们使用了阵列的对称性质，在过程(b)中，我们使用了欧拉法则。我们现在通过可以优化 d_n，$\forall n \in \mathcal{N}$ 来达到最大阵列指向性：

$$\underset{d_n, \ \forall n \in \mathcal{N}}{\text{maximize}} \ \frac{4\pi |F(\theta_{\max}, \ \phi_{\max})|^2 w(\theta_{\max}, \ \phi_{\max})^2}{\int_0^{2\pi}\int_0^{\pi}|F(\theta, \ \phi)|^2 w(\theta, \ \phi)^2 \sin\theta \mathrm{d}\theta \mathrm{d}\phi} \tag{8.26}$$

其中 $(\theta_{\max}, \ \phi_{\max})$ 为使阵列天线方向图最大化的极角和方位角。

为了求解式(8.26)这个因其高度非线性而具有挑战性的问题，我们采用了摄动技术[274]。使用这个技术能够提供一个次优(具有合理的精度)但易求解式(8.26)的解决方案。

UAV 间距优化：摄动技术

在这里，我们利用所谓的摄动技术来优化 UAV 到阵列原点的距离。为此，我们从定义相邻 UAV 之间距离的初始值开始，然后确定适当的摄动值来更新初始值。

UAV n 与阵列中心的初始距离记为 d_n^0。这种场景下，摄动距离可表示为：

$$d_n = d_n^0 + e_n \tag{8.27}$$

其中 $e_n \ll \lambda$ 为 UAV n 的摄动值，λ 为波长。

利用式(8.27)，我们可以将阵列因子近似为：

$$F(\theta, \ \phi) = 2\sum_{n=1}^{N} a_n \cos(k(d_n^0 + e_n)\sin\theta\cos\phi + \beta_n)$$

$$= 2\sum_{n=1}^{N} a_n \cos[(kd_n^0\sin\theta\cos\phi + \beta_n) + ke_n\sin\theta\cos\phi]$$

$$\overset{(a)}{\approx} \sum_{n=1}^{N} 2a_n \cos(kd_n^0\sin\theta\cos\phi + \beta_n)$$

$$- \sum_{n=1}^{N} 2a_n ke_n\sin\theta\cos\phi\sin(kd_n^0\sin\theta\cos\phi + \beta_n) \tag{8.28}$$

其中过程(a)基于三角恒等式，并且 $\sin(x) \approx x$。

因此，我们可以将式(8.26)中的优化问题表示为：

$$\min_e \int_0^{2\pi}\int_0^{\pi} F(\theta, \ \phi)^2 w(\theta, \ \phi)^2 \sin\theta \mathrm{d}\theta \mathrm{d}\phi \tag{8.29}$$

$$\text{s. t.} \ d_{n+1}^0 + e_{n+1} - d_n^0 - e_n \geqslant D_{\min}, \ \forall n \in \mathcal{N} \setminus \{N\} \tag{8.30}$$

其中 e 是一个包含所有摄动值 e_n，$n \in \mathcal{N}$ 的向量。

简而言之，我们考虑在后续分析中使用以下函数：

$$F^0(\theta, \phi) = \sum_{n=1}^N a_n \cos(kd_n^0 \sin\theta\cos\phi + \beta_n) \tag{8.31}$$

$$I_{int}(x) = \int_0^{2\pi}\int_0^\pi x\sin\theta d\theta d\phi \tag{8.32}$$

然后，利用我们在参考文献[22]中的结果，可以证明如下：

定理 8.2　我们在式(8.29)中的 UAV 间距优化问题是凸的。同时，可以通过求解以下公式来确定最优摄动向量[22]：

$$\begin{cases} e = G^{-1}[q + \mu_{\mathcal{L}}] \\ \mu_n(e_n - e_{n+1} + D_{min} + d_n^0 - d_{n+1}^0) = 0, \ \forall n \in \mathcal{N}\setminus\{N\} \\ \mu_n \geqslant 0, \ \forall n \in \mathcal{N}\setminus\{N\} \end{cases} \tag{8.33}$$

其中 $G = [g_{m,n}]_{N\times N}$ 是一个 $N\times N$ 矩阵，且：

$$g_{m,n} = I_{int}(a_m a_n(k\sin\theta\cos\phi w(\theta, \phi))^2 \times$$
$$\sin(kd_n^0 \sin\theta\cos\phi + \beta_n)\sin(kd_m^0\sin\theta\cos\phi + \beta_m)) \tag{8.34}$$

并且，$q = [q_n]_{N\times 1}$，其中：

$$q_n = I_{int}(a_n k\sin\theta\cos\phi w(\theta, \phi)F^0(\theta, \phi)\times\sin(kd_n^0\sin\theta\cos\phi + \beta_n)) \tag{8.35}$$

值得注意的是，$\mu_{\mathcal{L}}$ 包含拉格朗日乘子，其元素 n 由 $\mu_{\mathcal{L}}(n) = \mu_{n+1} - \mu_n$ 给出。μ_n 是约束 n 的对应的拉格朗日乘子。

根据定理 8.2 的结果，UAV 到原点的距离更新为：

$$d^1 = d^0 + e^* \tag{8.36}$$

其中，$d^1 = [d_n^1]_{N\times 1}$，以及 $d^0 = [d_n^0]_{N\times 1}$，$n \in \mathcal{N}$。

$r \in \mathbb{N}$ 更新后，有：

$$d^{(r)} = d^{(r-1)} + e^{*(r)} \tag{8.37}$$

其中 $e^{*(r)}$ 表示步骤 r 的最佳摄动向量。

在后续中，我们利用 d^* 找到了最优的三维 UAV 位置，可以为每个地面用户产生最大的阵列指向性。

UAV 的最优三维位置

现在，我们寻求通过优化 UAV 在阵列中的三维位置来最大化 UAV 阵列的指向性。我们引入 (x_i^u, y_i^u, z_i^u) 和 (x_o, y_o, z_o) 分别表示用户 $i \in \mathcal{L}$ 的三维位置和 UAV 天线阵列的原点。

将 UAV 阵列中心作为坐标系原点，我们可以将用户 i 的极角和方位角表示为：

$$\theta_i = \arccos\left[\frac{z_i^u - z_o}{\sqrt{(x_i^u - x_o)^2 + (y_i^u - y_o)^2 + (z_i^u - z_o)^2}}\right] \tag{8.38}$$

$$\phi_i = \arcsin\left[\frac{y_i^u - y_o}{\sqrt{(x_i^u - x_o)^2 + (y_i^u - y_o)^2}}\right] \tag{8.39}$$

在定理 8.3 中(其证明在参考文献[22]中),我们推导了 UAV 的最优位置。

定理 8.3 为最大化服务于用户 i 的阵列指向性,UAV 在阵列内的最优位置可由下式确定[22]:

$$
(x_m^*, \ y_m^*, \ z_m^*)^{\mathrm{T}} =
$$
$$
\begin{cases}
\boldsymbol{R}_{\mathrm{rot}}(d_m^* \sin\alpha_o \cos\gamma_o, \ d_m^* \sin\alpha_o \sin\beta_o, \ d_m^* \cos\alpha_o)^{\mathrm{T}}, & m \leqslant M/2 \\
-\boldsymbol{R}_{\mathrm{rot}}(d_m^* \sin\alpha_o \cos\gamma_o, \ d_m^* \sin\alpha_o \sin\gamma_o, \ d_m^* \cos\alpha_o)^{\mathrm{T}}, & m > M/2
\end{cases}
\tag{8.40}
$$

其中 α_o 和 γ_o 分别为 UAV $m \leqslant M/2$ 的初始极角和方位角,$\boldsymbol{R}_{\mathrm{rot}}$ 为 UAV 位置更新所使用的旋转矩阵:

$$
\boldsymbol{R}_{\mathrm{rot}} =
\begin{pmatrix}
a_x^2(1-\delta)+\delta & a_x a_y(1-\delta)-\lambda a_z & a_x a_z(1-\delta)+\lambda a_y \\
a_x a_y(1-\delta)+\lambda a_z & a_y^2(1-\delta)+\delta & a_y a_z(1-\delta)-\lambda a_x \\
a_x a_z(1-\delta)-\lambda a_y & a_y a_z(1-\delta)+\lambda a_x & a_z^2(1-\delta)+\delta
\end{pmatrix}
\tag{8.41}
$$

其中,$\delta = \| \boldsymbol{q}_i \cdot \boldsymbol{q}_{\max} \|$,$\lambda = \sqrt{1-\delta^2}$,$\boldsymbol{q}_i = \begin{pmatrix} \sin\theta_i \cos\phi_i \\ \sin\theta_i \sin\phi_i \\ \cos\theta_i \end{pmatrix}$,$\boldsymbol{q}_{\max} = \begin{pmatrix} \sin\theta_{\max} \cos\phi_{\max} \\ \sin\theta_{\max} \sin\phi_{\max} \\ \cos\phi_{\max} \end{pmatrix}$。并且,

$\boldsymbol{a} = (a_x, \ a_y, \ a_z)^{\mathrm{T}} = \boldsymbol{q}_i \times \boldsymbol{q}_{\max}$ 是一个元素为 a_x、a_y 和 a_z 的向量。

使用算法 4(基于定理 8.3),我们可以找到 UAV 在阵列中的最优位置,来最小化每个用户的传输时间(定理 8.3 的图示如图 8.9 所示)。在为多个用户逐个提供服务时,UAV 需要更新其位置。接下来,我们将最小化 UAV 移动和稳定所需的控制时间。

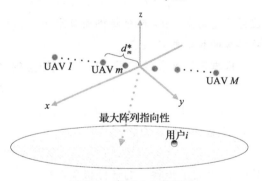

图 8.9 定理 8.3 的图示

算法 4 优化 UAV 位置以获得指向用户 i 的最大阵列增益

1:**输入**:用户 i 的位置 (x_i^u, y_i^u, z_i^u) 和阵列原点 (x_o, y_o, z_o)。

2:**输出**:最优 UAV 位置,$(x_{m,i}^*, \ y_{m,i}^*, \ z_{m,i}^*)$,$\forall m \in \mathcal{M}$。

3:设置 UAV 之间距离的初始值,$\boldsymbol{d}$。

4:利用式(8.33)~式(8.35)得到 $\boldsymbol{e}^*$。

5:基于式(8.36)更新 $\boldsymbol{d}$。

6:重复步骤 4 和步骤 5 得到最优空间向量 $\boldsymbol{d}^*$。

7:利用式(8.38)~式(8.41)确定 $(x_m^*, \ y_m^*, \ z_m^*)$,$\forall m \in \mathcal{M}$。

8.2.3 控制时间最小化：UAV 的时间最优控制

在 8.2.2 节中，我们确定了 UAV 在服务不同用户时需要的所有位置。我们的下一步是开发一种方法来最小化 UAV 在这些预定位置之间移动的控制时间。控制时间是通过优化调整每个四旋翼 UAV 的旋翼转速来达到最小化的。此外，我们也捕捉了风动力对 UAV 天线阵列控制的影响。

四旋翼 UAV 动力学模型

在图 8.10 中，我们为四旋翼 UAV 提供了一个说明性图例，它使用四个旋翼实现悬停和移动，这是通过控制旋翼的速度来完成的。

(ψ_r, ψ_p, ψ_y) 定义为 UAV 位于 (x, y, z) 处的横摇角、俯仰角和偏航角，旋翼转速用 v_i，$i \in \{1, 2, 3, 4\}$ 表示。对于考虑的四旋翼 UAV，总推力（位移所需）和扭矩（改变方向所需）可用下式计算[276]：

$$\begin{bmatrix} T_{\text{tot}} \\ \kappa_1 \\ \kappa_2 \\ \kappa_3 \end{bmatrix} = \begin{bmatrix} \rho_1 & \rho_1 & \rho_1 & \rho_1 \\ 0 & -l\rho_1 & 0 & l\rho_1 \\ -l\rho_1 & 0 & l\rho_1 & 0 \\ -\rho_2 & \rho_2 & -\rho_2 & \rho_2 \end{bmatrix} \begin{bmatrix} v_1^2 \\ v_2^2 \\ v_3^2 \\ v_4^2 \end{bmatrix} \tag{8.42}$$

其中 T_{tot} 为 UAV 向上总推力（如图 8.10 所示）。横摇、俯仰和偏航运动的力矩分别定义为 κ_1、κ_2 和 κ_3。在式（8.42）中，ρ_1 和 ρ_2 表示升力和扭矩系数。最后，l 为各旋翼与 UAV 中心的间距。

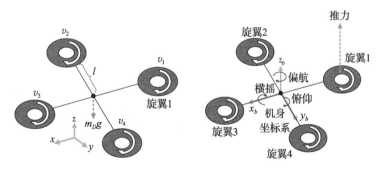

图 8.10 一个四旋翼 UAV

四旋翼 UAV 的动力学方程为：

$$\ddot{x} = (\cos\psi_r \sin\psi_p \cos\psi_y + \sin\psi_r \sin\psi_y)\frac{T_{\text{tot}}}{m_D} + \frac{F_x^{\text{W}}}{m_D} \tag{8.43}$$

$$\ddot{y} = (\cos\psi_r \sin\psi_p \sin\psi_y + \sin\psi_r \cos\psi_y)\frac{T_{\text{tot}}}{m_D} + \frac{F_y^{\text{W}}}{m_D} \tag{8.44}$$

$$\ddot{z} = (\cos\psi_r \cos\psi_p) \frac{T_{\text{tot}}}{m_D} - g + \frac{F_z^{\text{W}}}{m_D} \tag{8.45}$$

$$\ddot{\psi}_r = \frac{\kappa_2}{I_x} \tag{8.46}$$

$$\ddot{\psi}_p = \frac{\kappa_1}{I_y} \tag{8.47}$$

$$\ddot{\psi}_y = \frac{\kappa_3}{I_z} \tag{8.48}$$

其中，m_D 表示 UAV 的质量，g 表示重力，风力有不同的方向，分别由 F_x^{W}，F_y^{W} 和 F_z^{W} 给定。I_x，I_y，I_z 表示转动惯量。

基于该 UAV 的动力学模型，我们现在确定 UAV 在最小控制时间内从 (x_I, y_I, z_I) 位置更新到 (x_D, y_D, z_D) 位置的最优旋翼转速（即从点 I 到点 D）。在 t 时刻，UAV 的三维位置和姿态分别表示为 $(x(t), y(t), z(t))$ 和 $(\psi_r(t), \psi_p(t), \psi_y(t))$。我们进一步定义变量 $T_{I,D}$ 为 UAV 从 I 点飞到 D 点所需的总控制时间，此时时间最优控制问题可以表示为：

$$\underset{[v_1(t), v_2(t), v_3(t), v_4(t)]}{\text{minimize}} \ T_{I,D} \tag{8.49}$$

$$\text{st. } |v_w(t)| \leqslant v_{\max}, \ \forall w \in \{1, \cdots, 4\} \tag{8.50}$$

$$(x(0), y(0), z(0)) = (x_I, y_I, z_I) \tag{8.51}$$

$$(x(T_{I,D}), y(T_{I,D}), z(T_{I,D})) = (x_D, y_D, z_D) \tag{8.52}$$

$$(\dot{x}(T_{I,D}), \dot{y}(T_{I,D}), \dot{z}(T_{I,D})) = (0, 0, 0) \tag{8.53}$$

其中 $[v_1(t), v_2(t), v_3(t), v_4(t)]$ 为 t 时刻旋翼转速，小于 $v_{\max}$（即各旋翼的最大转速）。约束式 (8.51)～式 (8.53) 是指 UAV 的初始位置和最终位置以及 UAV 在最终位置的稳定性。

我们现在可以很容易地看到式 (8.49) 中的优化问题是非线性的，非凸的，并且包含无穷多个变量，从而使这个问题变得难以解决并具有挑战性。将该优化问题分解为考虑位移和方向变化的两个子问题是降低此优化问题复杂度的一种方法。为了求解式 (8.49)，我们需要使用来自时间最优控制理论的引理[277]，如下所示。

引理 8.4 （来自参考文献[277]）：让我们考虑一个在 $[0, T]$ 期间运动的对象，其状态空间方程如下：

$$\dot{\boldsymbol{x}}(t) = \boldsymbol{A}\boldsymbol{x}(t) + \boldsymbol{b}u(t), \ u_{\min} \leqslant u(t) \leqslant u_{\max} \tag{8.54}$$

$$\boldsymbol{x}(0) = \boldsymbol{x}_1 \tag{8.55}$$

$$\boldsymbol{x}(T) = \boldsymbol{x}_2 \tag{8.56}$$

其中，$\boldsymbol{x}(t) \in \mathbb{R}^{N_s}$ 为状态向量，N_s 为状态中的元素个数。$u(t)$ 是介于 $u_{\max}$ 和 $u_{\min}$ 之间的控制输入。

运动对象的初始状态和最终状态由 x_1 和 x_2 给出。使状态更新时间最小的最优控制输入现在可以写成如下形式[277]：

$$u^*(t) = \begin{cases} u_{\max}, & t \leqslant \tau \\ u_{\min}, & t > \tau \end{cases} \tag{8.57}$$

其中 τ 称为状态切换时间。

引理 8.4 给出的结果对应于时间最优控制理论中的 bang-bang 解。基于此解，最优控制输入取其最大值或最小值。利用引理 8.4 以及参考文献[22]中的定理，我们提供了式(8.49)的一个解，并找到了不同时刻的最优旋翼转速。

定理 8.5　为了最小化 UAV 从位置 $(0, 0, 0)$ 更新到 (x_D, y_D, z_D) 所需的控制时间，需要根据以下方程调整其旋翼转速：

$$\text{Stage 1：} \begin{cases} v_2 = 0, \ v_1 = v_3 = \dfrac{1}{\sqrt{2}} v_{\max}, \ v_4 = v_{\max}, \ \text{如果 } 0 < t \leqslant \tau_1 \\[2mm] v_4 = 0, \ v_1 = v_3 = \dfrac{1}{\sqrt{2}} v_{\max}, \ v_2 = v_{\max}, \ \text{如果 } \tau_1 < t \leqslant \tau_2 \\[2mm] v_1 = 0, \ v_2 = v_4 = \dfrac{1}{\sqrt{2}} v_{\max}, \ v_3 = v_{\max}, \ \text{如果 } \tau_2 < t \leqslant \tau_3 \\[2mm] v_3 = 0, \ v_2 = v_4 = \dfrac{1}{\sqrt{2}} v_{\max}, \ v_1 = v_{\max}, \ \text{如果 } \tau_3 < t \leqslant \tau_4 \end{cases} \tag{8.58}$$

$$\text{Stage 2：} \ v_1 = v_2 = v_3 = v_4 = v_{\max}, \ \text{如果 } \tau_4 < t \leqslant \tau_5 \tag{8.59}$$

$$\text{Stage 3：} \begin{cases} v_2 = 0, \ v_1 = v_3 = \dfrac{1}{\sqrt{2}} v_{\max}, \ v_4 = v_{\max}, \ \text{如果 } \tau_5 < t \leqslant \tau_6 \\[2mm] v_4 = 0, \ v_1 = v_3 = \dfrac{1}{\sqrt{2}} v_{\max}, \ v_2 = v_{\max}, \ \text{如果 } \tau_6 < t \leqslant \tau_7 \\[2mm] v_1 = 0, \ v_2 = v_4 = v_{\max}, \ v_3 = v_{\max}, \quad\ \ \text{如果 } \tau_7 < t \leqslant \tau_8 \\[2mm] v_3 = 0, \ v_2 = v_4 = \dfrac{1}{\sqrt{2}} v_{\max}, \ v_1 = v_{\max}, \ \text{如果 } \tau_8 < t \leqslant \tau_9 \end{cases} \tag{8.60}$$

$$\text{Stage 4：} \ v_1 = v_2 = v_3 = v_4 = v_{\max}, \ \text{如果 } \tau_9 < t \leqslant \tau_{10} \tag{8.61}$$

$$\text{Stage 5：} \begin{cases} v_2 = 0, \ v_1 = v_3 = \dfrac{1}{\sqrt{2}} v_{\max}, \ v_4 = v_{\max}, \ \text{如果 } \tau_{10} < t \leqslant \tau_{11} \\[2mm] v_4 = 0, \ v_1 = v_3 = \dfrac{1}{\sqrt{2}} v_{\max}, \ v_2 = v_{\max}, \ \text{如果 } \tau_{11} < t \leqslant \tau_{12} \\[2mm] v_1 = 0, \ v_2 = v_4 = \dfrac{1}{\sqrt{2}} v_{\max}, \ v_3 = v_{\max}, \ \text{如果 } \tau_{12} < t \leqslant \tau_{13} \\[2mm] v_3 = 0, \ v_2 = v_4 = \dfrac{1}{\sqrt{2}} v_{\max}, \ v_1 = v_{\max}, \ \text{如果 } \tau_{13} < t \leqslant \tau_{14} \end{cases} \tag{8.62}$$

$$\text{Stage 6：} \quad v_1 = v_2 = v_3 = v_4 = v_F, \quad \text{如果 } t > \tau_{14} \tag{8.63}$$

UAV 的总控制时间为：

$$T_{I,D} = \sqrt{2 d_D \left(\frac{m_D}{A_{s2}} - \frac{m_D}{A_{s4}} \right)} +$$

$$\frac{2}{v_{\max}} \left[\sqrt{\frac{\Delta\psi_{\text{p},1} I_y}{l\rho_1}} + \sqrt{\frac{\Delta\psi_{\text{r},1} I_x}{l\rho_1}} + \sqrt{\frac{\Delta\psi_{\text{p},3} I_y}{l\rho_1}} + \right.$$

$$\left. \sqrt{\frac{\Delta\psi_{\text{r},3} I_x}{l\rho_1}} + \sqrt{\frac{\Delta\psi_{\text{p},5} I_y}{l\rho_1}} + \sqrt{\frac{\Delta\psi_{\text{r},5} I_x}{l\rho_1}} \right] \tag{8.64}$$

v_{in} 和 v_F 分别为 UAV 初始和最终位置的旋翼转速。$\Delta\psi_{\text{r},i}$ 和 $\Delta\psi_{\text{p},i}$ 代表阶段 i 横摇和俯仰的变化。另外，d_D 是 UAV 的位移距离。$\tau_1, \cdots, \tau_{14}$ 为切换时间，其值和 v_F 的值可以在参考文献[22]中找到。

8.2.4 具有代表性的仿真结果

在仿真中，我们考虑 100 个地面用户随机分布在 1m×1km 的地理区域。我们还考虑了 10 个全向单天线四旋翼 UAV。在表 8.2 中，我们列出了仿真参数。作为基准，我们考虑一种 UAV 天线阵列，相邻 UAV 之间的间隔固定(半波长)。

表 8.2 仿真参数

参数	描述	值
f_C	载频	300MHz
P_i	UAV 发射功率	0.1W
N_o	总噪声功率谱密度	-157dBm/Hz
N	地面用户数量	100
(x_o, y_o, z_o)	阵列的中心坐标	(0，0，100)以米为单位
q_i	每个用户的负载	100Mb
α	路径损耗指数	3
I_x, I_y	转动惯量	$4.9 \times 10^{-3} \text{kg} \cdot \text{m}^{2}$[278]
m_D	UAV 的质量	0.5kg
l	旋翼到 UAV 中心的距离	20cm
ρ_1	升力系数	2.9×10^{-5}[278]
$\beta_m - \beta_{m-1}$	相邻两天线的相位激励差	$\dfrac{\pi}{5(M-1)}$

在表 8.3 中，我们提供了相邻 UAV 间距的代表性结果。从表 8.3 中可以清楚地看出，所提出的灵活的 UAV 天线阵列系统中，阵列不均匀，不同的相邻 UAV 的间距也不同。

表 8.3 10 个 UAV 组成的天线阵列中相邻 UAV 的间距

UAV 的间距(cm)，$f_c = 300\text{MHz}$，$\lambda = 1\text{m}$	UAV 的间距(cm)，$f_c = 500\text{MHz}$，$\lambda = 0.6\text{m}$	相比于波长(λ)
81.9	49.1	81.9λ
88.7	53.2	88.7λ

（续）

UAV 的间距（cm），$f_c = 300MHz$，$\lambda = 1m$	UAV 的间距（cm），$f_c = 500MHz$，$\lambda = 0.6m$	相比于波长（λ）
89.8	54.1	89.8λ
90.7	54.3	90.7λ
89.8	54.1	89.8λ
88.7	53.2	88.7λ
81.9	49.1	81.9λ

在图 8.11 中，我们比较了灵活的 UAV 天线阵列和固定阵列的总服务时间。显然，所提出的灵活的天线阵列系统比固定天线阵列具有更好的性能，因为所提出的灵活的天线阵列系统考虑了 UAV 在阵列内的最优位置，从而获得最大的阵列增益。此外，我们可以观察到传输带宽和服务时间之间的内在权衡。通过增加带宽，可以减少传输时间（服务时间的主要组成部分）。从图 8.11 可以看出，当服务时间为 10 分钟，灵活的 UAV 天线阵列使用的带宽是固定阵列带宽的 2/3。

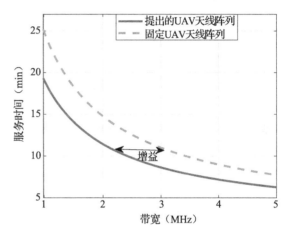

图 8.11　UAV 天线阵列和固定阵列情况下 UAV 服务时间与带宽的关系

图 8.12 显示了灵活的 UAV 天线阵列系统和固定阵列情况下地面用户数量对服务时间的影响。随着用户数量的增加，服务用户所需的传输时间以及控制时间也会增加。从图 8.12 中我们还可以看到，在不同用户数量的情况下，我们提出的 UAV 天线阵列系统作为 UAV 基站，性能优于固定阵列。例如，使用我们的方法，为 200 个地面用户服务，灵活的阵列需要的飞行时间比固定阵列少约 28%。

图 8.13 显示了在灵活的天线阵列系统中控制、传输和服务时间随 UAV 数量的函数关系。通过增加 UAV 数量

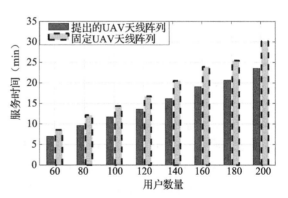

图 8.12　UAV 天线阵列和固定阵列（2MHz 带宽）的服务时间与用户数量的关系

（即阵列尺寸更大），UAV 移动所需的总控制时间将会增加。但是，随着天线阵列中天线阵元数量的增加，基于 UAV 的天线阵列系统的增益将会增加。例如，从图 8.13 可以看出，当 UAV 数量从 10 个增加到 30 个时，控制 UAV 所需的时间增加了 21%。但是在这

种情况下，服务用户的传输时间可以减少 37%。

8.2.5　小结

在本节中，我们提出了一个部署基于 UAV 的无线天线阵列系统的框架，以便有效和快速地为地面用户服务。特别是在向用户提供服务时，我们讨论了如何使总服务时间最小化，包括传输时间和控制时间。为了最小化传输时间，我们优化了 UAV 在天线阵列中的位置，以获得最大的阵列指向性。为了使 UAV 在为不同用户提供服务的同时，移动和稳定所需的控制时间最小，提出

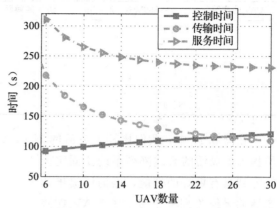

图 8.13　控制、传输和服务时间与 UAV 数量的关系

了一种基于时间最优控制理论的最优控制机制，可以动态调整每个 UAV 旋翼的转速。结果显示了灵活的以及可重构的基于 UAV 的天线阵列系统的优点，同时揭示了这些系统固有的设计权衡。

8.3　本章小结

在本章中，我们描述了协同通信在改善支持 UAV 的无线网络的连通性和容量方面的作用。在蜂窝连接的 UAV 场景中，我们已经展示了如何利用地面 BS 之间 CoMP 的原理，通过减少上行链路 LOS 干扰来提高 UAV UE 的覆盖性能。在这种场景下，我们利用随机几何的工具得到了 UAV UE 的内容覆盖率，并为 UAV 作为不同系统参数的函数的整体部署提供了见解。关于 CoMP 优点的其他见解也可以在参考文献[279]中找到。我们还关注了 UAV BS 场景，并介绍了多个四旋翼 UAV 作为空中天线阵列向地面用户提供无线服务的前景。我们特别描述了一种实用的框架，用于最小化 UAV 天线阵列和地面用户之间无线通信的机载服务时间。该框架包括优化 UAV 在天线阵列中的位置以最大化波束赋形增益和利用时间最优控制理论优化 UAV 的移动。所获得的结果揭示了利用可重构飞行天线阵列系统的一些基本权衡。此外，我们的研究结果表明，在处理基于 UAV 的系统时，通信与控制之间存在着非常密切的联系。这些通信、控制和协作之间的协同效应可以在未来无线连接系统中进一步探索（例如使用大量 UAV UE 的网络中通信和控制的概念[280]，以及未来蜂窝系统中通信和控制的作用[26]）。

第 9 章

从 LTE 到支持 5G NR 的 UAV 网络

在之前的章节中，我们主要讨论了 UAV BS 和 UAV UE 无线通信和网络方案设计的基本挑战、相关理论和分析工具。在本章中，我们转向一个更实际的问题——关于如何利用真实世界的移动宽带技术(包括 LTE 和 5G NR)，来设计 UAV 无线通信和网络。

对于全国空域范围内的整合 UAV 操作，实现全国范围的网络覆盖是可行的。这包括整合 UAV UE、UAV BS 和 UAV 中继。开发一种全新的技术，并在全国范围内推出新的专用网络，需要在研究、产品开发、测试、现场试验和基础设施等方面进行广泛和密集的投资。所需要的工作量也将导致较长的市场转换时间，在经济上也不可行[281]。移动网络已经建立并运行起来，正在为全球数十亿台地面设备提供连接。作为具有可观成本效益的连接解决方案，移动网络随时准备在全国范围内提供 UAV 连接服务。近年来，在 UAV 和 UAV 应用中使用 LTE 技术的案例爆发式井喷[48,282]。LTE 是占主导地位的 4G 移动技术，目前正在广泛应用。LTE 在 3GPP 中正在进一步发展，以满足 5G 的需求，并将成为 5G NR 之外的 5G 无线接入技术。LTE 在许多国家已在全国范围内就绪，可为 UAV 连接提供支持。5G NR 具有提供更先进能力的潜能[283]，但其在全国范围内的大规模商业部署可能需要几年时间才能完成。如前几章所示，如果设计得当，包括 LTE、5G 和参考文献[26]以外的蜂窝系统，在提供连接(UAV BS)和与网络通信(UAV UE)方面都有潜力将 UAV 集成到其业务中。事实上，UAV 被视为未来 6G 无线网络不可或缺的组成部分[26]。

本章中我们首先回顾 UAV 应用的移动和蜂窝技术，扩展前几章的讨论。我们强调移动连接的使用，并讨论移动技术如何在关键领域为 UAV 开发新服务，如识别和注册、基于位置的服务和执法，并对第 2 章中讨论的许多应用进行补充。然后，在 9.2 节至 9.4 节中，我们将更详细地讨论连接 LTE 的 UAV，因为 LTE 是用于 UAV 初始部署的最优选择。在 9.2 节我们从 LTE 介绍开始，包括基本设计原则、系统架构、无线电接口协议和物理层时频结构。在 9.3 节中，我们重点关注将 UAV 作为 LTE UE 的 UAV UE 使用案例，并讨论与使用地面 LTE 网络连接 UAV UE 相关的关键连接问题。前几节将更深入地讨论第 1 章中阐述的一些问题。我们详细介绍真实世界的 LTE 技术在集成 UAV UE 中的作用。另外，我们还谈到了一些性能增强的解决方案，这些解决方案可以优化 LTE 连接，为 UAV UE 提供更好的性能，同时保护地面移动设备的性能。如第 1 章和第 2 章所述，安装在 UAV 上的 BS 可以在热点和自然灾害地区的紧急通信中提供按需连接。因此，在 9.4 节中，我们将注意力转向 UAV BS，特别是连接 LTE 的 UAV BS，并讨论与部署基于 UAV 的 LTE 网络相关的关键连接问题。在 9.5 节中，我们将讨论联网 UAV 的 3GPP 标准化工作，旨在解决 UAV 对移动技术的预期使用和监管要求。然后，我们将在 9.6 节讨论连接 5G NR 的 UAV，讨论内容包括 5G NR 的基本原理，5G NR 如何提供卓越的 UAV 连接性能，以及网络切片和网络智能在 5G 时代识别、监控和控制 UAV 方面的作用。最后，9.7 节对本章进行了简短的总结和对支持移动技术的 UAV 的未来进行展望。本质上，本章是对前几章中关于蜂窝连接的 UAV 的基本讨论的实际补充。

9.1 支持移动技术的 UAV

9.1.1 连接性

蜂窝网络可以提供广域、安全、可靠、低延迟、高数据速率的移动连接，使得消费者和企业 UAV 之间实现如第 1 章和第 2 章所述的全面的拓展连接。例如，宽带连接可以实现蜂窝连接的 UAV UE 实时流数据或视频捕捉。实际用例应用包括电影和纪录片的拍摄、新闻事件的广播、监控、货物运送以及基础设施检查和调查。特别是，蜂窝网络提供的广域安全连接是实现超视距 UAV 应用的关键。此外，如第 1 章和第 2 章所述，在特殊公共活动期间，可以通过在 UAV 安装 BS 提供临时蜂窝覆盖。

在自然灾害(如洪水、地震和风暴)期间，如果蜂窝网络基础设施能够正常工作，那么支持移动技术的 UAV 能够超视距飞行去收集有关灾区的实时数据，并通过蜂窝网络将信息回传到第一级响应机构。如果蜂窝基础设施被灾害破坏，可以利用 UAV BS 提供临时的蜂窝连接，或者在灾区通信设备和附近的地面 BS 之间充当通信中继。

3GPP 蜂窝技术是行业公认的标准。3GPP 已经发布了 4G LTE 和 5G NR 第一版标准，并正在进一步开发 LTE 和 NR 标准。3GPP 标准为 UAV 生态系统提供了一个全球性、可互操作、可扩展的平台。授权频谱进一步增强蜂窝网络的能力，提供可靠、高质量的 UAV 连接。此外，移动连接是安全加密的，有助于满足 UAV 应用中高标准的数据和隐私保护。

包括 LTE 和 5G NR 的最新移动技术被开发出来，并正在进一步演进发展，以连接广泛的事物(包括大规模物联网和车联网)。这为 UAV 的初步部署奠定了坚实的基础，可支持的主要通信类型总结如下：

- UAV 与地面控制系统之间的通信：蜂窝网络作为 UAV 通信系统的主干，UAV

操作者可以与他们的 UAV 保持连接并对其进行指挥和控制，还能与载荷进行通信以确保安全和正确操作。

- UAV 之间的通信：UAV 可以利用设备到设备的直接通信特性（也称为侧链或飞行器到飞行器的通信）进行识别和避碰[284]。
- UAV 和空中交通管理系统之间的通信：蜂窝网络可以为 UAV 提供安全、可靠的通信来传输空中交通管理系统的追踪数据和接收最新数据信息（比如空中交通管理系统的空域限制、地理边界和告警）。

为了满足蜂窝连接 UAV 的需求，3GPP 在 2017 年[21]进行了一项关于支持空中飞行器的 LTE 增强特性的研究，并在其第 15 版发布中引入了增强措施以提高 LTE 技术对 UAV 的支持[285]。

9.1.2　超连接服务

正如前几章所阐述的，除了提供无线连接外，移动技术在新型 UAV 应用服务的开发中也可以发挥极其重要的作用。在本节中，除了我们在第 2 章中讨论的应用外，我们还将进一步描述一些示例性的服务，包括识别和注册、基于位置的服务和执法，这些应用服务都得益于移动技术的发展。

移动技术可以帮助 UAV 进行识别和注册。对于手持设备的识别，在蜂窝网络中可使用国际移动设备识别码（IMEI）。在蜂窝网络中，可以通过存储在用户识别模块（SIM）上的国际移动用户识别码（IMSI）来识别服务签约。在一些国家，用户需要提供身份证明才能注册手机服务。同样，需要对 UAV 设备和服务签约进行识别。一种可能的方法是使用 IMEI 来识别 UAV 设备并使用 IMSI 来识别应用服务。为了符合多数国家的 UAV 条例，将 UAV 与其所有者或操作者联系起来是非常必要的。移动技术也可以应用于 UAV 注册。UAV BS 和 UAV UE 可能都需要 UAV 识别和注册。

移动技术还可以辅助 UAV 进行定位，包括向授权用户（如空中交通管制机构、公共安全机构）提供验证 UAV 位置的服务。获取 UAV 的位置信息是任何一个 UAV 空中交通管理系统的基本需求。目前大多数 LTE 芯片组都包含一个集成的全球导航卫星系统（GNSS）接收机。一个 UAV 可以通过 GNSS 定位其所在位置并向地面控制中心或空中交通管理系统报告该位置信息。由于潜在的欺骗和干扰，单独的 GNSS 解决方案可能不够可靠。3GPP 在 LTE 中引入了一套丰富的定位方法，如增强小区识别（E-CID）、到达视察观测（OTDOA）、上行链路到达时差（UTDOA），以及辅助 GNSS（A-GNSS）来支持通用的位置服务架构[286]。基于移动网络的定位技术可以用于定位 UAV 的位置，并利用优异的定位技术对 UAV 报告的位置信息进行独立验证。

通过辅助 UAV 识别、注册和跟踪，移动网络可以使 UAV 操作符合法律要求。监管机构正在开展 UAV 识别和跟踪项目，该项目允许授权用户查询 UAV 及其所有者或操作者的身份和源数据信息。已经进行了类似的尝试，如美国联邦航空管理局（FAA）无人空中系统

(UAS)识别和跟踪航空规则制定委员会(ARC)[287]。为了满足业务、安保和公共安全的需要,3GPP 也在研究与 3GPP 签约的 UAS 远程识别和跟踪的用例及潜在需求[288]。蜂窝网络的另一固有优势是支持合法通信拦截,这对执法机构保障 UAV 安全运行和保护公众安全尤为重要。

9.2　LTE 简介

LTE,顾名思义,是一种经历了长期演进的无线接入技术,从 2007 年批准的 3GPP Release 8 第一个版本开始,一直演进到最新的 Release 16。LTE 也被称为演进的全球地面无线电接入(E-UTRA)技术,是建立在行业公认的基础上,代表了无线行业的巨大努力与合作。在本节中,我们介绍了关于 LTE 的基础知识,以帮助理解如何使用 LTE 来支持 UAV 应用。本节的介绍无法做到详尽无遗,所以建议感兴趣的读者参阅优秀的 4G LTE 书籍[289]和相应的 3GPP 技术规范,以更深入地了解复杂的 LTE 技术。

9.2.1　设计原则

LTE 由 3GPP 设计,旨在满足移动设备新应用服务的性能要求。这得益于移动技术的进步,也与处理器、内存、彩色显示设备和摄相机等其他技术的进步密切相关。LTE 的主要设计目标包括达到接近 Gbps 的数据速率、降低延迟、提高频谱效率和频谱高度灵活性。这些设计目标对 LTE 标准的主要设计原则和技术选择产生了深刻影响。

- OFDM 传输:与 3G 时代基于 CDMA 的无线接入技术相比,采用 OFDM 作为基带调制波形是 LTE 的重要特性。OFDM 是一种极具吸引力的宽带通信传输技术,可以灵活地支持多种多天线技术。LTE 下行链路基于 OFDM 技术,LTE 上行链路基于单载波频分多址接入(SC-FDMA)技术,其中在 OFDM 调制器之前是 DFT 预编码器。SC-FDMA 是一种降低下行链路信号立方度量的技术,能够实现更低的功率放大器成本和更高的功率效率。

- 基于信道的调度和速率自适应:LTE 的多址接入方案是 OFDMA,它可以将不同的子载波子集分配给不同的用户。LTE 的时频资源在用户间是动态共享的。在每一个时刻,调度器可以决定应该将共享资源的哪一部分分配给某一用户。基于用户的信道条件,对共享资源进行分配,既有利于信道条件好的用户,又能保持调度的公平性。这种基于信道条件的调度机制从系统的角度上利用各个用户多样性,可以针对用户选择调制编码方案以适应相应的信道条件。LTE 的这种依赖信道条件的调度和速率自适应机制对于提高整体系统容量有很大帮助。

- 多天线技术:LTE 支持不同的多天线传输技术。在发射机上可以使用多天线进行发射分集和发射波束赋形。接收机可使用多天线进行接收分集和接收波束赋形。LTE 还支持空间多路复用和多用户 MIMO。在 LTE 下行链路中,有 10 种传输模式:传输模式 1 用于单天线传输,其他 9 种都与各种不同的多天线传输方案相关联。如何使用多天线方案是网络控制的问题。使用多天线技术有助于提高链路的鲁棒性、覆盖范围、频谱效率和系统容量。

- 灵活的频谱和部署方式：LTE 支持灵活的频谱和部署方式。它支持分频双工(Frequency Division Duplex，FDD)和时分双工(Time Division Duplex，TDD)两种工作方式，可以在成对和非成对频段进行操作。FDD 支持终端的全双工和半双工。因为半双工 FDD 不需要在终端上安装双工滤波器，所以可以降低终端成本。LTE 支持 1.4～20MHz 的载波带宽。为了降低实现的复杂性，无线电频率要求仅定义为 6 种信道带宽：1.4MHz、3MHz、5MHz、10MHz、15MHz 和 20MHz，这是根据已知迁移的频谱和部署场景选择的。尽管如此，它们也为 LTE 在不同频段的部署提供了足够的灵活性，能够满足不同运营商拥有不同频谱资源的需求。通过载波聚合技术，信道带宽可以超过 20MHZ，该技术允许多个载波聚合并共同用于数据传输。

- 扁平化的系统架构：除了无线接口外，LTE 的系统架构也得到了简化，其节点更少，层级更少，实现了扁平化的无线电和核心网架构。GSM 的架构依赖于电路交换，之后分组交换被用到通用分组无线电服务(GPRS)的电路交换中。第三代通用移动通信系统(UMTS)在核心网侧保持了双域的概念(电路和分组)。在 4G LTE 之前，语音服务传统上是通过移动系统中的电路交换核心来支持的。相比之下，LTE 只有一个数据包交换核心(即演进的数据包核心)，来支持所有服务，包括基于互联网协议(IP)的语音。LTE 系统架构将在下一节中详细描述。

9.2.2　系统架构

LTE 系统架构被称为演进分组系统(EPS)，由演进分组核心网(EPC)和无线电接入网(RAN)两部分组成。图 9.1 展示了 EPS 的基本架构，终端通过 E-UTRA 接入 EPC。

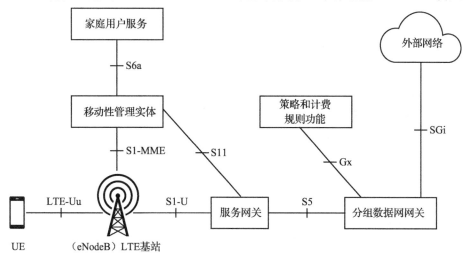

图 9.1　具有 E-UTRA 访问的 EPS 的基本架构说明

EPC 处理非无线电相关的功能，如访问控制、分组路由和传输，以及移动性管理。RAN 处理与无线电相关的功能，如调度、链路自适应和混合自动重传请求(ARQ)。

EPC 有一个"扁平"架构来实现对数据流量的高效处理。在 EPC 中，用户数据(即用户平面)与信令(即控制平面)是分离的。这种功能拆分有助于网络维度划分。下面简要描述 EPC 中的主要节点。

- 服务网关(S-GW)：S-GW 是连接 LTE 到 EPC 的用户平面节点。当终端在不同的蜂窝和不同的 3GPP 无线电网络之间移动时，它充当移动锚点。S-GW 在 LTE RAN 和 EPC 之间传输 IP 数据包。
- 分组数据网网关(P-GW)：P-GW 用于连接 EPC 与外部 IP 数据网络，如互联网。P-GW 传输数据包到外部 IP 数据网络并从中接收数据包。它还执行各种其他功能，如 IP 地址分配、服务质量决策和数据包过滤。在逻辑上它与 SGW 相连。
- 移动性管理实体(MME)：MME 是 EPC 的控制平面节点。主要管理终端接入和移动性管理的功能(跟踪、寻呼、漫游、切换)。它是非访问层(NAS)的终止点。
- 策略和计费规则功能(PCRF)：PCRF 与 P-GW 接口支持服务质量的计费决策。
- 家庭用户服务(HSS)：HSS 是存储用户信息的数据库。它与 MME 连接以支持移动管理、呼叫和会话设置、服务授权以及用户身份验证。

LTE RAN 还采用了承载无线接口协议的 eNodeB 节点。eNodeB 通过 S1 接口与 EPC 连接，用户面部分 S1-U 用于承载 eNodeB 与 S-GW 之间的数据流量，控制面部分 S1-MME 用于承载 eNodeB 与 MME 之间的信令。eNodeB 之间通过 X2 接口连接。X2 接口主要用于支持小区切换、小区间干扰管理和多小区无线电资源管理。

9.2.3 无线电接口协议

LTE 无线电接口是分层构建的。用户面运行 RAN 协议包括分组数据汇聚协议(PDCP)、无线电链路控制(RLC)、媒体访问控制(MAC)和物理层(PHY)。在协议栈中，MAC、RLC 和 PDCP 一起被称为"层二"，而 PHY 层通常被称为"层一"。控制面 RAN 协议包括一个额外的无线电资源控制(RRC)层，称为"层三"。

图 9.2 展示了整个 RAN 协议栈架构。注意，控制面的 NAS 层和用户面的 IP 层与应用层不是协议栈的一部分，但为了完整起见，把这些部分都包含在架构中。RAN 协议实体如下所示。

- RRC：RRC 层实现接入层的控制面功能，包括系统信息的广播、寻呼消息的传输、连接管理、移动性管理、测量配置和上报等。RRC 信息使用信令作为无线电载体进行传输。
- PDCP：PDCP 层的主要功能包括 IP 报头压缩、数据加密、控制面信令的完整性保护、顺序传递和重复删除。每个无线电载体都有一个 PDCP 实体。
- RLC：RLC 层的主要功能包括分割拼接、ARQ、重复检测、顺序下发等。每个无线电载体有一个 RLC 实体。

- MAC：MAC 层主要实现逻辑信道的优先级处理、逻辑信道到传输信道的映射、混合 ARQ、调度等功能。
- PHY：PHY 层负责传输块的实际传输和接收。它的主要功能包括调制、编码、多天线映射和层一控制功能。

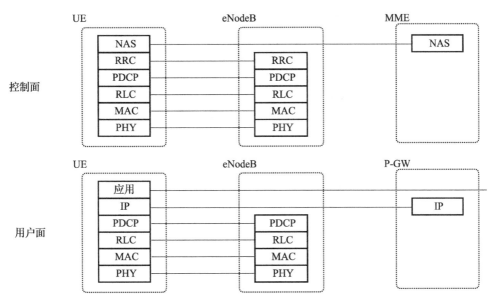

图 9.2　LTE RAN 协议栈的图示

MAC 层使用逻辑信道向 RLC 层提供服务。逻辑信道与它所携带的信息类型相关联。物理层使用传输信道向 MAC 层提供服务。传输信道由数据传输的方式和特征来定义。每个传输信道映射到一个对应的物理信道。物理信道由一组用于传输的时间频率资源定义。

9.2.4　物理层时频结构

OFDM 是 LTE 中最基本的传输方案。图 9.3 给出了 LTE 基本的时频架构。在 LTE 中，下行链路(DL)和上行链路(UL)的 OFDM 符号正常子载波间隔均为 15kHz。在 LTE 规范中，基本时间单位为 $T_s = \dfrac{1}{15\,000 \times 2048}$ 秒，这个时间可以认为是在 15kHz 子载波间隔下基于长度为 $N_{FFT} = 2048$ 的 FFT 采样间隔。换句话说，标称采样率 $f_s = \dfrac{1}{T_s} = 30.72\text{MHz}$。

在时域中，LTE 是基于无线电帧进行传输的，一个无线电帧的长度为 $T_f = 307\,200 \cdot T_s = 10\text{ms}$。一个无线电帧平均分为 10 个子帧，每个子帧的长度为 1ms。一个正常的子帧被平均划分为两个时隙。每个时隙由许多带有循环前缀的 OFDM 符号组成。子载波间距为 15kHz 的 OFDM 符号的持续时间为 $T_u = 2048 \cdot T_s \approx 66.7\mu s$。LTE 支持两种不同的循环前缀长度：常规循环前缀和扩展循环前缀。使用扩展循环前缀，每个时隙由 6 个 OFDM 符号组成。扩展循环前缀的长度为 $T_{ecp}=512 \cdot T_s \approx 16.7\mu s$。使用常规循环前缀，每个时隙由 7 个 OFDM 符号组成。常规循环前缀的长度由两部分组成：时隙的第一个 OFDM 符号的循环前缀长度为 $T_{cp}=160 \cdot T_s=5.2\mu s$，时隙中其他 OFDM 符号的循环前缀长度为 $T_{cp}=144 \cdot T_s=4.7\mu s$。

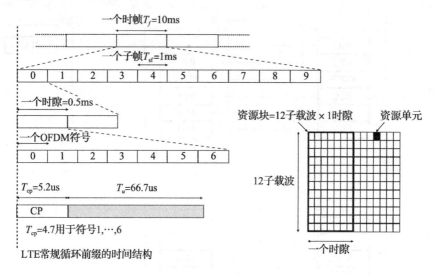

图 9.3　LTE 时频框架的图示

物理资源可以用时频资源网格来描述。资源网格的每一列、每一行分别对应一个 OFDM 符号和一个子载波。时频资源网格中的最小单元是由一个 OFDM 符号上的一个子载波组成的资源单元。一个资源块由频域上的 12 个连续子载波和时域上的一个时隙组成。LTE 中的调度决策可以在每个子帧中进行。正常的基本调度单元是一个资源块对，由同一个子帧中的两个连续时间的资源块组成。

9.3　UAV 作为 LTE UE

LTE 网络可以提供广域、安全和高质量的无线连接，以增强 UAV 在超视距环境之外的操作安全性。随着距离地面高度的增加，无线环境发生了变化。使用地面蜂窝网络为 UAV UE 提供连接将带来新的挑战，第 1 章中我们进行过一些简要讨论，并在一些章节中进一步说明。在本节中，我们将进一步说明使用地面 LTE 网络连接 UAV UE 的关键连接问题。我们还将讨论性能增强解决方案，优化 LTE 连接，为 UAV UE 提供更好的性能，同时保护地面移动设备的性能。

9.3.1 覆盖

传统上，蜂窝网络是为地面通信而设计和优化的。规划和选择蜂窝站点是为了提供地面覆盖，满足日益增长的地面交通需求。共同目标是在满足地面覆盖和容量需求的同时，使网络的成本最小化。蜂窝网络的配置旨在优化地面覆盖。其中一个重要的配置是 BS 天线倾斜角。如第 8 章的分析所述，BS 天线的天线倾斜将对蜂窝连接的 UAV UE 的性能产生重要影响。实质上，BS 天线的倾斜角表示天线相对于参考指向方向的倾斜度。蜂窝网络中的 BS 天线通常向下倾斜几度，以将发射功率集中到地面，减少蜂窝间干扰。天线倾斜有两种类型：机械倾斜和电子倾斜。前者是通过物理上倾斜天线来实现的，而后者是通过改变阵列天线中天线阵元的相位来实现的。

对采用下倾斜的 BS 天线，UAV UE 可由 BS 天线的旁瓣提供服务。图 9.4 为合成的 BS 天线方向图。该天线阵列由一列 8 对交叉极化天线单元组成，其中波长归一化的垂直天线单元间距为 0.8。旁瓣如图 9.4 所示。我们可以看到，即使是旁瓣的最强天线增益也比主瓣的天线增益约低 14dB。由于旁瓣中存在天线零陷，UAV UE 接收到的最强信号可能来自遥远的 BS，而不是地理上最近的 BS。

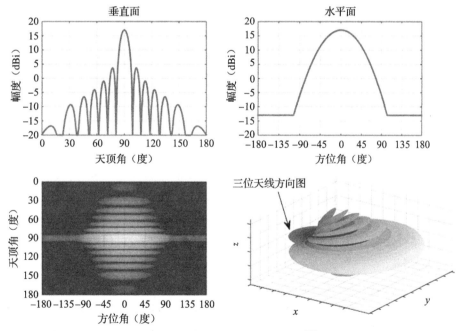

图 9.4　合成的 BS 天线方向图[48]

在空中飞行的 UAV 与地面 BS 之间的无线电信道通常具有较大的 LOS 传输概率。即使 UAV UE 可能工作在旁瓣覆盖中，良好的传播条件可以弥补天线增益的降低。在农村场景中，站点被放置在一个六边形网格上，其中有 37 个站点且每个站点有 3 个单元。

LTE 系统在 700MHz 载频下的带宽为 10MHz。每个 BS 有两个交叉极化天线，BS 高度为 35m，下倾角为 6 度。BS 天线方向图按照图 9.4 建模。图 9.5 显示了三种不同高度下的下行链路耦合增益（天线增益加信道增益）：1.5m（地面高度）、40m（BS 天线高度 5m 以上）和 120m（接近 FAA 对小型 UAV 的海拔限制 400 英尺[290]）。从下行链路耦合增益分布可以看出，自由空间传播可以弥补 UAV 天线增益的降低。在第 5 个百分位中，40m 和 120m 高度的下行链路耦合增益实际上高于 1.5m 地面高度的下行链路信道增益。我们还可以看到，在 BS 天线高度以上的下行链路

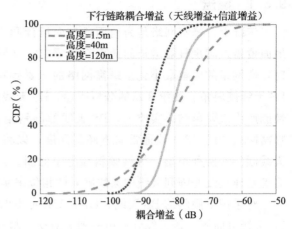

图 9.5　不同 UAV UE 高度下的下行链路耦合增益分布说明[48]

耦合增益的方差较小，而在地面高度的下行链路耦合增益更分散。

　　在某些高度以上，利用现有地面蜂窝网络向 UAV UE 提供连接的覆盖可能会变得不够。为了提供更高的空中覆盖，可能需要对现有的地面蜂窝网络进行增强。例如，可以在选定的小区安装额外的天线指向天空，以提供更高高度的无缝覆盖。这些观察结果大体上与我们在第 8 章中的分析一致。

9.3.2　干扰

　　空中的有利的传播条件会导致接收信号功率更强，这不仅仅是期望的信号功率，还包括同信道中干扰信号的功率，这在第 1 章和第 6 章中都讨论研究过。特别是当 UAV UE 的高度远高于 BS 天线时，可能对多个相邻的 BS 具备更大概率的 LOS 传播条件。在这种情况下，UAV UE 发送的上行链路信号可能会对相邻的多个 BS 造成干扰。如果没有适当的控制和管理，增加的上行链路干扰可能会导致地面设备的性能下降。同样，由于 LOS 传播条件增强，从多个相邻 BS 传输的下行链路信号也可能会对 UAV UE 造成强烈的下行链路干扰。

　　在与图 9.5 相同的设置下，图 9.6 显示了 1.5m、40m、120m 三种不同海拔高度下的下行链路 SINR 分布。我们可以看到，40m 和 120m 高度的 SINR 值在统计上都低于 1.5m 高度的 SINR 值。其中，在 CDF 为 50% 且资源利用率为 20% 的点，海拔 40m 和 120m 处的 SINR 中值分别比地面的 SINR 值低 10.9dB 和 11.3dB。这些结果表明，LOS 传播条件越强，非服务小区对 UAV UE 的干扰信号越强。

　　蜂窝间干扰并不是一个新问题。在 LTE 中有丰富的标准方面和实现方面的工具来处理干扰问题。其中一个可行的方法是 CoMP 传输和接收。新的挑战是 UAV UE 在下行链

路中可能会从更多的地面 BS 接收干扰信号，而且由于 LOS 传播，其上行链路信号会面向更多的小区。因此，CoMP 技术可能必须跨越更大的区域，以减轻干扰问题，但这样一来，代价是增加协调的复杂度。在第 8 章，我们对 UAV UE 的 CoMP 进行了初步的研究，为该领域的进一步研究奠定了基础。

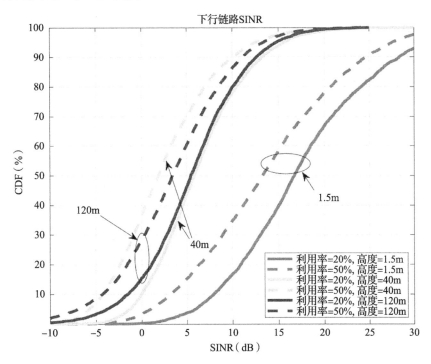

图 9.6　下行链路 SINR 分布与 UAV UE 高度的关系。从右到左（CDF 为 50％处），前两条曲线对应高度为 1.5m；第三、六条曲线对应高度为 40m；第 4、5 条曲线对应的高度为 120m[48]

　　通过接收机技术也可以对干扰进行处理，如干扰抑制合并和网络辅助的干扰消除和抑制。UAV 可以配备多天线，用于消除或抑制来自更多地面 BS 的干扰信号。在多天线的情况下，波束赋形可以使信道定向发射或接收，在空间对收发信号进行选择，这也是一种有效的干扰抑制技术。

　　一种较简单的干扰抑制解决方案是将无线电资源分区，使空中业务和地面业务使用正交的无线电资源。静态无线电资源分区也许不是最有效的，因为为空中业务预留的无线电资源可能没有得到充分利用。如果 UAV 操作者可以向网络运营商提供飞行路线、UAV 位置等先验数据，就可以利用这些数据进行动态、高效的无线电资源管理。通过设计无线感知的 UAV UE 轨迹，可以达到如第 6 章所述的干扰抑制。

　　上行链路功率控制是另一种强大的干扰抑制技术。通过优化配置上行链路功率控制参数，可以抑制 UAV UE 对上行链路产生的过多干扰。优化上行链路功率控制可以减少干扰，提高频谱效率，对 UAV UE 和地面设备都是大有裨益的。第 6 章（结合轨迹设计）

给出了功率控制对干扰的影响的初步分析。

9.3.3　移动性支持

　　移动性支持是蜂窝网络的一个显著特性,这也是为什么移动运营商可以收取比其他形式的电话和数据访问更高的蜂窝签约费用[291-292]。为空中飞行的 UAV 提供无缝、稳健的移动连接是保持通信服务连续性的必要条件,这不仅是良好用户体验的必要条件,也对 UAV 的安全控制和操作起着至关重要的作用。随着距离地面高度增加,无线电传播环境发生了变化。无线电传播环境的变化和一些其他因素(如下倾斜的 BS 天线)会导致蜂窝网络连接 UAV 的信号和干扰特性不同,如前两节和第 1 章所述。这些可能会给 UAV 移动性管理带来新的挑战。有几个关键问题需要回答:

- 下倾的 BS 天线可能会导致空中碎片状的小区分区模式。特别是,最强的信号可能来自距离较远的 BS,UAV UE 可能选择该 BS 作为其服务 BS,然而最强的站点通常是离地面最近的那个。空中碎片状的小区分区模式会导致更多的切换和更多潜在的切换失败吗?

- 空中 SINR 的整体水平明显低于地面。降低 SINR 可能会导致更高的切换命令和测量报告的丢失概率。这可能会导致更高的无线电链路失败(RLF)和切换失败的风险。

　　对蜂窝网络设备和 UAV 的移动性支持是一个复杂的问题,涉及很多细节。在 3GPP 早期关于异构网络移动性增强的研究中[293],3GPP 开发了一种简化的移动性建模方法,该方法虽然不够复杂,但可以作为评价蜂窝网络移动性性能的参考模型。3GPP 在 LTE 连接的 UAV UE 的研究中也使用了该模型。在后续中我们将介绍这种针对 LTE 网络的 3GPP 移动性建模方法。

　　切换失败建模使用了前面提到的 RLF 标准和过程。当终端不能与服务单元建立或保持稳定连接时,就会发生 RLF。以下情况 LTE 检测到 RLF:定时器 T310 到期时;在 RLC 指示已经到重传的最大次数时;在 T300、T301、T304 和 T311 等定时器都没有运行,MAC 随机接入出现问题指示时[294]。我们重点关注计时器 T310 和 T311,并参考参考文献[294]来详细描述与本文讨论不太相关的其他计时器。

　　终端在监控无线链路时,周期性地计算宽带 CQI(信道质量指标)。如果 CQI 低于阈值 Q_{out},底层向高层告知未同步,而高层则对后续的未同步指示计数。配置 N310 表示的连续未同步指示的最大数目。如果 N310 连续收到不同步事件,UE 启动计时器 T310,它的到期将触发 RLF。如果 CQI 高于另一个阈值 Q_{in},则底层向高层指示同步,而高层则对后续的同步指示技术。配置 N311 指示的连续同步指示的最大数目。如果有 N311 同步事件,UE 将停止 T310 定时器。定时器 T310 也可以在触发切换过程或启动连接重建过程时停止。在 T310 到期时,如果安全被激活,终端发起连接重建过程;否则,终端进入 RRC 空闲状态。RRC 连接重建过程中定时器 T311 启动。它停止时选择一个合适的 E-

UTRA 小区或另一个小区进行无线随机接入。T311 到期后，终端进入 RRC 空闲状态。

在非连续接收(DRX)模式的无线电链路监控下，PHY 配置用于评估不同步和同步的采样速率通常为每 20ms 一次。PHY 采样点在滑动窗口上线性滤波。对于评估不同步和评估同步而言，滑动窗口的长度通常分别为 200ms 和 100ms。

为了便于建模，将切换过程分为三种状态，如图 9.7 所示。

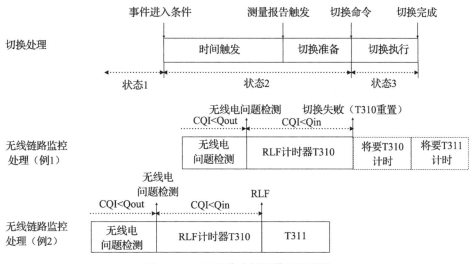

图 9.7　LTE 网络中切换模型的说明

- 状态 1 是事件 A3 进入条件满足之前的状态。当相邻小区的性能比服务小区好时触发事件 A3。
- 状态 2 是事件 A3 进入条件满足后，UE 成功接收到切换命令之前的状态。
- 状态 3 是终端接收到切换命令后，发送完成切换消息成功之前的状态。

RLF 可能出现在状态 1 或状态 2 中。RLF 的性能可以通过 RLF 速率来衡量，RLF 速率定义为每个 UE 每秒发生 RLF 的平均次数。

切换失败可能发生在状态 2 或状态 3。在状态 2 中，终端连接到源单元。在状态 3 中，UE 被链接到目标小区。切换失败的原因分为三类。

- **状态 2 中的 RLF**：在这种情况下，当前小区的通信质量已经变差，以至于在向目标小区的切换过程之前就触发了 RLF。这种现象被认为是建模中的切换失败。
- **状态 2 中的物理下行链路控制信道(PDCCH)失败**：在这种情况下，定时器 T310 在触发运行后，终端期望在状态 2 时收到切换命令。虽然还没有 RLF，但是当前小区的通信质量已经变差，所以计时器 T310 触发运行。同时，触发终端的测量报告，终端等待接收切换命令。链路质量变差，导致当前小区无法收到终端的测量报告，或者终端无法收到当前小区的切换命令，导致切换失败。PDCCH 失败模型可以用于对这种切换失败进行建模。PHY 用于评估 PDCCH 失败的采样通常为每

10ms 一次。PHY 采样通常在 200ms 的滑动窗口上线性滤波。

- **状态 3 中的 PDCCH 失败**：在这种情况下，状态 3 的切换执行结束时，目标小区的下行链路平均的滤波宽带 CQI 小于 Q_{out}。结果，目标小区的信号质量很差，导致无法完成切换过程。PDCCH 失败模型可以捕获这种类型的切换失败。在 40ms（典型值）切换执行时间内，用于评估 PDCCH 失败的 PHY 采样应该至少有两个样本点。PHY 样本点通常平均之后再用来评估 PDCCH 是否失败。

切换的性能可以用切换失败率来衡量，该指标定义为切换失败次数与切换尝试次数（包括成功切换和失败切换）的比值。

如果一个 UE 的连接从一个小区 A 切换到另一个小区 B，后来又从小区 B 切换到小区 A，并且 UE 停留在小区 B 的时间小于最小驻留时间，那么这样一个事件被称为乒乓事件。乒乓事件中涉及的切换很可能是不必要的，因为 UE 在切换到原小区之前没有在目标小区中保持足够长的驻留时间。

接下来，我们描述 UE 移动性模型。UE 刚开始被放在模拟区域的一个随机位置。为 UE 生成初始随机移动方向。终端以匀速沿所选方向直线运动。当终端到达仿真边界时，可以采用环绕模型或弹力圈模型。在环绕模型中，当 UE 撞击环绕轮廓时，UE 将从绕环上不同的点进入仿真区域，并按绕环理论确定的运动方向沿直线匀速运动。在弹力圈模型中，在模拟区域内定义一个弹力圈。当 UE 撞到弹力圈时，它会弹回来并以随机产生新方向继续在直线上匀速移动。

基于 3GPP 移动性建模方法，对 LTE 连接的 UAV 的移动性性能进行了评估，结果见参考文献[21, 295]。

9.3.4 延迟和可靠性

正如在本书中所讨论的，高可靠和低延迟通信对许多 UAV 应用来说是十分必要的。例如，指挥和控制链路需要高鲁棒性和可靠性，数据包需要在一定的时延范围内（取决于用例）大概率的完成传输。在本节中，我们将重点讨论 UAV 指挥和控制链路的延迟特性和可靠性。延迟特性和可靠性可以在不同的层以不同的方式进行度量。在本节中，我们遵循 3GPP 在研究 5G 接入技术的需求和场景时使用的延迟特性和可靠性定义[296]。

延迟度量包括控制面延迟和用户面延迟。控制面延迟是指从节电状态（如空闲模式）到连续的数据传输状态（如激活模式）所需要的时间。用户面延迟是指应用层数据包通过无线电接口从无线电协议层 2/3 的服务数据单元（SDU）的入口到出口发送的时间。当测量用户面延迟时，假定发送机和接收机都不受 DRX 限制。可靠性定义为在 L 秒内将一个 X 位的应用层数据包从无线电协议层 2/3 SDU 入口发送到出口的成功概率。

指挥和控制业务的特性与数据通信的业务特性不同。3GPP 通常采用基于 FTP 的流量模型进行性能评估。FTP 模型可能适合有效载荷通信，但不太适合指挥和控制通信。在 3GPP 研究项目[21]"支持飞行器的增强型 LTE"中，假设指挥和控制业务具有与 VoIP

(Voice over IP，基于 IP 的语言传输)业务相似的特性。在使用的指挥和控制业务模型中，报文以 100ms 为周期进行接收，报文大小固定为 1250 字节。

具有代表性的仿真结果

表 9.1 收集了 3GPP 研究项目[21]的部分可靠性仿真结果。表 9.1 中，在数据包大小 X＝1250 字节、延迟上界 L＝50ms 的前提下，定义可靠性。表 9.1 还提供了统计的相应的资源利用率。资源利用率定义为在时间、频率和小区中的无线电资源的使用平均比例。它是反映网络干扰水平的关键性能指标。

表 9.1　指挥控制通信的可靠性仿真结果

度量标准	使用的 PRB 数量	1.5m	30m	50m	100m	300m
可靠性(%)	6	86.81	76.66	16.85	8.49	4.22
	15	98.86	99.79	99.64	99.15	91.91
	25	99.35	99.91	99.98	99.89	99.9
	50	99.62	99.95	99.98	99.99	99.99
资源利用率(%)	6	40.91	56.71	89.92	94.97	96.23
	15	11.05	11.26	22.54	29.77	47.27
	25	6.21	5.36	7.51	8.98	11.43
	50	2.74	2.41	2.65	2.78	2.92

在城市宏蜂窝网络中对下行链路的可靠性的进行模拟，该网络的站点被放置在一个六边形网格上，网格中有 19 个站点，每个站点有 3 个小区。站点间距为 500m。每个 BS 有两个交叉极化天线，其高为 25m，下倾角为 10 度。LTE 系统在 2GHz 载频下工作，带宽为 10MHz。每个小区中有 5 个空中 UE。每个小区无线业务需求总量为 $1250×8×10bps/UE×5$ UE/小区＝500kbps/小区。在评估中，假设调度器对无线电资源进行了分区，使空中业务和地面业务使用正交频率资源。通过这种分区，使地面 UE 和空中 UAV UE 的信号互相不产生干扰。然而，小区内的空中 UE 仍然会受到相邻小区的干扰，因为相邻小区可以使用相同的无线电资源为该小区的空中 UE 服务。

分别在 1.5m、30m、50m、100m、300m 的高度下进行可靠性性能评估。注意，30m 高度与 BS 天线高度(25m)相近。在评估中，给空中业务分配不同数量的物理资源块(PRB)，6 个 PRB、15 个 PRB、25 个 PRB、50 个 PRB。这些数量的 PRB 与 LTE 支持的系统带宽相同。因此，评估结果在 LTE 系统提供连接的低空 UAV UE 用例中是很有意义的。

从表 9.1 可以看出，当空中业务使用 6 个 PRB 时，即使在高度为 1.5m 的地面，也不可能满足具有高置信水平(如 90%)的 50ms 延迟要求。对其他的高度，评估的可靠性也都不高。表 9.1 中总结的资源利用率可以帮助理解评估结果。在离地面 1.5m 处，资源利用率已达到 40.91%。当高度增加到 50m 时，资源利用率接近 90%，并随着高度的增加进一步增加到约 95%。这些结果表明，用 6 个 PRB 服务每个小区 500kbps 的空中业务需求是很有挑战的。

当为空中业务使用的 PRB 数量增加到 15 个时，在 1.5m、30m、50m 和 100m 高度，有可能满足具有高置信水平(约为 99％)的 50ms 延迟要求。在 300m 高度时，可靠性降至 91.91％。通过查看相应的资源利用率可以看出，100m 及以下高度的资源利用率低于 30％，因此空中 UE 受到的下行链路干扰是还可以接受的。相比之下，在 300m 高度时，资源利用率提高到 47.27％，说明空中 UE 受到的下行链路干扰显著增强。

当为空中业务使用的 PRB 数量进一步增加到 25 个时，可以看到在所有高度上的资源利用率都低于 12％，这意味着在空中 UE 所经历的下行链路干扰较小。在这种情况下，有可能以更高的置信水平(约 99.9％)满足 50ms 的延迟要求。当为空中业务使用的 PRB 数量进一步增加到 50 个时，资源利用率进一步降低到 3％以下，可靠性也进一步提高。

可靠性结果说明

表 9.1 中的结果表明，如果网络使用足够的专用频率资源为空中业务服务，则有可能实现高可靠性(如 99.9％)。在可靠性性能和用于空中指挥和控制的 PRB 数量之间存在一个权衡。我们发现，在 1.5m、30m、50m 或 100m 的高度，使用 15 个 PRB 服务空中业务可以提供约 99％的可靠性，并且可以在 300m 的高度提供约 90％的可靠性。值得注意的是，在较高的流量需求下评估可靠性性能：每个小区有 5 个空中 UAV UE，每个 UAV UE 都有周期性的数据包到达，固定数据包大小为 1250 字节，周期为 100ms。在低空 UAV 的初始部署中，可能对空中指挥和控制流量的需求要低得多。因此，当流量需求较低时，需要的 PRB 较少。

从表 9.1 的资源利用率可以看出，总体趋势是，当高度从 30m 增加到 300m 时，指挥和控制流量的资源利用率增加。以 15 个 PRB 为例。为了达到相似的可靠性性能(约 99％)，高度从 30m 增加到 50m 时，资源利用率变为约 2 倍，高度从 30m 增加到 100m 时，资源利用率变为约 3 倍。

可靠性评估结果的一个重要经验是，在资源利用率较低的情况下，空中 UE 所经历的下行链路干扰并不严重，那么可以在 50ms 延迟范围内以高可靠性传输一个小数据包。虽然这一经验是来自特定的干扰抑制技术，即使用专用频率资源为空中业务服务，但我们期望这一经验在更普遍的意义上是真实的。特别是，预计任何干扰抑制技术都可以带来令人满意的接收信号质量，将有助于向 UAV UE 提供低延迟、高可靠性的连接服务。

在本节中，我们重点讨论了一种简单的干扰抑制解决方案，其中使用正交频率资源为空中和地面业务服务。静态频率资源分区可能不是高效的，因为为空中业务分配的频率资源可能未得到充分利用。如果网络能知晓空中 UE 的航线、位置等补充数据，可以利用这些信息实现更动态、更高效的无线电资源管理。也可以采用其他资源管理解决方案，如第 6 章、第 7 章和第 8 章中讨论的解决方案，以进一步提高这些结果。

9.4　UAV 作为 LTE BS

如前所述，人们可以使用 UAV BS 为密集地区（如热点）、难以到达的地区以及受紧急情况或灾害影响的地区提供临时的无线连接。确实，UAV BS 正在成为公共安全网络的重要组成部分。多个 UAV BS 可以一起为特定的地面区域提供临时连接。第 4~8 章的研究表明，UAV BS 确实可以提供有效的无线连接解决方案。在本节中，我们将进一步阐述与基于蜂窝技术（如 LTE）的 UAV BS 网络相关的关键连接问题。

UAV 作为 LTE UE，干扰管理是使用 UAV 作为 LTE BS 的一个关键问题。参考文献[297]的作者考虑部署 UAV BS 作为 LTE 异构网络的一部分，来提供公共安全通信。LTE Release 10 中的增强型小区间干扰协调（eICIC）和 LTE Release 11 的深度增强型小区间干扰协调（FeICIC）可以用来缓解小区间的干扰。参考文献[297]的结果表明，与 eICIC 中几乎未使用的子帧相比，通过优化 UAV BS 位置和 FeICIC 中降低调度的子帧功率可以提供相当可观的频谱效率。在参考文献[298]中，调查了在部分通信基础设施遭到自然灾害破坏的地区，使用 UAV 作为 BS 进行紧急通信时的干扰管理方案。在参考文献[298]中用仿真来分析了如何通过利用 UAV 的移动性来提高吞吐量。在前面的章节中，我们还讨论了许多 UAV BS 的其他用例。

LTE-U 和授权辅助接入（LAA）是使用未授权频谱的一个技术选择。公平共存是未授权频谱的主要考虑因素。正如在参考文献[257]中讨论的（见第 7 章），作者使用博弈论方法考虑分析了 LTE-U 的 UAV BS 和地面 WiFi 的接入点间的负载均衡问题。装配 LTE-U 的 UAV BS 采用基于后悔的学习策略进行动态选择占用时机，保证所有用户的吞吐量都能满足要求。第 7 章分析演示了如何使用带缓存的 UAV BS 在授权和未授权的频段上为地面用户服务。

第 7 章中我们已经分析了如何使用 UAV BS 设计三维蜂窝网络，因此阐明此类网络的实际考量也是很有必要的。其中，如何部署 EPC 来支持基于 UAV BS 的按需 LTE 网络是设计中的一个主要问题。EPC 和 RAN 通常在地面 LTE 网络中通过线缆连接。类似的方法可用于由 UAV BS 组成的 LTE 网络，其中 EPC 部署在地面，RAN 安装在 UAV BS 上，EPC 和 UAV 通过线缆连接。但是这种方法限制了部署灵活性，并且无法很好地扩展以支持多个 UAV BS 网络。或者，地面上的 EPC 和安装在 UAV BS 的接入网可以通过无线通信连接。通过对无线连接精心设计，以保证可靠性、通信范围和容量满足要求。另一种选择是如参考文献[299]所提议的将 EPC 部署在 UAV BS 上，在这种替代方案中，整个 EPC 在单个实体中实现，并位于每个 UAV BS 上。实际上，这一设计需要解决各种挑战，比如 UAV 的有限的计算资源和移动管理。

如第 1 章所述，可以考虑 UAV 的第三个用例，即 UAV 作为 LTE 中继的，参考文献中也有相关研究，严格来说这并不属于 UAV 作为 LTE BS 的范畴。在参考文献[300]

中，作者建议使用大量 UAV 作为中继来弥补 LTE 网络中的临时过载或连接中断。已经讨论和分析了空中中继的部署、数量、发射功率等因素，结果表明，在过载和中断情况下，空中中继的干扰感知定位可以提高频谱效率。在参考文献[301]中，作者研究了UAV 作为 LTE 中继，为地面 BS 覆盖的用户提供增强的 LTE 连接。定制的集成化 UAV 中继通信层基于开放式空口（OpenAirInterface）。提出一种 UAV 中继的部署算法使得系统吞吐量最大化，该算法能够基于用户位置和无线信道条件实时更新 UAV 中继的部署。我们在 UAV BS 中所做的许多设计都可以扩展到 UAV 中继用例。

9.5 互联 UAV 的 3GPP 标准化

3GPP 生态系统可以很好地进行支持 UAV 的操作，详见 9.1 节。与此同时，监管部门正在研究 UAV 安全运行方案，使 UAV 能够和空中的商业交通及通用交通和谐共存，并在注册、许可以及安全和性能标准等方面已经实施了监管措施。为了满足 UAV 对移动技术的使用和监管要求，3GPP 正在开展一系列工作，增强蜂窝标准以更好地支持 UAV 的操作。UAV 在 3GPP 工作中通常被称为空中 UE 或空中飞行器。后续我们将依照这些术语来讨论 3GPP 在 UAV 互联方面的工作。

9.5.1 LTE 连接的 UAV 的 3GPP Release 15 研究

为了发掘 LTE 在支持空中飞行器方面的潜力，3GPP 在 2017 年进行了一项关于增强LTE 以支持空中飞行器的研究。该研究评估了 LTE Release 14 网络下空中飞行器的性能，并提出一些改进，更好地处理空中交通，而且不影响地面设备性能。这项研究专注于 LTE，其经验也可以应用于 5G NR。研究结果可以在 3GPP TR 36.777[21]中找到。

场景评估

空中 UAV UE 的表现不同于地面 UE，所处的无线条件也不相同。为了适应新型空中设备，3GPP 重新审视了它的性能评估框架，该框架在之前主要是为地面设备构建的。

当 LTE 网络引入空中 UAV UE 时，需要对 UAV UE 和传统地面 UE 的系统性能进行评估。针对室内地面 UE 和室外地面 UE，在 LTE Release 12（TR 36.873[105]）中研究了三维城市宏站（UMa）和城市微站（UMi）的评估场景，以支持二维天线阵列的全维度 MI-MO（FD-MIMO）。NR 也引入了类似的模型，并在 TR 38.901 中扩展为支持从 0.5GHz到 100GHz 的载频[105]。除了 UMa 和 UMi，NR 还开发了农村宏站（RMa）的部署评估模型。UMa 场景旨在模拟城市地区将 eNodeB（eNB）天线安装在周围建筑物的屋顶上的实现网络部署的场景。UMi 场景的目标是模拟将 eNB 天线安装在建筑物的屋顶下的城市部署场景。RMa 场景用于在农村地区模拟更大的半径小区，eNB 天线在这种场景中被安装在铁塔顶部。由于在 LTE 网络研究了空中 UE，因此 LTE 中的 UMa 和 UMi 场景与本研究有关。农村部署场景是空中 UAV UE 的重要应用场景，因此这项研究也包含了 NR 中定义的 RMa 场景。

空中 UE 实质上是一种室外 UE。由于传统的 UMa、UMi 和 RMa 模型中不存在空中 UAV UE，这些模型需要扩展支持包含高度高于地面的空中 UE。这种支持空中飞行器的新模型被称为 UMa-AV、UMi-AV 和 RMa-AV。在传统的 UMa 和 UMi 场景中，需要考虑两种类型的地面 UE：室内 UE 和室外 UE。前者占地面设备的 80%，剩余 20% 为室外地面 UE。室外 UE 高度通常在 1.5m 左右，室内地面 UE 高度变化最大可达 22.5m。这项研究针对的是高度最大可达 300m 的空中 UE，其中对高度均匀分布在 1.5m～300m 的空中 UE 进行了性能统计。本研究还评估了固定海拔高度为 50m、100m、200m 和 300m 的空中 UE 的性能。假设每个小区中的 UE 总数为 15，研究分析小区中空中 UE 比例分别为 0%、0.67%、7.1%、25% 和 50% 时的性能影响。

在 UMa-AV、UMi-AV 和 RMa-AV 中，地面 UE 的信道建模遵循现有的 3GPP 信道模型。为捕捉不同的空中传播条件，信道模型被扩展以支持空中 UE。一般原理是采用依赖于空中 UE 高度的信道建模方法。当空中 UE 的高度在 3GPP 地面信道模型的适用高度范围内时，使用现有的 3GPP 地面信道模型，对于高度超出 3GPP 地面信道模型适用高度范围的空中 UE，使用新开发的信道模型。信道建模的详细信息可以在 TR 36.777[21] 中找到。

识别的问题和解决方案

在研究过程中，我们基于前一节阐述的评估方案和信道模型进行了大量的模拟。评估结果和现场试验数据表明，与地面 UE 相比，空中 UE 可能会在更多的小区产生上行链路干扰，也能看到更多的小区产生下行链路干扰。这是因为与地面 UE 相比，空中的 UAV UE 与更多小区之间都具有大概率的 LOS 传播条件。当 UAV UE 密度较低时，例如每个小区的 UAV UE 数量不超过 1 个，这种干扰通常是可控的。此外，农村环境的性能一般比城市环境更好。

根据空中 UE 的特点，识别某一 UE 是空中 UE 还是地面 UE，从而适当地优化空中 UE 的服务性能，与此同时避免地面 UE 受来自空中 UE 的潜在干扰，这对移动网络而言至关重要。对于合法的空中 UE，可以通过执行标准使其被移动网络识别。例如，空中 UE 可以通过一张注册为空中应用的 SIM 卡来使用蜂窝网络连接。识别没有在网络中正确注册的"非法"空中 UE 也是十分必要的。当普通地面 UE 被带上 UAV 并在网络中飞行时可能会发生这一场景。目前这一现象已经出现过，并引起移动运营商的高度关注，因为一个载有地面 UE 的 UAV 可能会对网络产生强大的干扰，这在某些地区是被禁止的。

为了解决识别到的问题和需求，3GPP 研究了干扰检测和抑制技术、移动性增强，以及空中 UE 识别技术。

干扰检测：干扰检测与飞行模式识别有关，当 UAV UE 超过一定高度时，上行链路干扰和下行链路干扰都会增加。干扰检测可以作为干扰抑制的触发器。目前可能的解决方案有基于 UE 的解决方案和基于网络的解决方案。基于 UE 的解决方案可以利用 UE 测量的参考信号接收功率（Reference Signal Received Power，RSRP）、参考信号接收质量（Reference Signal Received Quality，RSRQ）、参考信号 SINR（Reference Signal SINR，RS-SINR）、移动性历史报告、速度估计、定时提前调整值和位置信息。以 UE 测量为例，测量报告的触发可以与不断变化的干扰条件相关联，例如多个小区的 RSRP 或 RSRQ 值超过某一阈值时触发测量报告。基于网络的解决方案依赖于 eNB 之间的信息交换，包括 UE 测量报告和上行链路参考信号配置。这些方案需要大量的 eNB 进行信息回传。

下行链路干扰抑制：下行链路干扰抑制的目的是降低空中 UE 的干扰水平。研究中评估的各种下行链路干扰抑制技术包括 FD-MIMO、UE 定向天线、UE 接收波束赋形、站内联合传输 CoMP 和覆盖扩展（用于增强空中 UE 的同步和初始接入性能）。这些解决方案不需要额外的技术规范。研究中对另一种多小区控制与数据协调传输的方案也进行了简要讨论。然而，需要更多的研究来评估其性能以及对技术规范的影响。

上行链路干扰抑制：上行链路干扰抑制的目的是降低地面 UE 因空中 UAV UE 在空中传输而受到的干扰水平。研究中评估的各种上行链路干扰抑制技术包括 FD-MIMO、UE 定向天线和基于功率控制的机制。前两种不需要额外的技术规范，因为 LTE 从 Release 13 开始就支持 FD-MIMO，而且在 UE 上使用定向天线是实现层面的选择。一些基于功率控制的机制需要微小的规范调整。

移动性增强：在没有干扰抑制技术的模拟基准网络中，UAV UE 的移动性能比地面 UE 要差，特别是当空中 UE 密度较大时。仿真结果进一步表明，RMa-AV 场景下空中 UE 的移动性能比 UMa-AV 场景下好。采用干扰抑制技术降低网络中的干扰水平可以提高空中 UE 的移动性能。可以通过对移动性算法进行改进，更好地支持空中 UAV UE 的移动性能。例如，可以考虑有条件切换和优化切换相关的参数，如 UE 的位置信息、机载状态、飞行路径计划等对切换相关参数进行优化，从而改进切换流程。移动性算法的改进还包括增强现有的测量报告机制，如引入新的事件和事件触发条件。

空中 UAV UE 识别：通过 UE 签约信息和无线电能力指示相结合的方式，实现对空中 UE 的识别。MME 可以通过签约信息向 eNB 指示用户是否被授权进行空中操作。通过向 eNB 发送无线信令，空中 UE 可以报告其对 Release 15 中引入的相关空中特性的支持能力。研究的另一个问题是空中 UE 的飞行模式检测，潜在的方法包括 UE 上报飞行模式、UE 高度信息报告，以及与干扰检测相关技术。

研究的总体结论

根据综合分析、大量模拟和外场试验数据，3GPP 研究得出的结论是，LTE 网络有能力支持空中 UAV UE，但在上下行链路干扰和移动性支持方面还存在一定的挑战。空中 UE 密度越高，挑战就越严峻。为了解决这些问题，需要在实现方案和规范演进方面共同努力。为了向空中 UE 提供更高效的服务并降低对地面 UE 的影响，可以通过规范演进的解决方案友好地解决。为此，3GPP 在 Release 15 中进行了一些后续工作，下一节将对此进行描述。

9.5.2　LTE 连接的 UAV 的 3GPP Release 15 工作

在"增强型 LTE 对空中飞行器和 UAV 的支持"项目的研究期间，3GPP 确定和评估了各种性能增强的解决方案。后续的 Release 15 工作的目的就是研究一些特性，这些特性可以提高地面 LTE 网络对空中连接服务的效率和鲁棒性，尤其是对低空 UAV。主要特性包括：

- 基于签约的空中 UE 识别和授权。
- 基于高度和位置上报的飞行模式检测。
- 基于测量上报的干扰检测。
- 飞行路径上报。
- 增强型开环功率控制。

接下来我们详细地介绍每个特性。

基于签约的空中 UE 识别与授权：对空中 UE 功能支持能力存储在 HSS 的用户签约信息中。HSS 将这一信息传输到 MME，从那里它可以通过 S1 应用协议提供给 eNB。此外，在基于 X2 的切换中，源 eNB 可以利用 X2 应用协议将签约信息通过切换请求消息发送给目标 eNB。对于基于 S1 的 MME 内切换和 MME 间切换，在切换结束后 MME 向目标 eNB 发送签约信息。然后 eNB 将这一信息与空中 UAV UE 的无线电能力指示结合起来，识别空中 UE 在飞行时是否已被授权连接到 E-UTRAN 网络。

基于高度和位置上报的飞行模式检测：飞行模式检测是另一个不同的问题。飞行模式检测的输入是事件触发的高度和位置上报。Release 15 针对空中 UE 引入了一个带有高度阈值的无线电资源管理可配置事件。UE 配置了此事件后，一旦 UE 的海拔高度超过设置的阈值，则会触发上报。除飞行模式检测之外，高度信息的准确测量必不可少，因为 E-UTRAN 可能会进行重新配置，比如当 UE 测量的高度超过阈值的时候。

基于测量上报的干扰检测：空中 UE 在飞行模式和地面模式下具有不同的干扰情况，因此飞行模式检测和干扰检测也是相关的。作为飞行模式检测输入条件，干扰检测中引入了对现有事件的增强特性，如触发 RSRP/RSRQ/RS-SINR 上报。UE 可以配置一些触发事件，如 A3、A4 和 A5，这些事件都包含了对相邻小区的测量，当多个小区测量的 RSRP/RSRQ/RS-SINR 高于配置的阈值时会触发测量上报。例如，当相邻小区的 RSRP 比当前小区的 RSRP 高到一定程度时触发事件 A3，比如增强的触发时间可以要求相邻三个小区的 RSRP 值都比当前小区的 RSRP 值高到一定程度。

飞行路径上报：在 Release 15 中，E-UTRAN 支持通过 RRC 信令向 UE 请求上报飞行路径信息。在请求中，eNB 可以配置 UE 上报的最大路径点数。此外，还可以配置是否可以上报每个路径节点的时间戳。UE 一旦获得路径信息，就进行路径上报。在 RRCReconfigurationComplete 的信令中，UE 可以指示飞行路径上报的有效性。目前，Release 15 不支持指示 UE 对飞行路径计划进行修改。

增强型开环功率控制：开环功率控制是用来抑制空中 UE 上行链路干扰的技术之一。Release 15 中引入了两个开环功率控制参数，接收功率 P_0 和部分路径损耗补偿系数 α。

- 截止到 LTE Release 14，参数 α 只能针对特定小区进行配置。由于不同空中 UE 引起的上行链路干扰程度也各不相同，因此最好引入一个 UE 特定的 α 参数。在 Release 15 中，可以为 UE 配置特定的物理上行链路共享信道 α 参数。
- 截止到 LTE Release 14，参数 P_0 包含小区级和 UE 级两部分。UE 级的参数 P_0 的取值范围为 $-8dB \sim +7dB$，在 Release 15 中其取值范围已经扩展到 $-16dB \sim +15dB$，以支持特定 UE 更加灵活地配置开环功率控制参数。

9.5.3　远程 UAV 识别的 3GPP Release 16 研究

远程 UAV 识别和跟踪对于授权机构是不可或缺的，如执法、公全和空中交管机构可以通过 UAS 交通管理（UTM）系统查询 UAV 的身份、元数据和控制器。如 9.5.2 节所述，3GPP 引入了基于签约的空中 UE 识别与授权。在 Release 16 中，3GPP 为进一步研究服务需求，将继续深入研究设备识别和附加信息[288]。

本研究的目标是厘清与 3GPP 签约相关的 UAV 远程识别和跟踪的用例和潜在需求。研究内容包括识别数据的内容、可用性和使用。识别数据的内容包括 UAV 标识、路线信息、位置和控制器信息。识别数据的可用性包括访问授权、隐私、延迟和可靠性。识别数据的使用包括跟踪、数据保留和授权。

3GPP TR 22.825[302] 记录了相关研究结果，其中确定了十个具有潜在需求的用例，包括：

- 初始授权操作。
- UTM 实时数据采集。
- 执法部门获取数据。
- 设立禁飞区域。
- 分布式区域隔离服务。
- UAS 身份的本地广播。
- UAV UE 和 UAV 上的普通 UE 的区分。
- 基于云的 NLOS UAV 操作。
- UAV 飞行范围限制。
- 基于 UAV 的远程巡查。

作为示例，将介绍初始授权操作的用例。在由 UAV 和 UAV 控制器组成的 UAV 系统中，机载 UE 向 UTM 发送 UAV 数据和标识，向移动网络请求授权。该请求包括飞行授权、飞行时访问移动数据以及使用 UTM 提供的某些服务。UAV 控制器也需要经过类似的认证和授权过程，这样移动网络和 UTM 才能将 UAV 与其控制器关联起来。根据飞行任务和请求的服务，在 UAV 可以被完全操作之前可能需要不同级别的身份验证和授权。例如，为了使用 UTM 服务（如飞行跟踪和碰撞避免），UAS 可能需要进行额外的应用级的身份验证和授权流程。

对于执法部门获取数据的用例，被授权者可以通过 UTM 查询某一个活跃的 UAS 的信息。例如，警方收到关于 UAV 的滋扰投诉后，可以根据报告的 UAV 飞行的地理区域，在 UTM 中查询到该区域中所有活跃 UAS 的信息。对于 UAV 来说，这些信息可能包括 UAV 的身份、UAV 控制者的身份、UAV 操作者的身份、飞行数据和实时位置。根据授权人员的要求，还可以进一步提供更多信息。

在网络覆盖不可用的情况下，对 UAV 身份进行本地广播可以作为远程识别和跟踪的备用手段。这使配备相应设备的授权人员可以查看邻近区域活跃的 UAS。然后，授权人员可以根据接收到的身份信息在 UTM 查到该 UAS 的更多信息。

对于其他用例的详细描述、场景和潜在的服务需求，感兴趣的读者可以阅读参考文献[302]。该研究还包括其他因素，合法拦截和安保。根据研究结果，3GPP 应该根据发现的潜在需求创建技术规范服务需求，以便为 UAS 生态系统提供更好的蜂窝连接服务。

9.6　支持 5G NR 的 UAV

许多国家已经准备好支持 LTE，使蜂窝连接 UAV 成为可能，并为 UAV 行业发掘新型服务。许多支持 LTE 的 UAV 的经验教训对 5G NR 也依旧适用。虽然下一代移动技术 5G NR 仍处于起步阶段，但它承载了更多的功能，包括提供增强三维覆盖、更高的传输速率、更低的延迟、定制化的端到端 QoS 保证和网络智能[283]。5G 网络的改进将催生大规模 UAV 部署和多样化的用途，比如 UAV 作为 5G NR UE 和 5G NR BS。

9.6.1　5G NR 入门

本节只提供了 5G NR 的入门简介。感兴趣的读者可以阅读参考文献[283，303]和相应的 3GPP 技术规范，以便更深入地了解 5G NR。

5G NR 的目的是解决针对增强移动宽带（eMBB）、超可靠低延迟通信（URLLC）以及海量机器类型通信（mMTC）等应用场景的问题。5G NR 能够满足 ITU 设定的 2020 年国际移动通信性能要求（IMT-2020）[304]：

- 在 eMBB 场景中，达到 20Gbps 的下行链路峰值速率和 10Gbps 的上行链路峰值速率。
- 在 eMBB 场景中，达到 30bps/Hz 的下行链路峰值频谱效率和 15bps/Hz 的上行链路峰值频谱效率。

- 在密集城区的 eMBB 测试环境中，下行链路用户平均体验速率达到 100Mbit/s，上行链路用户平均体验速率达到 50Mbit/s。
- 在室内热点、密集城区、农村 eMBB 使用场景中，下行链路用户的平均频谱效率分别达到 0.3bps/Hz、0.225bps/Hz 和 0.12bps/Hz；在室内热点、密集城区和农村 eMBB 使用场景中，上行链路用户的平均频谱效率分别达到 0.21bps/Hz、0.15bps/Hz 和 0.045bps/Hz。
- 在室内热点、密集城区、农村 eMBB 使用场景中，每个收发点平均频谱效率分别为 9bps/Hz、7.8bps/Hz、3.3bps/Hz；在室内热点、密集城区、农村 eMBB 使用场景中，每个收发点的平均频谱效率分别为 6.75bps/Hz、5.4bps/Hz、1.6bps/Hz。
- 室内热点的 eMBB 测试环境中，下行链路业务效率为 10Mbit/s/m^2。
- 在 eMBB 场景中，用户面延迟为 4ms；在 URLLC 场景中，用户面延迟为 1ms；在 eMBB 和 URLLC 场景中，控制面延迟为 20ms(推荐 10ms)。
- 在 mMTC 场景中，每平方公里设备数量 100 万台。
- 高休眠率和长睡眠间隔下具有较高的网络能效(定性测量)。
- 在城市宏站 URLLC 测试环境中，覆盖边缘的信道质量条件下，每毫秒传输 32 字节层 2 协议数据包的成功率为 10^{-5}。
- 在移动速度高达 10km/h 的室内热点 eMBB 场景中，归一化上行链路业务信道速率达 1.5bps/Hz；在移动速度高达 30km/h 的密集城市 eMBB 场景中，归一化上行链路业务信道速率达 1.12bps/Hz；在移动速度分别为 120km/h 和 500km/h 的农村 eMBB 场景中，归一化上行链路业务信道速率分别达 0.8bps/Hz 和 0.45bps/Hz。
- 在 eMBB 和 URLLC 场景中，移动中断时间为 0ms。
- 最小带宽 100MHz；在高频段(6GHz 以上)上带宽最高可达 1GHz。

5G NR 的设计是向前兼容的，这将使 3GPP 可以在将来为目前未知的用例顺利地引入新技术。5G NR 的关键技术包括陡峭性能传输、支持低延迟、先进的天线技术和灵活的频谱特性。

5G NR 的两种主要架构类型是非独立组网(NSA)架构和独立组网(SA)架构。在 NSA 中，终端通过 E-UTRA 和 NR 双连接(EN-DC)连接到 LTE eNB 和 5G NR NodeB(gNB)，其中 eNB 作为主节点，gNB 作为辅助节点[305]。在 NSA 中，LTE 用于初始接入和移动处理，而 SA 版本可以独立于 LTE 进行部署。

带循环前缀的 OFDM 可用于上下行链路传输。单流上行链路传输也支持 DFT-S-OFDM。为了灵活地支持不同的部署场景和更多的载频，NR 采用灵活的子载波间隔，$2^{\mu} \cdot 15\text{kHz}(\mu=0, 1, 2, 3, 4)$。低于 6GHz 的频段称为频率范围 1(FR1)，在此频率范围内数据信道的子载波间隔为 15kHz、30kHz 和待选的 60kHz；24GHz 以上的频段称为频率范围 2(FR2)，在此频率范围内数据信道子载波间隔为 60kHz 和 120kHz。当子载波间隔为 15kHz 时，循环前缀约为 4.7us，且随子载波间隔的增大而减小。在时域中，一个子帧由 2^μ 个时隙组成，每个时隙由 14 个 OFDM 符号组成。

在 NR 中，数据信道采用速率兼容的准循环低密度奇偶校验（LDPC）编码，控制信道采用带 Reed-Muller 分组编码和循环冗余校验（CRC）的极性码。调制方案包括二相和四相相移键控（B/QPSK）和 16、64、256 阶正交幅度调制（QAM）。

NR 支持 FDD、半静态上下行链路配置的 TDD 和动态 TDD。可以从时隙中的任意 OFDM 符号开始调度传输，并且在所需的一部分时隙中进行通信。这类"迷你时隙"传输有益于低延迟用例，并且最小化干扰。

9.6.2　优异的连接性能

5G NR 可以满足 IMT-2020 严苛的性能要求，能够为支持 5G NR 的 UAV 提供优良的连接性能，包括增强覆盖能力、更快的传输速率和更低的传输延迟。从支持 LTE 的 UAV 中的经验以及前几章中的研究可知，由地面网络服务的 UAV UE 往往会面临更多的干扰、形状不一的小区覆盖和复杂的邻区关系。因此，UAV UE 覆盖的复杂性更高，移动性管理问题的挑战更大。在 5G NR 网络中，部分指定小区可配置指向天空的 gNB 天线，以提高空中覆盖。可定制邻区覆盖和移动性管理策略来优化空中的覆盖。如果能获得 UAV 飞行路径等信息，那么它可用于管理和优化连接。

5G NR 支持先进的天线技术，包括大规模 MIMO。对于单用户 MIMO 而言，最多支持 8 流下行链路传输和 4 流上行链路传输，这可以大大提高 UAV 的数据传输速率。5G NR 特别增加了在同一时频资源进行多用户调度的能力，即多用户 MIMO。此技术可以提高系统整体容量，便于在 5G NR 网络中支持 UAV UE。5G NR 中引入了波束管理机制，收发机可以利用波束扫描进行空余滤波，以改善波束方向。通过波束赋形提高 SINR，能够进一步提高系统容量和覆盖范围。

5G NR 支持大带宽发射和接收。在 6GHz 以下频段（FR1），NR 载波的最大带宽为 100MHz，在 24GHz 以上频段（FR2）则为 400MHz。还可以对多达 16 个 NR 载波进行载波聚合（CA）来实现更大的带宽。在 5G NR 中，CA 可灵活配置频段内和跨频段 CA、载内波调度和跨载波调度，跨频段 CA 中不同的载波可以选择不同的子载波间距。

5G NR 凭借先进的天线技术和大带宽优势，可在不同配置下为不同频段提供不同等级的上下行链路高数据速率。5G NR 尤其适合支持 UAV UE 增强现实（AR）和 VR 沉浸式体验等应用，这些应用需要传输高清图像或视频，要求 Gbps 量级的数据速率。参考文献[33]对 UAV UE 的此类应用进行了一些研究。

9.6.3　支持网络切片的差异化服务

如 9.6.1 节所述，5G 需要支持不同业务所需求的广泛应用，又能提供更灵活、高性价比和高能效的服务。网络切片是 5G 移动网络实现高灵活性和扩展性的关键技术之

—[306]。网络切片使得相同的硬件设施可以支持多个逻辑网络运行。网络的各个切片在控制面和用户面是相互独立的。每个切片都是一个完整的端到端逻辑网络,具备网络功能和服务于特定应用类别,甚至单个客户的相关资源[307]。

网络切片由无线电接入网和核心网组成。3GPP 定义了支持下一代无线电接入网(NG-RAN)和 5G 核心网(5GC)网络切片的系统架构和功能[308-309]。网络切片的基本思想是,能够为不同切片上的业务构建不同的协议数据单元。通过调度和配置层 1 和层 2,可以实现网络切片。在网络切片中,可以认为用户属于不同的承租类型。每个承租用户都有相关的服务需求,这些需求决定了适合的切片类型。

通过网络切片,可以从逻辑上区分 UAV UE 和地面 UE 的应用服务和无线电资源管理。针对第 2 章所讨论的各种 UAV 用例,可以利用不同切片支持的指挥控制信令以及应用数据业务来实现应用服务的差异化。通过对物理网络进行端到端的划分,实现 UAV 业务的优化分组,如低延迟 UAV 业务、高传输速率 UAV 业务,并将其与具备不同特性的地面业务分离。

以 UAV 指挥控制系统为例,网络切片可以很好地满足 UAV 指挥控制的延迟、可靠性和安全性要求。基于网络切片,可以在适当的位置使用网元减小通信路径的长度,以降低传播时延。优先级调度和优化的配置能够降低空口延迟、核心网延迟和处理时延,进而减少 UAV 指挥控制的端到端延迟。切片需要硬件、软件和无线电资源来提高可靠性。基于如切片间互相独立等原因,网络切片还能改善安全性和数据隐私性。

9.6.4 网络智能

5G 网络正在演变成人类很难完全理解和控制的极度复杂的系统。传统的网络和数据分析方法渐渐地已经无法跟上 5G 系统日益复杂的步伐。如今,网络已经产生了大量数据,而且随着 5G 系统的规模和交互次数的不断扩大,产生的数据将更为庞大。为了更好地从数据中提取信息并实现自动化的网络控制和管理,人们正在开发具有机器学习、大数据分析和人工智能特性的智能网络[221]。

3GPP 正在进行一系列的智能网络研究工作,在 Release 15[310]中定义了第三级网络数据分析功能(NWDAF)服务。在 Release 16 中,3GPP 将继续研究网络自动化[311]和无线接入网-中心数据收集利用[312]的技术方案。ITU 电信标准化部门也于 2017 年 11 月成立了专题小组,研究未来网络的机器学习[313],其中包括 5G 网络。尽管通信网络中的机器学习、大数据分析和人工智能仍处于起步阶段,但它们对于网络智能和自动化,进而实现主动、自我感知、自适应和可预测的网络至关重要[221]。

具备网络智能的 5G 网络能够有效识别、监控和控制 UAV。5G 系统架构中不同层的智能网络可以根据多样化的目的进行数据处理。局部学习和决策,加上集中的数据,可以实现高效的 UAV 识别和管理。例如,每个本地 BS 可以收集无线电测量数据、一系列时间上的用户移动性事件和相关的信息。通过跨站点共享数据和信息构建机载无线环境分布模型，再利用机器学习对 UAV UE 进行识别。为了更好地进行 UAV 监管和空中交通管理，一体化网络的集中式智能分析是不可或缺的。对如 UAV 路径规划以规避覆盖盲区，避免拥堵，碰撞和禁飞区都大有好处。在之前的章节中，还展示了如何利用机器学习对各种 UAV 用例进行有效的资源管理。

9.7 本章小结

在过去的几十年里，蜂窝网络已经与地面上的数百亿的设备进行了连接，现在已经准备好支持空中飞行器——UAV。移动技术可以提供广泛的功能和特性来识别、跟踪和控制爆炸式增长的 UAV 机群，巩固 UAV 生态系统。蜂窝网络提供的广域的、高质量和安全的连接对于将 UAV 的运行范围扩展到超视距场景至关重要。除了提供无线连接外，移动技术还可以在新型 UAV 服务的拓展中发挥作用。

现有的地面 LTE 移动网络可以支持 UAV 的初始部署，但在干扰和移动性等方面还存在挑战。一些增强特性和 5G 网络将为大规模的 UAV 部署提供更加有效的连接。基于演进全球标准，移动技术将成为全球 UAV 生态系统蓬勃发展的重要基础。我们预计 5G 网络及后续网络（如 6G）将把 UAV 的三个角色，UAV BS、UAV UE 和 UAV 中继，无缝衔接起来。

第 10 章

UAV 网络安全

在前几章中，我们重点展示了如何实现 UAV BS 和 UAV UE 的无线通信，从而引出了一系列与通信和网络有关的重要研究课题。然而，为 UAV 配备通信能力也将使其面临广泛的安全威胁。事实上，UAV 的优点，包括它们的敏捷性和 LOS 链路下的通信能力，使它们更容易受到大量的安全攻击，包括网络威胁，如干扰欺骗以及物理威胁，对手可以指挥 UAV 的控制系统或简单地试图从物理上摧毁 UAV。因此，研究和分析 UAV 网络的安全性，并引入新的防御解决方案来帮助 UAV 应对上述网络物理安全威胁是非常必要的。

因此，本章的目标是简要概述基于 UAV 的网络的安全挑战。为此，在 10.1 节中我们首先概述 UAV 系统面临的各种安全威胁，从通信信道攻击到信息攻击和全球定位系统 (Global Positioning System，GPS)欺骗攻击。随后在 10.2 节中，我们使用博弈论开发一个通用框架，为 UAV 应用(如配送系统)提供信息物理安全。最后，我们在 10.3 节对 UAV 系统安全性的关键点进行了总结。

10.1 UAV 安全问题概述

在本节中，我们讨论一些可以危及 UAV 网络操作的重要安全威胁。针对 UAV 的网络物理攻击千差万别，因为它们可以针对 UAV 系统的不同组成部分。例如，一些攻击可以瞄准 UAV 与其地面站之间的连接[314]。其他攻击可以通过拦截发送的信息或注入虚假数据来瞄准 UAV 的信息[315]。拒绝服务是另一种攻击形式，旨在阻止 UAV 执行为其指定的服务[316]。最后，一些攻击可以通过干扰或欺骗真实的 GPS 信号来瞄准 UAV 系统中的特定组件，比如 GPS 接收机[317]。请注意也有一类攻击可以以一组 UAV 为目标，破坏其 UAV 网络(UAVN)的连接[318]。

通信信道攻击：对 UAV 系统通信信道的攻击可以采取多种形式，如中断 UAV 与地面站之间的连接[315]。在这种攻击中，攻击者可以阻止地面站和 UAV 的通信以及对 UAV

的控制，以盗取 UAV 或使 UAV 操作者失去对 UAV 的控制。如果攻击者想要窃取 UAV，首先会拦截 UAV 和地面站之间的连接，然后向 UAV 发送自己的控制信号，以引导 UAV 飞到可以捕获的地方，这被称为即飞攻击(fly-away attack)[319]。如果 UAV 是由移动应用程序控制的，也会发生类似的通信攻击，在这种情况下，攻击者将从合法的移动设备上解除 UAV 的身份验证，然后与恶意的移动设备建立新的连接。

信息攻击：对 UAV 信息的攻击可以对目标 UAV 产生更大范围的影响。窃听 UAV 和它的通信接收者(例如 BS 或其他 UAV)之间传输的信息是攻击者可以发动的用于访问 UAV 私人信息的最基本的攻击之一。由于传输数据缺乏强加密(受 UAV 计算能力限制)，根据传输数据的敏感性，窃听可能会产生严重的影响。当然，在这里我们可以设想几种针对窃听问题的解决方案，从开发轻量级密码算法到探索物理层安全解决方案[320-321]。窃听是对 UAV 信息的一种被动攻击，而虚假数据注入则是对 UAV 信息的另一种重要的**主动**攻击。在虚假数据注入中，攻击者可以通过伪装成真实控制中心的身份向 UAV 传输操控信息。当 UAV 和控制中心之间没有使用身份验证时，这种攻击形式特别有效。更强大的数据注入攻击被称为中间人攻击[314]，攻击者拦截从控制中心发送的消息，修改并重新发送给目标 UAV。数据注入攻击的目的可能是误导目标 UAV 执行有害的任务或阻止它执行预期任务。

拒绝服务(Denial-of-Service，DoS)攻击：DoS 攻击是计算机网络和无线网络中众所周知的安全威胁[322]，攻击者向网络发送大量请求，以耗尽网络资源，从而阻止合法用户获得服务。在 UAV 网络中，DoS 攻击可以阻止 UAV 执行其任务，特别是在 UAV 接收用户请求的场景下。例如，许多 UAV 被用作空中 BS，在紧急情况下或在时间敏感的应用中为用户提供必要的蜂窝连接，如大型事件中的实时视频流[323]。此类 UAV 容易受到 DoS 攻击，攻击者向合法用户发送恶意请求，影响其服务。DoS 的另一种变体是分布式拒绝服务(DDoS)攻击，攻击者使用多个设备发送请求，使网络更难识别恶意用户。DoS 攻击的概念还可被敌人用于破坏 UAV 及其控制器[324]之间的无线连接，通过发送一个大型 UAV 的控制请求导致缓冲区溢出或并行发送多个控制信号阻止 UAV 接收其真实的控制信号。

GPS 攻击：GPS 攻击的目标是 UAV 的 GPS 接收器。GPS 干扰是一种对 UAV 的常见攻击，攻击者通过发射高功率信号来阻止 UAV 接收用于确定位置的 GPS 信号。虽然可能没有一个通用有效的机制防御 GPS 干扰，但参考文献[325]中提出了一种技术来确定干扰机的位置，以阻止干扰源。GPS 欺骗是另一种针对 UAV 的 GPS 接收机的强大攻击。在 GPS 欺骗攻击中，攻击者向 UAV 的 GPS 接收机发送假的 GPS 信号。这些信号的传输功率略高于真实的 GPS 信号，因此 UAV 将锁定这些虚假信号，并对其位置产生错判。攻击者可以通过将 UAV 发送到另一个预定的可以捕获的位置而受益[317]，这称为通过 GPS 欺骗捕获攻击。

GPS 欺骗攻击的效果取决于攻击的类型。如果攻击者不寻求保持一个隐蔽的攻击，理论上可以给 UAV 强加任何位置，如果 UAV 使用了欺骗检测技术，那么攻击者会有被检测到的风险。如果攻击者正在发起隐蔽攻击，它可以强加于 UAV 的位置改变将受到限制，

这种限制是为了不被欺骗检测技术立即捕获。这一限制由实例漂移距离决定[326]，实例漂移距离取决于 UAV 采用的 GPS 欺骗干扰技术。为了说明 GPS 欺骗攻击的影响，我们利用参考文献 [327]中的 UAV GPS 欺骗攻击模型进行了一些模拟。例如，在图 10.1 中我们展示了一组 5 个由普通 UAV 操作者管理的 UAV 受到 GPS 欺骗攻击并捕获的可能性。在这种情况下，攻击者可以在每个时间间隔欺骗一个 UAV 的 GPS 信号。同样，一个 UAV 可以在每个时间间隔使用邻近 UAV 的位置来更新自己的位

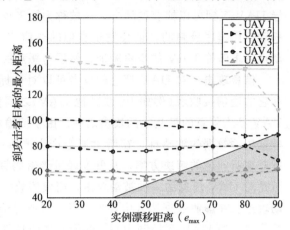

图 10.1　在确定性策略下改变实例漂移距离对 UAV 捕获可能性的影响

置。在图 10.1 中，UAV 操作者选择哪一个 UAV 必须在时间间隔内按预先确定的顺序更新其位置。具体来说，UAV 操作者按顺序选择所有 UAV，第一步从 UAV 1 开始。可以看出，当移动距离为 60m 时，攻击者可以开始捕获 UAV 1 和 UAV 5，当移动距离为 90m 时，攻击者也可以捕获 UAV 2。类似地，在图 10.2 的案例中，UAV 操作者选择一个随机的 UAV

在每个时间间隔内更新位置。从图中可以看出，当移动距离为 60m 时，攻击者能够捕获 UAV 1 和 UAV 5。然而，当移动距离超过 80m 之后，可以开始捕获 UAV 4，这比使用确定性策略要差。这些仿真结果清楚地展示了如何研究对 UAV 的 GPS 欺骗攻击，并设计相应的防御策略。关于此类设计的更多分析可以参考参考文献[327]。

其他攻击：还有其他几种攻击类型，可以破坏一组 UAV 的网络连接[318]。这些攻击与对无线传感器网络（WSN）[328]、移动自组网络（MANET）[329] 和车载自组

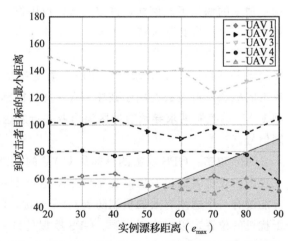

图 10.2　在随机策略下漂移距离对 UAV 捕获可能性的影响

网络（VANET）[330] 的攻击有相似的效果。虽然这些网络的可用资源、传输信息量和节点的数量各不相同，但它们的相似之处是，可以通过修改，把一些防御机制从一个系统移植到另一个系统，来适应新系统的特性。

10.2　配送系统中的 UAV 安全

在对 UAV 的安全问题进行概述后，下一步是开发一个通用框架，以研究和分析在特定的场景下 UAV 配送系统中的 UAV 安全。如第 2 章提到的，UAV 将承载大量的实际应用。特别地，可以预见 UAV UE 将成为许多智能城市应用的中心。此类应用包括 UAV 配送系统[331-332]，如亚马逊的 Prime Air 和谷歌的 Project Wing，以及搜索和救援中的 UAV UE 使用。在这些应用中，UAV UE 需要完成时间敏感型任务，要从给定的原点移动到目的地。在飞行过程中，UAV UE 将不得不与地面基础设施（如 BS 和地面站）以及其他 UAV 进行通信。这种通信能力、移动性和敏捷性，使得配送系统中的 UAV UE 极易受到信息物理攻击。在网络层面，如 10.1 节所述，对手可以试图通过添加虚假数据控制 UAV 或干扰/DoS 攻击 UAV 的通信系统，来达到危及 UAV 的配送任务的目的[333-335]。同时，考虑到美国联邦航空管理局（FAA）将 UAV 的飞行高度限制为约 400 英尺，UAV UE 将在民用步枪的射程范围内，可以对它们进行物理攻击[336]。这种物理攻击严重威胁着 UAV，可能给 UAV 操作者带来灾难性后果。

由于这些信息和物理缺陷，除了 10.1 节中讨论的研究工作之外，参考文献[333-335]中也尝试识别 UAV 系统的各种漏洞（尤其是在网络方面），然后针对这些弱点提供安全解决方案。然而，以往的研究大多仍关注于通用 UAV 系统的网络缺陷，没有考虑 UAV 配送系统的一些独特特征[337-338]，如及时配送的需求和与物理威胁相关的缺陷。为了克服参考文献中的这一缺失，在本节中，我们将介绍一个基于博弈论和前景理论的框架，来分析和理解 UAV 配送系统的信息和物理缺陷。这个框架将基于参考文献[339]中的工作来阐述 UAV 操作者如何更好地把控其 UAV 配送系统的安全性。

10.2.1　UAV 配送系统的安全性建模

我们研究了与亚马逊 Prime Air 类似的 UAV 配送系统的安全性能，配送系统的操作者将派遣一个 UAV UE，把在线商品配送到目标位置。在这个研究系统中，一旦要求送货，操作者将派遣 UAV UE 将购买的货物从指定的出发地 O（如仓库）运送到目的地 D（如客户场所）。UAV 配送系统操作者希望将 UAV UE 从出发地 O 送到目的地 D 的运送时间和相关成本最小化。因此，它往往会选择从起点到终点的最短路径。然而，在我们的系统中，我们认为存在一个攻击者，可以位于多个"危险点"之一（如图 10.3 中的位置 i 和 j）来攻击 UAV UE 并危及其任务。在这里，危险点是从出发地 O 到目的地 D 的给定路径上的地理位置，在这个位置上 UAV 的信息和物理缺陷暴露在攻击者面前。例如，高层建筑或高山可能是潜在的危险点。这些危险点代

图 10.3　从仓库 O 到客户位置 D 的威胁点

表了一个威胁来源，因为它们可能会导致攻击者与 UAV 在物理层面上十分接近，或者 UAV 在攻击者 LOS 范围内。因此，它们能够通过物理（如射击 UAV）和信息（如干扰）攻击来瞄准横飞 UAV。

在本节中，假设 UAV UE 属于合法操作者，攻击者是恶意攻击。正如在参考文献 [340] 中讨论的，开发的框架也可以适用于 UAV 执行邪恶任务（例如危及机场的安全）和攻击者（例如政府机构）试图阻止这种恶意 UAV 的场景。在我们考虑的安全模型中，每当攻击者成功时，它将能够完全危及 UAV UE（例如通过破坏它或使它混乱）。因此，一旦攻击成功，操作者将不得不重新将其产品从 O 发送到 D（使用一个新的 UAV），这会导致大量的配送时延。因此，攻击成功的概率将直接影响产品的预期配送时间。为了保证在潜在对手存在的情况下及时配送，UAV 操作者不能再依赖最短物理路径，因为其中可能存在潜在的风险。相反，必须选择风险较小并能带来更短配送时间的替代路径。如图 10.4 所示，我们利用导向图 $\mathcal{G}(\mathcal{N}, \mathcal{E})$ 来对 UAV 从起点到目的地的配送路径进行建模。导向图在集合 $\mathcal{N}$ 中有 N 个节点，表示集合 $\mathcal{E}$ 中由 E 条边连接的危险点位置。我们假设 UAV 可以在几乎不受约束的位置飞行⊖，因此，O 到 D 之间的路径数可以无限大。每一条这样的路径都将跨越一个危险点的子集（这些危险点也可以在各种路径之间共享）。从安全角度考虑，我们可以通过每条路径所穿越的危险点集合来获取所有可能路径的集合。由于 UAV 配送操作者希望将配送时间最小化，我们假设任意 UAV UE 在两个危险点 m 和 n 之间的移动都沿着两个危险点 m 和 n 之间的最短边移动。因此，在图 $\mathcal{G}$ 中定义任意两个节点之间的边时，我们只选择这两个节点之间的最短路径。

图 $\mathcal{G}(\mathcal{N}, \mathcal{E})$ 可以看作是 UAV 配送系统安全性的一个紧凑模型。图 $\mathcal{G}(\mathcal{N}, \mathcal{E})$ 用危险点和连接它们的最短边来表示 O 和 D 之间的连续空间。对于连接 2 个危险点 m 和 n 的每条边 $e_k \in \mathcal{E}$，我们将 t_k 定义为 UAV 飞越边 e_k（从 m 飞到 n）的时间。对于每个危险点 $n \in \mathcal{N}$，我们定义 p_n 为从 n 执行攻击成功的概率。

$\mathcal{H}$ 是 $\mathcal{G}$ 中从 O 到 D 的 H 条路径（没有重复的顶点）的集合。实质上，每个元素 $h \in \mathcal{H}$ 代表了从 O 到 D 路径上的一系列危险点。每个 h 都有一组独特的节点和相关的边，我们可以通过其顺序遍历的节点表示 h，这仅仅是 $\mathcal{N}$ 的一个子集，比如图 10.4 中，$h_1 \triangleq (1, 2, 5, 7, 10)$ 代表一个样本路径。我们现

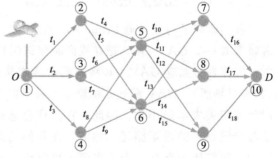

图 10.4 UAV 配送系统的一种图示

⊖ 注意，在未来，FAA 可能会监管 UAV，并要求它们在预定义的航线上飞行。

在可以定义一个 $(H \times N)$ 路径节点的关联矩阵 $\boldsymbol{L}$。对于每一个 l_{hn}，$(\forall h \in \mathcal{H}$，$\forall n \in \mathcal{N})$，如果 $n \in h$，则每个 $l_{hn}=1$，否则为 0。我们还定义了一个距离函数 $f^h(\cdot)$：$h \to \mathbb{R}$（在路径 $h \in \mathcal{H}$ 上）。这个函数输出按照给定路径 h 上节点 $n \in h$ 从原点达到目的地所需的时间。例如在图 10.4 中 $f^{h_1}(5)=t_1+t_4$，其中 $h_1 \triangle (1，2，5，7，10)$。

在该模型中，我们将 UAV 操作者 U 称为规避者，其目的是为 UAV 选择一个最优的路径（从 O 到 D），该路径使预期配送时间 T 最小，同时潜在地规避一次成功的攻击。同时，我们将攻击者 A 称为拦截者，其目的是选择一个危险点来攻击 UAV 并拦截其路径。这样，拦截者可以潜在地攻击 UAV，最大限度地提高配送时间 T。考虑到操作者和攻击者的决策是极其错综复杂的，用博弈论中的概念对他们的行为进行建模比较恰当[341]。之后的讨论中，我们制定了一个零和网络拦截博弈[342]来研究 UAV 配送系统的安全性。

10.2.2　网络拦截博弈中的 UAV 安全

在我们考虑的系统中，UAV 操作者的目标是通过最优概率分布 $\boldsymbol{y} \triangle [y_1，y_2，\cdots，y_H]^{\mathrm{T}} \in \mathcal{Y}$（定义 $\mathcal{Y}=\left\{\boldsymbol{y} \in \mathbb{R}^H：\boldsymbol{y} \geqslant 0，\sum_{h=1}^{H} y_h=1\right\}$）在 O 到 D 的所有可能飞行路径集合 $\mathcal{H}$ 上确定随机路径选择策略。操作者对路径进行随机选择，如果路径选择是确定的，它将使得攻击者可以轻易地攻击操作者所选路径上的 UAV。我们还注意到，在行动集合上的概率分布选择（与确定性选择相反）在博弈论中被称为混合策略。类似地，我们假设攻击者也会选择由最优概率分布 $\boldsymbol{x} \triangle [x_1，x_2，\cdots，x_N]^{\mathrm{T}} \in \mathcal{X}$ 在攻击位置集合（即危险点）$\mathcal{N}$ 上获取最优的混合策略。我们定义 $\mathcal{X}=\left\{\boldsymbol{x} \in \mathbb{R}^N：\boldsymbol{x} \geqslant 0，\sum_{n=1}^{N} x_n=1\right\}$。在一个给定的位置 n，攻击并不总是成功的，攻击成功的概率为 p_n。

对于任何成功的攻击，我们假设 UAV 操作者将需要重新发送一个 UAV UE 来取代被破坏的那一个 UAV UE。因此，在我们的模型中，当 UAV UE 到达路径 h 的给定节点 $n \in h$ 时，UAV 可以以 $1-p_n$ 的概率沿路径 h 继续正常飞行，也可以被对手以概率 p_n 成功拦截。UAV UE 被成功攻击的情况将被视为等同于 UAV 被送回原点 O（因为在实践中，一个新的 UAV UE 将被发送，以取代被破坏的一个）。为简单起见，我们假设对于任何产品被攻击成功后再重新发送，执法机构已经获取路径 h（第一次尝试），因此，操作者可以在没有任何安全威胁的路径 h 上安全地发送其替代 UAV。我们现在可以使用前面定义的混合策略来定义期望配送时间 T，如下：

$$T = \sum_{h \in \mathcal{H}} \sum_{n \in \mathcal{N}} y_h x_n \left[l_{hn} p_n \left(f^h(n) + f^h(D) \right) + (1 - l_{hn} p_n) f^h(D) \right] \tag{10.1}$$

$$= \sum_{h \in \mathcal{H}} \sum_{n \in \mathcal{N}} y_h x_n \left[l_{hn} p_n f^h(n) + f^h(D) \right]$$

我们现在还可以定义一个 $(H \times N)$ 矩阵 $\boldsymbol{M}$，该矩阵中的每个元素 m_{hn} 可以表示为：

$$m_{hn} = l_{hn} p_n f^h(n) + f^h(D) \quad \forall h \in \mathcal{H} \text{ 且 } n \in \mathcal{N} \tag{10.2}$$

因此，预期的配送时间如下：

$$T = \boldsymbol{y}^{\mathrm{T}} \boldsymbol{M} \boldsymbol{x} \tag{10.3}$$

备注 10.1　在所考虑的系统中，我们考虑由 UAV 的路径选择权衡造成的两种损失：(a) 与 UAV 及其货物的货币价值有关的经济损失 (b) 配送时间的时延。考虑到 UAV 配送系统操作者有非常严格的配送时间，任何时延都将严重损害操作者及其 UAV 配送的声誉。因此，最大限度地减少配送时延是 UAV 配送系统操作者的主要目标之一。在此，我们不考虑经济损失，主要关注预期的信息和物理攻击所引起的时延。

在所研究的安全问题中，操作者主要希望最小化预期配送时间 T，而对手希望最大化 T。显然，这是一个零和博弈，可以正式构成一个最小-最大问题 (P_1)：

$$(P_1)\colon T^* = \min_{\boldsymbol{y}} \max_{\boldsymbol{x}} \boldsymbol{y}^{\mathrm{T}} \boldsymbol{M} \boldsymbol{x} \tag{10.4}$$

$$\text{s. t. } \boldsymbol{1}_N \boldsymbol{x} = 1, \ \boldsymbol{1}_H \boldsymbol{y} = 1, \ \boldsymbol{x} \geqslant 0, \ \boldsymbol{y} \geqslant 0 \tag{10.5}$$

其中 $\boldsymbol{1}_N \triangleq [1, \cdots, 1]^{\mathrm{T}} \in \mathbb{R}^N$ 且 $\boldsymbol{1}_H \triangleq [1, \cdots, 1]^{\mathrm{T}} \in \mathbb{R}^H$。在 (P_1) 中的约束主要是将 $\boldsymbol{x}$ 和 $\boldsymbol{y}$ 限制为 $\boldsymbol{x} \in \mathcal{X}$ 和 $\boldsymbol{y} \in \mathcal{Y}$。与此同时，对手的配送时间最大化问题只不过是在式 (10.14) 中引入的 (P_1) 的最大-最小对问题。

操作者和攻击者为解决他们的零和博弈而选择的分布 $\boldsymbol{y}$ 和 $\boldsymbol{x}$ 称为安全策略[341]。安全策略主要考虑对手试图造成最坏情况的场景。如在式 (10.4) 中，操作者会考虑对手任意路径选择策略 $\boldsymbol{y}$ 的攻击应对策略 $\boldsymbol{x} \in \mathcal{X}$，从而得到最可能的预期配送时间。

为了找到这个零和网络拦截博弈的解，我们采用了求解零和矩阵博弈的常用方法[341]。从式 (10.4) 中，我们看到最大化配送时间可以认为是给定 $\boldsymbol{y}$ 的函数。换句话说，选择最优的 $\boldsymbol{x} \in \mathcal{X}$ 直接取决于 $\boldsymbol{y}$。因此，我们可以将式 (10.4) 重新表示如下：

$$\min_{\boldsymbol{y} \in \mathcal{Y}} u_1(\boldsymbol{y}) \tag{10.6}$$

其中 $u_1(\boldsymbol{y}) = \max_{\boldsymbol{x} \in \mathcal{X}} \boldsymbol{y}^{\mathrm{T}} \boldsymbol{M} \boldsymbol{x} \geqslant \boldsymbol{y}^{\mathrm{T}} \boldsymbol{M} \boldsymbol{x}$，$\forall \boldsymbol{x} \in \mathcal{X}$。

由于 $\mathcal{X}$ 是一个 n 维单形，我们可以将上一个不等式改写为：

$$\boldsymbol{M}^{\mathrm{T}} \boldsymbol{y} \leqslant \boldsymbol{1}_N u_1(\boldsymbol{y}) \tag{10.7}$$

现在我们使变量 $\hat{\boldsymbol{y}} = \boldsymbol{y}/u_1(\boldsymbol{y})$，然后，我们将最小-最大问题 (P_1) 重新表述为线性规划 (LP) 问题 (P_2)：

$$(P_2)\colon \min_{\boldsymbol{y} \in \mathbb{R}^H} u_1(\boldsymbol{y}) \tag{10.8}$$

$$\text{s. t. } \boldsymbol{M}^{\mathrm{T}} \hat{\boldsymbol{y}} \leqslant \boldsymbol{1}_N \tag{10.9}$$

$$\hat{\boldsymbol{y}}^{\mathrm{T}} \boldsymbol{1}_H = 1/u_1(\boldsymbol{y}) \tag{10.10}$$

$$\boldsymbol{y} = \hat{\boldsymbol{y}} u_1(\boldsymbol{y}), \ \hat{\boldsymbol{y}} \geqslant 0 \tag{10.11}$$

如参考文献 [343] 所证明的，式 (10.8)~式 (10.11) 可以简化为一个标准最大化问题 (P_3)：

$$(P_3)\colon \max_{\hat{\boldsymbol{y}}} \hat{\boldsymbol{y}}^{\mathrm{T}} \boldsymbol{1}_H \tag{10.12}$$

$$\text{s. t. } \boldsymbol{M}^{\mathrm{T}} \hat{\boldsymbol{y}} \leqslant \boldsymbol{1}_N, \ \hat{\boldsymbol{y}} \geqslant 0 \tag{10.13}$$

通过求解(P_3)可以得到最优$\hat{y}$。然后根据式(10.10)，这个解可以求出$u_1(y)$。因此，给定$u_1(y)$和$\hat{y}$，我们可以根据式(10.11)推导出最优y。

我们将攻击者的最大-最小问题进行类似的分析和转换。为此，我们首先如下定义攻击者的目标函数：

$$\max_{x\in\mathcal{X}}\min_{y\in\mathcal{Y}}y^{\mathrm{T}}Mx \tag{10.14}$$

从式(10.14)中，我们可以看到，这里对给定的向量x进行了最小化。因此，我们定义：

$$u_2(x)=\min_{y\in\mathcal{Y}}y^{\mathrm{T}}Mx\quad\text{且}\quad\hat{x}=x/u_2(x) \tag{10.15}$$

类似于我们对 UAV 操作者的最小-最大问题所做的，我们可以将式(10.14)中的最大-最小值降低到一个标准最小值：

$$(P_4):\min_{\hat{x}}\hat{x}^{\mathrm{T}}\mathbf{1}_N \tag{10.16}$$

$$\text{s. t.}\quad M\hat{x}\geqslant\mathbf{1}_H,\hat{x}\geqslant0 \tag{10.17}$$

正如在式(10.10)中所做的，通过求解(P_4)找到最优的$\hat{x}$，并使用它推导出$u_2(x)$：

$$\hat{x}^{\mathrm{T}}\mathbf{1}_N=1/u_2(x) \tag{10.18}$$

因此，已知最优$\hat{x}$和$u_2(x)$，我们现在可以根据式(10.15)推导出最优x。

从博弈论的角度来看，解决 LP 问题(P_3)和(P_4)会导致博弈的混合策略纳什均衡（NE），定义如下：

定义 10.1　策略概要(y^*,x^*)是一个 NE（也称为鞍点均衡（SPE）），当且仅当：

$$(y^*)^{\mathrm{T}}Mx^*\leqslant(y)^{\mathrm{T}}Mx^*\ \forall\,y\in\mathcal{Y} \tag{10.19}$$

$$(y^*)^{\mathrm{T}}Mx^*\geqslant(y^*)^{\mathrm{T}}Mx\ \forall\,x\in\mathcal{X} \tag{10.20}$$

现在，我们可以使用(P_3)和(P_4)的解找到命题 3 中所示的 NE 的预期配送时间T^*：

命题 3　解决策略(y^*,x^*)构成了网络拦截博弈的一个 NE，LP 问题(P_3)和(P_4)的解使得函数$\mu_1(\hat{y}^*)=(\hat{y}^*)^{\mathrm{T}}\mathbf{1}_H$和$\mu_2(\hat{x}^*)=(\hat{x}^*)^{\mathrm{T}}\mathbf{1}_N$满足$\mu_1(\hat{y}^*)=\mu_2(\hat{x}^*)=1/T$。

总之，所研究的问题在形式上是一个有限零和网络拦截博弈（定义在矩阵M上）。在博弈中，对于混合策略对(y,x)，操作者U和攻击者A的期望增益分别为$\prod_A(y,x)=-\prod_U(y,x)=y^{\mathrm{T}}Mx=T$。众所周知，对于任何有限零和博弈，如果$y'$是第一个参与者的混合安全策略，且$x'$是第二个参与者的混合安全策略，那么博弈的 NE 由(y',x')给出[343]。因此，假设y^*和x^*是我们有限零和 UAV 网络拦截博弈中的混合安全策略，那么(y^*,x^*)将是博弈中的一个 NE。

根据式(10.10)和(P_2)和(P_3)之间的等价性，可以得到：

$$u_1(y^*)=[(\hat{y}^*)^{\mathrm{T}}\mathbf{1}_H]^{-1}\Rightarrow u_1(y^*)=1/\mu_1(\hat{y}^*) \tag{10.21}$$

然而，根据$u_1(y)$和T^*的定义有：

$$u_1(y^*)=\min_{y\in\mathcal{Y}}u_1(y)=\min_{y\in\mathcal{Y}}\max_{x\in\mathcal{X}}y^{\mathrm{T}}Mx=T^* \tag{10.22}$$

因此，根据式(10.21)和式(10.22)可以得到：

$$\mu_1(\hat{\boldsymbol{y}}^*) = (\hat{\boldsymbol{y}}^*)^{\mathrm{T}} \boldsymbol{1}_H = 1/u_1(\boldsymbol{y}^*) = 1/T$$

类似地，可以有如下表示：

$$\mu_2(\hat{\boldsymbol{x}}^*) = (\hat{\boldsymbol{x}}^*)^{\mathrm{T}} \boldsymbol{1}_N = 1/u_2(\boldsymbol{x}^*) = 1/T$$

从这个分析中，我们可以看到我们的博弈可以有多种 NE(即每个参与者都有多种安全策略)。然而，由于博弈是零和的，那么所有的均衡都会产生相同的预期配送时间，如参考文献[341]所示。此外，这些 NE 是可以互换的[341]，即如果$(\boldsymbol{y}^*, \boldsymbol{x}^*)$和$(\boldsymbol{y}', \boldsymbol{x}')$是两个 NE，那么$(\boldsymbol{y}^*, \boldsymbol{x}')$和$(\boldsymbol{y}', \boldsymbol{x}^*)$也是 NE。

需要注意的是，在本节中，我们使用传统博弈论(CGT)分析了 UAV 安全问题，假设参与者是客观和理性的。在实践中，人们有两种参与方式：(a) UAV 系统的操作者将规划 UAV 配送系统(b) 攻击者可能会是人类决策者，我们可以将人类的有限理性考虑在内来讨论解决方案。接下来是一些理性的分析。

10.2.3　有人类决策者的 UAV 配送系统安全性

正如在 CGT 中讨论的那样，假设每个参与者(操作者或对手)通过使用期望值量化一对策略$(\boldsymbol{y}, \boldsymbol{x})$的增益来客观合理地评估达到某个配送时间的可能性。计算期望值的能力是期望效用理论(EUT)的宗旨，其中假定博弈中的参与者是理性的，并且可以客观地计算概率结果，例如式(10.1)中的结果和等效的式(10.3)中的结果。

然而，许多实证研究，包括在参考文献[344]中卡尼曼(Kahneman)所做的诺贝尔奖获得者的前景理论实验中，都表明在现实世界中人类决策者不会采取完全理性的行为。特别是，当面临风险和不确定性时(例如我们的 UAV 安全博弈)，人类的决策过程可能会大大偏离 EUT 和 CGT 的完全理性情况。例如，正如前景理论(PT)[344]所证明的那样，人类参与者经常以主观的方式评估概率结果。由于各种因素，这种主观性自然会出现在我们的 UAV 安全设置中。一方面，UAV 的操作者和对手都可以对任意危险点攻击的成功概率拥有自己的主观感知。在这方面，任何给定的 UAV 路径的风险水平或对给定位置的攻击可能造成的潜在损害将由操作者和对手主观评估。因此，之前描述的对配送时间的客观期望可能不再成立。另一方面，评估配送时间的给定值(由操作者或攻击者评估)的方法是主观的，并且与 EUT 的方法不同。例如，UAV 配送系统的主要性能指标之一是实现非常短的配送时间。尤其是对于 UAV 操作者而言，达到其已承诺的目标配送时间T^O 是至关重要的。例如，Amazon Prime Air 承诺配送时间少于 30 分钟[332]。因此，在现实世界的 UAV 配送系统中，配送时间不是绝对量。相反，是相对于参考点 T^O 进行测量，因为超过 T^O 的预期配送时间的增加将对 UAV 配送系统的声誉和有效性产生重大影响。例如，如果 Amazon Prime Air 无法始终如一地满足其承诺的 $T^O = 30$ 分钟的配送时间，则其 UAV 配送计划可能会失败，并将受到重大影响。同时，当 UAV 用于搜救或紧急药物运送[337-338]任务时，轻微的时延也可能会带来灾难性的后果。显然，使用 CGT 分析 UAV 配送系统安全性的缺点之一就是，它会将计算出的预期配送时间视为操作者和攻击者客观使用的绝对客观量去选择其混合策略。如上所述，实际上配送时间是参与者将主观评估的相对量（相对于 T^O）。

我们用 PT[344] 框架以便将这些主观感知因素明确地纳入我们的 UAV 安全博弈中。在这方面，我们利用前景理论中所谓的加权和框架效应。加权效应使我们能够了解到参与者将主观评估概率结果的这一事实。PT 的研究尤其表明，人类参与者往往会对高概率结果低加权，而对低概率结果高加权。同时，PT 框架的概念将考虑以下事实：参与者会分析其配送时间，而不是绝对的原始量，而是相对于参考的相对量。

为了将这些 PT 效应整合到我们的博弈中，而不是像 10.2.2 节中那样仅按预期推导配送时间 T，我们将为 $z \in \{U, A\}$ 定义一个评估函数 $V_z(T)$，操作者 U 或攻击者 A 将主观对任何给定 T 进行主观定义。通过使用式（10.1），我们可以按以下方式定义此评估函数（对于 $z \in \{U, A\}$）：

$$V_z(T) = \sum_{h \in \mathcal{H}} \sum_{n \in \mathcal{N}} y_h x_n [v_z(l_{hn} \omega_z(p_n) f^h(n) + f^h(D) - R_z)] \tag{10.23}$$

在式（10.23）中，$\omega_z(.) : [0, 1] \rightarrow \mathbb{R}$ 是获取 PT 加权效应的非线性加权函数，而 $v_z(.) : \mathbb{R} \rightarrow \mathbb{R}$ 是合并 PT 框架效应的非线性值函数。式（10.23）中的加权函数获得了每个参与者对概率结果事件可能性的主观感知。每当 U 选择路径 $h \in \mathcal{H}$ 且对手以节点 $n \in h$ 为其攻击时，博弈中的结果均对应于达到的配送时间。显然，实现的配送时间是概率结果，因为它取决于成功攻击的概率。从本质上讲，每当操作者选择路径 h 且攻击者选择节点 $n \in h$ 时，他们将以概率 p_n 实现 $(f^h(n) + f^h(D))$ 的配送时间，并以概率 $(1 - p_n)$ 实现配送时间 $f^h(D)$。因此，两个参与者将在人类决策者在场的情况下客观地衡量这两个结果的概率，而不是客观地衡量这两个概率的加权值。例如，在 PT 加权效应下任何参与者 $z \in \{U, A\}$ 都将查看配送时间等于 $f^h(n) + f^h(D)$ 的概率（当 U 选择 h 且 A 选择 $n \in h$ 时）作为 $w_z(p_n)$，这是一个非线性映射，将客观概率 p_n 转换为主观权重 $w_z(p_n)$。这种 PT 效应反映了一个事实，即在现实世界中人类参与者倾向于给高概率结果较高的权重而给低概率结果较低的权重。为了准确地建模每个参与者 $z \in \{U, A\}$ 的主观概率感知，我们基于在 PT 中非常流行的 Prelec 函数定义权重 $w_z(p_n)$：

$$w_z(\sigma) = \exp(-(-\ln(\sigma)_z^\gamma)), \ 0 < \gamma_z < 1 \tag{10.24}$$

其中，γ_z 是一个理性参数，用于量化参与者 z 在主观和客观概率感知之间的失真。在这种情况下，γ_z 值越小，则理性越小，主观性越大。当 $\gamma_z = 1$ 时，$\omega_z(p_n)$ 减小为理性概率 p_n。同时，当 γ_z 接近 0 时我们将得到完全不合理的情况。

此外，式（10.23）中的价值函数还结合了框架的 PT 概念，以获得操作者和攻击者如何对配送时间参考点 R_z（例如可以对应于 T^O）而不是绝对量来评估结果的增益和损耗。一旦包含了框架效应，UAV 操作者的价值函数将定义如下：

$$v_U(a_U) = \begin{cases} \lambda_U(a_U)^{\beta_U}, & \text{如果 } a_U \geqslant 0 \\ -(-a_U)^{\alpha_U}, & \text{如果 } a_U < 0 \end{cases} \tag{10.25}$$

$$a_U = l_{hn}\omega_U(p_n)f^h(n) + f^h(D) - R_U \tag{10.26}$$

在式(10.25)中，参数 λ_U、β_U 和 α_U 是正常数($\lambda_U > 1$)，而且 $\omega_U(.)$ 是 Prelec 加权函数。在我们的博弈中，由于操作者是最小化的参与者，因此 $a_U \geqslant 0$ 对应于操作者的损耗，而 $a_U < 0$ 对应于操作者的增益。此函数的结构使我们能够得到关键的 PT 属性：(a) 操作者将根据与主观参考点 R_U(例如 T^O)进行比较，将某个配送时间的值视为增益或损耗(b)在 PT 下由式(10.25)中的损耗乘数 λ_U 进行测量，损耗大于增益。这样的一个事实，即操作者会夸大未达到其承诺目标配送时间的影响。这是由于过度时延将对 UAV 配送系统的声誉和运营造成潜在的有害影响。

接下来，我们还为攻击者 A 定义了一个价值函数，该函数结合了 PT 框架效应，同时考虑到攻击者是最大化者这个因素：

$$v_A(a_A) = \begin{cases} -\lambda_A(-a_A)^{\beta_A}, & \text{如果 } a_A < 0 \\ (a_A)^{\alpha_A}, & \text{如果 } a_A \geqslant 0 \end{cases} \tag{10.27}$$

$$a_A = l_{hn}\omega_A(p_n)f^h(n) + f^h(D) - R_A \tag{10.28}$$

此外，为了解释 PT 效应，我们引入 $(H \times N)$ 矩阵 $\boldsymbol{M}^{U,\text{PT}}$ 和 $\boldsymbol{M}^{A,\text{PT}}$，其元素分别由 $\forall h \in \mathcal{H}$，$\forall n \in \mathcal{N}$ 给出：

$$m^{U,\text{PT}} = v_U(l_{hn}\omega_U(p_n)f^h(n) + f^h(D) - R_U) \tag{10.29}$$

$$m^{A,\text{PT}} = v_A(l_{hn}\omega_A(p_n)f^h(n) + f^h(D) - R_A) \tag{10.30}$$

因此，供应商将通过解决以下问题(P_5)找到最佳的混合策略：

$$\min_{\boldsymbol{y} \in \mathcal{Y}} \max_{\boldsymbol{x} \in \mathcal{X}} \boldsymbol{y}^\text{T} \boldsymbol{M}^{U,\text{PT}} \boldsymbol{x} \tag{10.31}$$

而防守者解决以下问题(P_6)：

$$\max_{\boldsymbol{x} \in \mathcal{X}} \min_{\boldsymbol{y} \in \mathcal{Y}} \boldsymbol{y}^\text{T} \boldsymbol{M}^{A,\text{PT}} \boldsymbol{x} \tag{10.32}$$

在现实世界的 UAV 配送系统中，UAV 操作者或其对手都不会掌握彼此主观水平的完整信息。因此，可以合理地假设，在这样的安全性设定下每个参与者都将假设其对手将选择最具破坏性(即最坏情况)的策略。我们分别通过(P_5)和(P_6)的最小-最大和最大-最小公式看到了这一事实。因此，我们可以将(P_5)和(P_6)分别减少为 EUT 情况下的标准最大化和最小化问题。然而，与 CGT 情况相反，我们的分析不会导致均衡，因为 $\boldsymbol{M}^{U,\text{PT}}$ 和 $\boldsymbol{M}^{A,\text{PT}}$ 是不同的[343]。如[340]中所述，只有在模型的某些特定方面被修改的情况下才能进行 PT 均衡的分析。

10.2.4 具有代表性的仿真结果

在我们的仿真中，我们重点考察图 10.4 中所示的方向图，其中 $N = 10$ 个顶点，$E =$

18个边。此外，我们定义$[t_1, t_2, \cdots, t_{18}] \triangleq [3, 3, 3, 6, 6, 3, 6, 6, 6, 8, 6, 8,$
$10, 10, 10, 14, 12, 14]$和$[p_1, p_2, \cdots, p_{10}] \triangleq [0, 0.2, 0.4, 0.2, 0.4, 0.4, 0.5,$
$0.8, 0.5, 0]$。之后对不同的路径进行编号：$[1, 2, \cdots, 18] \triangleq [(2, 5, 7), (2, 5,$
$8), (2, 5, 9), (2, 6, 7), (2, 6, 8), (2, 6, 9), (3, 5, 7), (3, 5, 8), (3, 5,$
$9), (3, 6, 7), (3, 6, 8), (3, 6, 9), (4, 5, 7), (4, 5, 8), (4, 5, 9), (4, 6,$
$7), (4, 6, 8), (4, 6, 9)]$，其中，由于节点$1(O)$和节点$10(D)$是所有路径的一部分，
因此路径(i, j, k)对应于$(1, i, j, k, 10)$。除非另有说明，否则我们按如下方式选择
PT参数：$\lambda_A = \lambda_U = 5$，$\beta_U = \beta_A = 0.8$，$\alpha_U = \alpha_A = 0.2$。

　　我们首先研究各种合理性参数的路径长度和路径选择策略（在CGT和PT下），这些
结果如图10.5所示。首先，图10.5a给出了$\mathcal{H}$中每个可能路径（从起点到目的地）的长
度。从图10.5a中，我们可以看到路径8是最短路径。同时，在图10.5b中我们介绍操作
者的最佳路径策略。图10.5b证明，在CGT下没有以最高概率选择最短路径（路径8）。
例如，我们可以清楚地看到，由于与最短路径8相关的高风险（$p_8 = 0.8$），操作者更可能
选择路径7和路径9。相反，如图10.6a（在此图中，我们令$\gamma = \gamma_U = \gamma_A$），加权效应将拉
平感知到的概率。的确，从图10.6可以清楚地看到PT加权对概率的影响，其中高概率
（$p_n > 0.4$）权重较低，而低概率则权重较高。此外，我们可以看到，非常不理性的UAV
操作者（对于$\gamma = 0.1$）会认为在图10.4中所有节点上成功攻击的概率几乎都是相等的。结

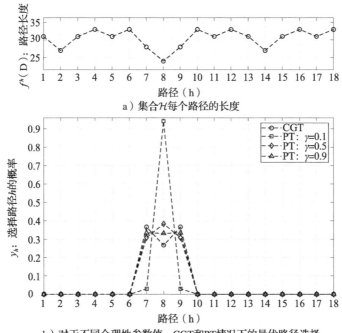

a）集合$\mathcal{H}$每个路径的长度

b）对于不同合理性参数值，CGT和PT情况下的最优路径选择

图　10.5

果，从图 10.5b 中我们可以观察到，在 PT 场景中操作者将更有可能沿最短路径行驶。实际上，对于非常低的合理性水平（例如 $\gamma=0.1$），操作者将认为所有路径具有相同的风险，因此，它将使用最短路径，其可能性为 94%。另外，图 10.6b 给出了当 γ 改变时对手的最优攻击策略。我们可以看到，对于 CGT 情况，攻击者的最优策略是在节点 7、节点 8 和节点 9 之间随机分配，同时将最高概率分配给节点 8，这是最短路径的一部分（这是非常危险的，即 $p_8=0.8$）。相反，对于 PT 情况，攻击者主要针对节点 5 和节点 8，它们都是最短路径的一部分。

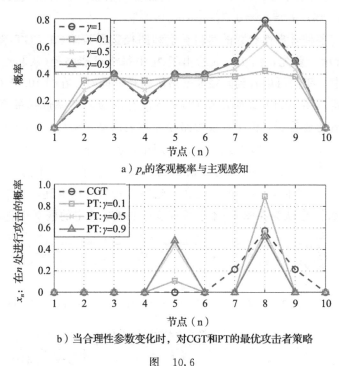

a）p_n 的客观概率与主观感知

b）当合理性参数变化时，对CGT和PT的最优攻击者策略

图　10.6

图 10.5 和图 10.6 证明 PT 权重效应以及合理性参数将对实现的配送时间产生重大影响，因为它们将影响两个参与者的策略选择。例如，图 10.7 给出了 $\gamma \in \{0.1,\ 0.5,\ 0.9\}$ 的预期配送时间的变化。在图 10.7，较低的合理性水平导致较长的配送时间。实际上，当 γ 从 0.9 降低到 0.1 时，最终的配送时间将增加约 11%。注意，图 10.7 假设 $T^O=R_U=R_A=30$。因此，对概率的变化会导致选择风险路径策略，这些策略的预期配送时间将超过期望的目标。如前所述，这种时延可能会对 UAV 运营系统造成重大影响，特别是对搜救和关键应用[337-338]。我们的模型中配送时间实际上是 UAV 在受到攻击时的预期飞行时间。实际达到的配送时间还将包括与处理和重新处理有关的其他时延（这些增加的延迟在数学上可以看作是累加常数）。

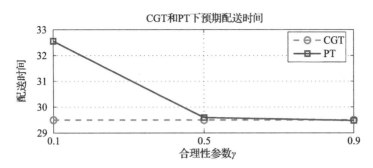

图 10.7　预期配送时间与合理性参数 γ 的关系

在图 10.8 中，对于 $R_U = 30$，我们研究了损耗参数 λ_U 如何影响选择最短路径的概率和达到预期配送时间。本质上，较高的 λ_U 值意味着相关参与者会进一步放大其损失，即它反对损失。在我们的 UAV 场景中，λ_U 值的增加意味着对于操作者而言，未达到目标配送时间的后果将会被放大。结果，较高的 λ_U 值将使操作者更加冒险，因此会选择路径长度更短的、更高风险路径策略。图 10.8a 清楚地表明，λ_U 的值越高，操作者更有可能选择最短路径。例如，将 λ_U 从 1 增加到 10 会导致选择最短路径的概率从 0.51 增加到 0.81。从图 10.8b 可以清楚地看出，这种冒险的路径选择策略反过来会导致配送时间的增加。这里的一个重要结果是，在 PT 观察到的主观行为下，预期的配送时间超过了 CGT 下的预期配送时间以及目标配送时间。因此，这表明操作者对概率和结果的主观感知可能会削弱其选择的路径策略，从而导致配送时间时延。

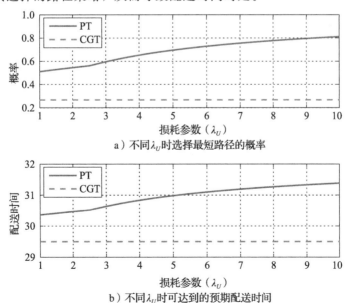

a）不同 λ_U 时选择最短路径的概率

b）不同 λ_U 时可达到的预期配送时间

图 10.8　关于不同 λ_U 与选择最短路径/可达到的预期配送时间的关系

10.2.5 小结

在本节中，我们对基于 UAV 的配送系统的安全性进行了初步研究。首先，我们讨论了 UAV 的网络和物理功能如何使其易遭受网络-物理攻击，然后设计了通用框架，可用于研究对 UAV 配送系统性能的安全威胁影响。我们使用博弈论的框架来研究这种性能，并且已经展示了操作者和对手的行为如何影响系统的总体配送时间。尤其是，通过前景理论我们专门研究了参与者限制合理性并以寻求风险或规避风险的方式行动的情况。通过本节中的研究，我们可以清楚地看到，安全问题与 UAV 应用的性能息息相关。这促使了对启用 UAV 的系统的通信，安全性和网络性能的整体研究。

10.3 UAV 安全性总结

在本章中，我们证明了 UAV 上存在大量安全威胁，这些威胁会严重损害任何有 UAV 的网络的运行。因此，为了在各种应用环境(在第 2 章中讨论的内容)中有效地部署 UAV，必须做两件事：(a) 识别针对 UAV 系统的威胁的类型(b) 设计防御机制以阻止这些威胁。因此，在本章中，我们首先确定了 UAV 系统中一些类型的安全威胁，并讨论了它们的潜在影响。例子包括窃听攻击，干扰和 GPS 欺骗攻击。对于 GPS 欺骗情况，我们提供了初步的仿真，以显示各种参数如何影响攻击效果以及 UAV 操作者如何利用这些参数来改善其防御系统。然后，我们给出了一个整体框架，用于逐渐影响一般 UAV 系统中的安全性，尤其是有 UAV 的配送系统。我们用博弈论和前景理论的概念来设计我们的框架，并讨论了各种网络参数的影响，尤其是人为因素的影响。简而言之，维护 UAV 系统的安全性是配送其应用的必要条件。的确，如果没有适当的安全措施，对手可能会破坏 UAV 系统，并将其用于一些不法目的。最后，如本书所述的那样，设计有效的 UAV 系统需要解决通信、网络和安全性的综合挑战。

参 考 文 献

[1] S. O'Donnell, "A short history of unmanned aerial vehicles," *Consortiq Blog*, June 2017. [Online]. Available: https://consortiq.com/media-centre/blog/short-history-unmanned-aerial-vehicles-uavs

[2] R. P. Hallion, *Taking Flight: Inventing the Aerial Age, from Antiquity through the First World War*. Oxford, UK: Oxford University Press, 2003.

[3] R. D. Layman, *Naval Aviation in the First World War: Its Impact and Influence*. Annapolis, MD, USA: Naval Institute Press, 1996.

[4] The Drone Enthusiast, "The history of drones (drone history timeline from 1849 to 2019)," 2019. [Online]. Available: www.dronethusiast.com/history-of-drones/

[5] D. Hunt, "World War 1 history: The Kettering bugworld's first drone," October 2017. [Online]. Available: https://owlcation.com/humanities/World-War-1-History-The-Kettering-Bug-Worlds-First-Flying-Bomb

[6] D. Gettinger and A. H. Michel, "Drone sightings and close encounters: An analysis," Center for the Study of the Drone, Bard College, Annandale-on-Hudson, NY, USA, 2015.

[7] Airbus, "Zephyr," 2003. [Online]. Available: www.airbus.com/defence/uav/zephyr.html

[8] Google, "Project Loon," 2018. [Online]. Available: https://x.company/projects/loon/

[9] A. Fotouhi, H. Qiang, M. Ding, M. Hassan, L. G. Giordano, A. Garcia-Rodriguez, and J. Yuan, "Survey on UAV cellular communications: Practical aspects, standardization advancements, regulation, and security challenges," 2018. Available: arxiv.org/abs/1809.01752, 2018.

[10] C. Stöcker, R. Bennett, F. Nex, M. Gerke, and J. Zevenbergen, "Review of the current state of UAV regulations," *Remote Sensing*, vol. 9, no. 5, p. 459, 2017.

[11] U. Challita, A. Ferdowsi, M. Chen, and W. Saad, "Machine learning for wireless connectivity and security of cellular-connected UAVs," *IEEE Wireless Communications*, vol. 26, no. 1, pp. 28–35, February 2019.

[12] Y. Zeng, R. Zhang, and T. J. Lim, "Wireless communications with unmanned aerial vehicles: Opportunities and challenges," *IEEE Communications Magazine*, vol. 54, no. 5, pp. 36–42, May 2016.

[13] A. Orsino, A. Ometov, G. Fodor, D. Moltchanov, L. Militano, S. Andreev, O. N. Yilmaz, T. Tirronen, J. Torsner, G. Araniti et al., "Effects of heterogeneous mobility on D2D-and drone-assisted mission-critical MTC in 5G," *IEEE Communications Magazine*, vol. 55, no. 2, pp. 79–87, 2017.

[14] Y. H. Nam, B. L. Ng, K. Sayana, Y. Li, J. Zhang, Y. Kim, and J. Lee, "Full-dimension mimo (fd-mimo) for next generation cellular technology," *IEEE Communications Magazine*, vol. 51, no. 6, pp. 172–179, June 2013.

[15] 3GPP, "Study on elevation beamforming/full-dimension (FD) MIMO for LTE," *TR 36.897*, May 2017.

[16] W. Lee, S.-R. Lee, H.-B. Kong, and I. Lee, "3D beamforming designs for single user MISO systems," in *Proc. of IEEE Global Communications Conference (GLOBECOM)*, 2013, pp. 3914–3919.

[17] Y.-H. Nam, M. S. Rahman, Y. Li, G. Xu, E. Onggosanusi, J. Zhang, and J.-Y. Seol, "Full dimension MIMO for LTE-advanced and 5G." Proc. Information Theory and Applications Workshop, San Diego, CA, USA, Feb 2015

[18] M. Shafi, M. Zhang, P. J. Smith, A. L. Moustakas, and A. F. Molisch, "The impact of elevation angle on mimo capacity," in *Proc. of IEEE International Conference on Communications*, vol. 9. IEEE, 2006, pp. 4155–4160.

[19] X. Cheng, B. Yu, L. Yang, J. Zhang, G. Liu, Y. Wu, and L. Wan, "Communicating in the real world: 3D MIMO," *IEEE Wireless Communications magazine*, vol. 21, no. 4, pp. 136–144, 2014.

[20] Y. Li, X. Ji, D. Liang, and Y. Li, "Dynamic beamforming for three-dimensional MIMO technique in LTE-advanced networks," *International Journal of Antennas and Propagation*, vol. 2013, 2013.

[21] 3GPP TR 36.777, "Enhanced LTE support for aerial vehicles (version 15.0.0)," 3GPP, Tech. Rep., December 2017.

[22] M. Mozaffari, W. Saad, M. Bennis, and M. Debbah, "Communications and Control for Wireless Drone-Based Antenna Array," IEEE Transactions on Communications, vol. 67, no. 1, pp. 820 – 834, January 2019. Available: arxiv.org/abs/1712.10291.

[23] N. Rupasinghe, Y. Yapici, I. Guvenc, and Y. Kakishima, "Non-orthogonal multiple access for mmWave drones with multi-antenna transmission," published in Proceedings of 51st Asilomar Conference on Signals, Systems, and Computers, October 2017, Pacific Grove, CA, USA. Available: arxiv.org/abs/1711.10050, 2017.

[24] E. Torkildson, H. Zhang, and U. Madhow, "Channel modeling for millimeter wave MIMO," in *Proc. of Information Theory and Applications Workshop (ITA), 2010*. IEEE, 2010, pp. 1–8.

[25] I. Bor-Yaliniz and H. Yanikomeroglu, "The new frontier in RAN heterogeneity: Multi-tier drone-cells," *IEEE Communications Magazine*, vol. 54, no. 11, pp. 48–55, 2016.

[26] W. Saad, M. Bennis, and M. Chen, "A vision of 6g wireless systems: Applications, trends, technologies, and open research problems," *IEEE Network*, 2019.

[27] J. Gubbi, R. Buyya, S. Marusic, and M. Palaniswami, "Internet of Things (IoT): A vision, architectural elements, and future directions," *Future generation computer systems*, vol. 29, no. 7, pp. 1645–1660, 2013.

[28] Z. Dawy, W. Saad, A. Ghosh, J. G. Andrews, and E. Yaacoub, "Toward massive machine type cellular communications," *IEEE Wireless Communications*, vol. 24, no. 1, pp. 120–128, February 2017.

[29] S.-Y. Lien, K.-C. Chen, and Y. Lin, "Toward ubiquitous massive accesses in 3gpp machine-to-machine communications," *IEEECommunications Magazine*, vol. 49, no. 4, pp. 66–74, April 2011.

[30] A. Zanella, N. Bui, A. Castellani, L. Vangelista, and M. Zorzi, "Internet of Things for

smart cities," *IEEE Internet of Things Journal*, vol. 1, no. 1, pp. 22–32, February 2014.

[31] M. Mozaffari, W. Saad, M. Bennis, and M. Debbah, "Unmanned aerial vehicle with under-laid device-to-device communications: Performance and tradeoffs," *IEEE Transactions on Wireless Communications*, vol. 15, no. 6, pp. 3949–3963, June 2016.

[32] J. Chakareski, "Aerial UAV-IoT sensing for ubiquitous immersive communication and virtual human teleportation," in *2017 IEEE Conference on Computer Communications Workshops (INFOCOM WKSHPS)*, Atlanta, GA, USA, May 2017.

[33] M. Chen, W. Saad, and C. Yin, "Echo-liquid state deep learning for 360 content transmission and caching in wireless VR networks with cellular-connected UAVs," *IEEE Trans. Commun.*, vol. 67, no. 9, pp. 6386–6400, September 2019.

[34] N. Bhushan, J. Li, D. Malladi, R. Gilmore, D. Brenner, A. Damnjanovic, R. T. Sukhavasi, C. Patel, and S. Geirhofer, "Network densification: The dominant theme for wireless evolution into 5G," *IEEE Communications Magazine*, vol. 52, no. 2, pp. 82–89, February 2014.

[35] X. Ge, S. Tu, G. Mao, C. X. Wang, and T. Han, "5G ultra-dense cellular networks," *IEEE Wireless Communications*, vol. 23, no. 1, pp. 72–79, February 2016.

[36] Z. Gao, L. Dai, D. Mi, Z. Wang, M. A. Imran, and M. Z. Shakir, "Mmwave massive-MIMO-based wireless backhaul for the 5G ultra-dense network," *IEEE Wireless Communications*, vol. 22, no. 5, pp. 13–21, October 2015.

[37] U. Siddique, H. Tabassum, E. Hossain, and D. I. Kim, "Wireless backhauling of 5G small cells: Challenges and solution approaches," *IEEE Wireless Communications*, vol. 22, no. 5, pp. 22–31, October 2015.

[38] U. Challita and W. Saad, "Network formation in the sky: Unmanned aerial vehicles for multi-hop wireless backhauling," in *Proc. of IEEE Global Telecommunications Conference (GLOBECOM)*, Singapore, December 2017.

[39] Y. Hu, M. Chen, and W. Saad, "Competitive market for joint access and backhaul resource allocation in satellite-drone networks," in *Proc. of 10th IFIP International Conference on New Technologies, Mobility and Security (NTMS), Mobility & Wireless Networks Track*, Canary Islands, Spain, June 2019.

[40] D. Bamburry, "Drones: Designed for product delivery," *Design Management Review*, vol. 26, no. 1, pp. 40–48, 2015.

[41] J. Chen, U. Yatnalli, and D. Gesbert, "Learning radio maps for UAV-aided wireless networks: A segmented regression approach," in *Proc. of IEEE International Conference on Communications (ICC)*, Paris, France, May 2017.

[42] S. Jeong, O. Simeone, and J. Kang, "Mobile edge computing via a UAV-mounted cloudlet: Optimization of bit allocation and path planning," *IEEE Transactions on Vehicular Technology, Early access*, 2017.

[43] G. Lee, W. Saad, and M. Bennis, "Online optimization for UAV-assisted distributed fog computing in smart factories of industry 4.0," in *Proc. of the IEEE Global Communications Conference (GLOBECOM), Selected Areas in Communications Symposiums – Internet of Things Track*, Abu Dhabi, UAE, December 2018.

[44] E. Haas, "Aeronautical channel modeling," *IEEE Transactions on Vehicular Technology*, vol. 51, no. 2, pp. 254–264, March 2002.

[45] H. D. Tu and S. Shimamoto, "A proposal of wide-band air-to-ground communication at airports employing 5-GHz band," in *IEEE Wireless Communications and Networking Conference*, April 2009, pp. 1–6.

[46] Y. S. Meng and Y. H. Lee, "Study of shadowing effect by aircraft maneuvering for air-to-

ground communication," *AEU-International Journal of Electronics and Communications*, vol. 66, no. 1, pp. 7–11, January 2012.

[47] R. Sun, D. W. Matolak, and W. Rayess, "Air-ground channel characterization for unmanned aircraft systems – Part IV: Airframe shadowing," *IEEE Transactions on Vehicular Technology*, vol. 66, no. 9, pp. 7643–7652, September 2017.

[48] X. Lin, V. Yajnanarayana, S. D. Muruganathan, S. Gao, H. Asplund, H. L. Maattanen, M. Bergstrom, S. Euler, and Y. P. E. Wang, "The sky is not the limit: LTE for unmanned aerial vehicles," *IEEE Communications Magazine*, vol. 56, no. 4, pp. 204–210, April 2018.

[49] V. Yajnanarayana, Y.-P. E. Wang, S. Gao, S. Muruganathan, and X. Lin, "Interference mitigation methods for unmanned aerial vehicles served by cellular networks," in *IEEE 5G World Forum*, July 2018.

[50] D. W. Matolak and R. Sun, "Air–ground channel characterization for unmanned aircraft systems – Part III: The suburban and near-urban environments," *IEEE Transactions on Vehicular Technology*, vol. 66, no. 8, pp. 6607–6618, August 2017.

[51] K. Takizawa, T. Kagawa, S. Lin, F. Ono, H. Tsuji, and R. Miura, "C-band aircraft-to-ground (A2G) radio channel measurement for unmanned aircraft systems," in *International Symposium on Wireless Personal Multimedia Communications*, 2014, pp. 754–758.

[52] W. Khawaja, I. Guvenc, D. Matolak, U.-C. Fiebig, and N. Schneckenberger, "A survey of air-to-ground propagation channel modeling for unmanned aerial vehicles," *arXiv preprint arXiv:1801.01656*, January 2018.

[53] D. W. Matolak, "Air-ground channels & models: Comprehensive review and considerations for unmanned aircraft systems," in *IEEE Aerospace Conference*, March 2012, pp. 1–17.

[54] M. Walter, S. Gligorević, T. Detert, and M. Schnell, "UHF/VHF air-to-air propagation measurements," in *Proceedings of the Fourth European Conference on Antennas and Propagation*, April 2010, pp. 1–5.

[55] Q. Feng, J. McGeehan, E. K. Tameh, and A. R. Nix, "Path loss models for air-to-ground radio channels in urban environments," in *IEEE Vehicular Technology Conference*, vol. 6, May 2006, pp. 2901–2905.

[56] M. Simunek, P. Pechac, and F. P. Fontan, "Excess loss model for low elevation links in urban areas for UAVs," *Radioengineering*, vol. 20, no. 3, pp. 561–568, September 2011.

[57] A. Al-Hourani, S. Kandeepan, and A. Jamalipour, "Modeling air-to-ground path loss for low altitude platforms in urban environments," in *IEEE Global Communications Conference*, December 2014, pp. 2898–2904.

[58] F. Ono, K. Takizawa, H. Tsuji, and R. Miura, "S-band radio propagation characteristics in urban environment for unmanned aircraft systems," in *International Symposium on Antennas and Propagation*, November 2015, pp. 1–4.

[59] H. T. Friis, "A note on a simple transmission formula," *Proceedings of the IRE*, vol. 34, no. 5, pp. 254–256, May 1946.

[60] A. Goldsmith, *Wireless Communications*. Cambridge, UK: Cambridge University Press, 2005.

[61] D. W. Matolak and R. Sun, "Air–ground channel characterization for unmanned aircraft systems – Part I: Methods, measurements, and models for over-water settings," *IEEE Transactions on Vehicular Technology*, vol. 66, no. 1, pp. 26–44, January 2017.

[62] R. Sun and D. W. Matolak, "Air–ground channel characterization for unmanned aircraft

systems – Part II: Hilly and mountainous settings," *IEEE Transactions on Vehicular Technology*, vol. 66, no. 3, pp. 1913–1925, March 2017.

[63] Y. S. Meng and Y. H. Lee, "Measurements and characterizations of air-to-ground channel over sea surface at C-band with low airborne altitudes," *IEEE Transactions on Vehicular Technology*, vol. 60, no. 4, pp. 1943–1948, April 2011.

[64] J. D. Parsons, *The Mobile Radio Propagation Channel*. Hoboken, NJ, USA: Wiley, 2000.

[65] T. S. Rappaport, *Wireless Communications: Principles and Practice*. New Jersey: Prentice Hall PTR, 1996, vol. 2.

[66] F. Ikegami, T. Takeuchi, and S. Yoshida, "Theoretical prediction of mean field strength for urban mobile radio," *IEEE Transactions on Antennas and Propagation*, vol. 39, no. 3, pp. 299–302, March 1991.

[67] K. R. Schaubach, N. Davis, and T. S. Rappaport, "A ray tracing method for predicting path loss and delay spread in microcellular environments," in *Proceedings of IEEE Vehicular Technology Conference*, May 1992, pp. 932–935.

[68] Z. Yun and M. F. Iskander, "Ray tracing for radio propagation modeling: principles and applications," *IEEE Access*, vol. 3, pp. 1089–1100, July 2015.

[69] J. B. Keller, "Geometrical theory of diffraction," *JOSA*, vol. 52, no. 2, pp. 116–130, February 1962.

[70] R. G. Kouyoumjian and P. H. Pathak, "A uniform geometrical theory of diffraction for an edge in a perfectly conducting surface," *Proceedings of the IEEE*, vol. 62, no. 11, pp. 1448–1461, November 1974.

[71] R. Luebbers, "Finite conductivity uniform GTD versus knife edge diffraction in prediction of propagation path loss," *IEEE Transactions on Antennas and Propagation*, vol. 32, no. 1, pp. 70–76, January 1984.

[72] K. A. Remley, H. R. Anderson, and A. Weisshar, "Improving the accuracy of ray-tracing techniques for indoor propagation modeling," *IEEE Transactions on Vehicular Technology*, vol. 49, no. 6, pp. 2350–2358, November 2000.

[73] F. Fuschini, H. El-Sallabi, V. Degli-Esposti, L. Vuokko, D. Guiducci, and P. Vainikainen, "Analysis of multipath propagation in urban environment through multidimensional measurements and advanced ray tracing simulation," *IEEE Transactions on Antennas and Propagation*, vol. 56, no. 3, pp. 848–857, March 2008.

[74] T. S. Rappaport, R. W. Heath Jr, R. C. Daniels, and J. N. Murdock, *Millimeter Wave Wireless Communications*. New York City, NY, USA: Pearson Education, 2014.

[75] P. Pongsilamanee and H. L. Bertoni, "Specular and nonspecular scattering from building facades," *IEEE Transactions on Antennas and Propagation*, vol. 52, no. 7, pp. 1879–1889, July 2004.

[76] V. Degli-Esposti, F. Fuschini, E. M. Vitucci, and G. Falciasecca, "Measurement and mod-elling of scattering from buildings," *IEEE Transactions on Antennas and Propagation*, vol. 55, no. 1, pp. 143–153, January 2007.

[77] M. Catedra, J. Perez, F. S. De Adana, and O. Gutierrez, "Efficient ray-tracing techniques for three-dimensional analyses of propagation in mobile communications: Application to picocell and microcell scenarios," *IEEE Antennas and Propagation Magazine*, vol. 40, no. 2, pp. 15–28, April 1998.

[78] M. F. Iskander and Z. Yun, "Propagation prediction models for wireless communication systems," *IEEE Transactions on microwave theory and techniques*, vol. 50, no. 3, pp. 662–673, March 2002.

[79] V. Erceg, S. J. Fortune, J. Ling, A. Rustako, and R. A. Valenzuela, "Comparisons of a computer-based propagation prediction tool with experimental data collected in urban microcellular environments," *IEEE Journal on Selected Areas in Communications*, vol. 15, no. 4, pp. 677–684, May 1997.

[80] Q. Feng, E. K. Tameh, A. R. Nix, and J. McGeehan, "WLCp2-06: Modelling the likelihood of line-of-sight for air-to-ground radio propagation in urban environments," in *Proceedings of IEEE Global Telecommunications Conference*, December 2006, pp. 1–5.

[81] I. J. Timmins and S. O'Young, "Marine communications channel modeling using the finite-difference time domain method," *IEEE Transactions on Vehicular Technology*, vol. 58, no. 6, pp. 2626–2637, July 2009.

[82] Y. Wu, Z. Gao, C. Chen, L. Huang, H.-P. Chiang, Y.-M. Huang, and H. Sun, "Ray tracing based wireless channel modeling over the sea surface near Diaoyu islands," in *First International Conference on Computational Intelligence Theory, Systems and Applications*, December 2015, pp. 124–128.

[83] N. Goddemeier, K. Daniel, and C. Wietfeld, "Role-based connectivity management with realistic air-to-ground channels for cooperative UAVs," *IEEE Journal on Selected Areas in Communications*, vol. 30, no. 5, pp. 951–963, June 2012.

[84] W. Khawaja, O. Ozdemir, and I. Guvenc, "UAV air-to-ground channel characterization for mmWave systems," in *Proceedings of IEEE Vehicular Technology Conference*, September 2017, pp. 1–5.

[85] V. Erceg, L. J. Greenstein, S. Y. Tjandra, S. R. Parkoff, A. Gupta, B. Kulic, A. A. Julius, and R. Bianchi, "An empirically based path loss model for wireless channels in suburban environments," *IEEE Journal on Selected Areas in Communications*, vol. 17, no. 7, pp. 1205–1211, July 1999.

[86] R. Amorim, H. Nguyen, P. Mogensen, I. Z. Kovács, J. Wigard, and T. B. Sørensen, "Radio channel modeling for UAV communication over cellular networks," *IEEE Wireless Communications Letters*, vol. 6, no. 4, pp. 514–517, August 2017.

[87] W. Khawaja, I. Guvenc, and D. Matolak, "UWB channel sounding and modeling for UAV air-to-ground propagation channels," in *Proceedings of Global Communications Conference (GLOBECOM)*, December 2016, pp. 1–7.

[88] W. G. Newhall, R. Mostafa, C. Dietrich, C. R. Anderson, K. Dietze, G. Joshi, and J. H. Reed, "Wideband air-to-ground radio channel measurements using an antenna array at 2 GHz for low-altitude operations," in *Proceedings of IEEE Military Communications Conference*, vol. 2, October 2003, pp. 1422–1427.

[89] E. Yanmaz, R. Kuschnig, and C. Bettstetter, "Achieving air-ground communications in 802.11 networks with three-dimensional aerial mobility," in *Proceedings of IEEE INFOCOM*, April 2013, pp. 120–124.

[90] C.-M. Cheng, P.-H. Hsiao, H. Kung, and D. Vlah, "Performance measurement of 802.11a wireless links from UAV to ground nodes with various antenna orientations," in *Proceedings of International Conference on Computer Communications and Networks*, October 2006, pp. 303–308.

[91] J. Allred, A. B. Hasan, S. Panichsakul, W. Pisano, P. Gray, J. Huang, R. Han, D. Lawrence, and K. Mohseni, "Sensorflock: An airborne wireless sensor network of micro-air vehicles," in *Proceedings of the 5th International Conference on Embedded Networked Sensor Systems*, November 2007, pp. 117–129.

[92] E. W. Frew and T. X. Brown, "Airborne communication networks for small unmanned

aircraft systems," *Proceedings of the IEEE*, vol. 96, no. 12, December 2008.

[93] M. J. Feuerstein, K. L. Blackard, T. S. Rappaport, S. Y. Seidel, and H. H. Xia, "Path loss, delay spread, and outage models as functions of antenna height for microcellular system design," *IEEE Transactions on Vehicular Technology*, vol. 43, no. 3, pp. 487–498, August 1994.

[94] X. Cai, A. Gonzalez-Plaza, D. Alonso, L. Zhang, C. B. Rodríguez, A. P. Yuste, and X. Yin, "Low altitude UAV propagation channel modelling," in *Proceedings of European Conference on Antennas and Propagation*, March 2017, pp. 1443–1447.

[95] A. Al-Hourani and K. Gomez, "Modeling cellular-to-UAV path-loss for suburban environments," *IEEE Wireless Communications Letters*, vol. 7, no. 1, pp. 82–85, February 2018.

[96] J. Walfisch and H. L. Bertoni, "A theoretical model of UHF propagation in urban environments," *IEEE Transactions on Antennas and Propagation*, vol. 36, no. 12, pp. 1788–1796, December 1988.

[97] F. Ikegami, S. Yoshida, T. Takeuchi, and M. Umehira, "Propagation factors controlling mean field strength on urban streets," *IEEE Transactions on Antennas and Propagation*, vol. 32, no. 8, pp. 822–829, August 1984.

[98] G. L. Turin, F. D. Clapp, T. L. Johnston, S. B. Fine, and D. Lavry, "A statistical model of urban multipath propagation," *IEEE Transactions on Vehicular Technology*, vol. 21, no. 1, pp. 1–9, February 1972.

[99] M. Gudmundson, "Correlation model for shadow fading in mobile radio systems," *Electronics letters*, vol. 27, no. 23, pp. 2145–2146, November 1991.

[100] M. Holzbock and C. Senninger, "An aeronautical multimedia service demonstration at high frequencies," *IEEE Transactions on MultiMedia*, vol. 6, no. 4, pp. 20–29, October 1999.

[101] J. Kunisch, I. De La Torre, A. Winkelmann, M. Eube, and T. Fuss, "Wideband time-variant air-to-ground radio channel measurements at 5 GHz," in *Proceedings of the 5th European Conference on Antennas and Propagation*, April 2011, pp. 1386–1390.

[102] J. Naganawa, J. Honda, T. Otsuyama, H. Tajima, and H. Miyazaki, "Evaluating path loss by extended squitter signals for aeronautical surveillance," *IEEE Antennas and Wireless Propagation Letters*, vol. 16, pp. 1353–1356, 2017.

[103] J. Holis and P. Pechac, "Elevation dependent shadowing model for mobile communications via high altitude platforms in built-up areas," *IEEE Transactions on Antennas and Propagation*, vol. 56, no. 4, pp. 1078–1084, April 2008.

[104] E. Teng, J. D. Falcão, and B. Iannucci, "Holes-in-the-sky: A field study on cellular-connected UAS," in *International Conference on Unmanned Aircraft Systems*, June 2017, pp. 1165–1174.

[105] 3GPP, "Study on channel model for frequencies from 0.5 to 100 GHz," *3GPP TR 38.901, V15.0.0*, June 2018.

[106] ITU-R, "P.1410: Propagation data and prediction methods required for the design of terrestrial broadband radio access systems operating in a frequency range from 3 to 60 GHz," Tech. Rep., February 2012.

[107] A. Al-Hourani, S. Kandeepan, and S. Lardner, "Optimal LAP altitude for maximum coverage," *IEEE Wireless Communications Letters*, vol. 3, no. 6, pp. 569–572, December 2014.

[108] R. I. Bor-Yaliniz, A. El-Keyi, and H. Yanikomeroglu, "Efficient 3-D placement of an aerial base station in next generation cellular networks," in *Proceedings of IEEE International Conference on Communications*, May 2016, pp. 1–5.

[109] M. Mozaffari, W. Saad, M. Bennis, and M. Debbah, "Mobile unmanned aerial vehicles (UAVs) for energy-efficient Internet of Things communications," *IEEE Trans. Wireless Commun.*, vol. 16, no. 11, pp. 7574 – 7589, November 2017.

[110] M. Alzenad, A. El-Keyi, and H. Yanikomeroglu, "3-D placement of an unmanned aerial vehicle base station for maximum coverage of users with different QoS requirements," *IEEE Wireless Communications Letters*, vol. 7, no. 1, pp. 38–41, February 2018.

[111] H. V. Hitney and L. R. Hitney, "Frequency diversity effects of evaporation duct propagation," *IEEE Transactions on Antennas and Propagation*, vol. 38, no. 10, pp. 1694–1700, October 1990.

[112] H. Heemskerk and R. Boekema, "The influence of evaporation duct on the propagation of electromagnetic waves low above the sea surface at 3-94 GHz," in *International Conference on Antennas and Propagation*, 1993, pp. 348–351.

[113] Z. Xiao, P. Xia, and X.-G. Xia, "Enabling UAV cellular with millimeter-wave communication: Potentials and approaches," *IEEE Communications Magazine*, vol. 54, no. 5, pp. 66–73, May 2016.

[114] ITU-R, "P.838-3: Specific attenuation model for rain for use in prediction methods," Tech. Rep., March 2005.

[115] A. Paier, T. Zemen, L. Bernadó, G. Matz, J. Karedal, N. Czink, C. Dumard, F. Tufvesson, A. F. Molisch, and C. F. Mecklenbrauker, "Non-WSSUS vehicular channel characterization in highway and urban scenarios at 5.2 GHz using the local scattering function," in *International ITG Workshop on Smart Antennas*, February 2008, pp. 9–15.

[116] O. Renaudin, V.-M. Kolmonen, P. Vainikainen, and C. Oestges, "Non-stationary narrowband MIMO inter-vehicle channel characterization in the 5-GHz band," *IEEE Transactions on Vehicular Technology*, vol. 59, no. 4, pp. 2007–2015, May 2010.

[117] P. Bello, "Aeronautical channel characterization," *IEEE Transactions on Communications*, vol. 21, no. 5, pp. 548–563, May 1973.

[118] S. M. Elnoubi, "A simplified stochastic model for the aeronautical mobile radio channel," in *Proceedings of the IEEE Vehicular Technology Conference*, May 1992, pp. 960–963.

[119] M. Walter and M. Schnell, "The Doppler-delay characteristic of the aeronautical scatter channel," in *Proceedings of IEEE Vehicular Technology Conference*, September 2011, pp. 1–5.

[120] M. Walter, D. Shutin, and U.-C. Fiebig, "Joint delay Doppler probability density functions for air-to-air channels," *International Journal of Antennas and Propagation*, vol. 2014, April 2014.

[121] M. Ibrahim and H. Arslan, "Air-ground Doppler-delay spread spectrum for dense scattering environments," in *Proceedings of the EEE Military Communications Conference*, October 2015, pp. 1661–1666.

[122] T. J. Willink, C. C. Squires, G. W. Colman, and M. T. Muccio, "Measurement and characterization of low-altitude air-to-ground MIMO channels," *IEEE Transactions on Vehicular Technology*, vol. 65, no. 4, pp. 2637–2648, April 2016.

[123] R. M. Gutierrez, H. Yu, Y. Rong, and D. W. Bliss, "Time and frequency dispersion characteristics of the UAS wireless channel in residential and mountainous desert terrains," in *IEEE Annual Consumer Communications & Networking Conference*, January 2017, pp. 516–521.

[124] N. Schneckenburger, T. Jost, D. Shutin, M. Walter, T. Thiasiriphet, M. Schnell, and U.-C. Fiebig, "Measurement of the L-band air-to-ground channel for positioning applications,"

IEEE Transactions on Aerospace and Electronic Systems, vol. 52, no. 5, pp. 2281–2297, October 2016.

[125] A. A. Saleh and R. Valenzuela, "A statistical model for indoor multipath propagation," *IEEE Journal on Selected Areas in Communications*, vol. 5, no. 2, pp. 128–137, February 1987.

[126] S. M. Gulfam, S. J. Nawaz, A. Ahmed, and M. N. Patwary, "Analysis on multipath shape factors of air-to-ground radio communication channels," in *Wireless Telecommunications Symposium*, 2016, pp. 1–5.

[127] W. Newhall and J. Reed, "A geometric air-to-ground radio channel model," in *Proceedings of MILCOM*, vol. 1, October 2002, pp. 632–636.

[128] S. Blandino, F. Kaltenberger, and M. Feilen, "Wireless channel simulator testbed for airborne receivers," in *IEEE Globecom Workshops (GC Wkshps)*, December 2015, pp. 1–6.

[129] M. Wentz and M. Stojanovic, "A MIMO radio channel model for low-altitude air-to-ground communication systems," in *IEEE Vehicular Technology Conference*, September 2015, pp. 1–6.

[130] A. Ksendzov, "A geometrical 3D multi-cluster mobile-to-mobile MIMO channel model with Rician correlated fading," in *International Congress on Ultra Modern Telecommunications and Control Systems and Workshops*, 2016, pp. 191–195.

[131] L. Zeng, X. Cheng, C.-X. Wang, and X. Yin, "A 3D geometry-based stochastic channel model for UAV-MIMO channels," in *IEEE Wireless Communications and Networking Conference*, March 2017, pp. 1–5.

[132] P. Chandhar, D. Danev, and E. G. Larsson, "Massive MIMO for communications with drone swarms," *IEEE Transactions on Wireless Communications*, vol. 17, no. 3, pp. 1604–1629, March 2018.

[133] M. Simunek, F. P. Fontán, and P. Pechac, "The UAV low elevation propagation channel in urban areas: Statistical analysis and time-series generator," *IEEE Transactions on Antennas and Propagation*, vol. 61, no. 7, pp. 3850–3858, July 2013.

[134] E. L. Cid, A. V. Alejos, and M. G. Sanchez, "Signaling through scattered vegetation: Empirical loss modeling for low elevation angle satellite paths obstructed by isolated thin trees," *IEEE Vehicular Technology Magazine*, vol. 11, no. 3, pp. 22–28, September 2016.

[135] R. Jain and F. Templin, "Requirements, challenges and analysis of alternatives for wireless datalinks for unmanned aircraft systems," *IEEE Journal on Selected Areas in Communications*, vol. 30, no. 5, pp. 852–860, June 2012.

[136] R. G. Gallager, *Principles of Digital Communication*. Cambridge University Press, 2008, vol. 1.

[137] U. Madhow, *Fundamentals of Digital Communication*. Cambridge University Press, 2008.

[138] M. Marcus, "Spectrum policy challenges of UAV/drones [spectrum policy and regulatory issues]," *IEEE Wireless Communications*, vol. 21, no. 5, pp. 8–9, October 2014.

[139] National Telecommunications and Information Administration, "Aws-3 transition," Tech. Rep.

[140] Z. Wu, H. Kumar, and A. Davari, "Performance evaluation of OFDM transmission in UAV wireless communication," in *Proceedings of the Thirty-Seventh Southeastern Symposium on System Theory*, March 2005, pp. 6–10.

[141] J. Kakar and V. Marojevic, "Waveform and spectrum management for unmanned aerial

systems beyond 2025," in *Proceedings of IEEE International Symposium on Personal, Indoor, and Mobile Radio Communications*, October 2017, pp. 1–5.

[142] C. Bluemm, C. Heller, B. Fourestie, and R. Weigel, "Air-to-ground channel characterization for OFDM communication in C-band," in *International Conference on Signal Processing and Communication Systems*, December 2013, pp. 1–8.

[143] Y. Rahmatallah and S. Mohan, "Peak-to-average power ratio reduction in OFDM systems: A survey and taxonomy," *IEEE communications surveys & tutorials*, vol. 15, no. 4, pp. 1567–1592, Fourth quarter 2013.

[144] A. Giorgetti, M. Lucchi, M. Chiani, and M. Z. Win, "Throughput per pass for data aggregation from a wireless sensor network via a UAV," *IEEE Transactions on Aerospace and Electronic Systems*, vol. 47, no. 4, pp. 2610–2626, October 2011.

[145] T. D. Ho, J. Park, and S. Shimamoto, "QoS constraint with prioritized frame selection CDMA MAC protocol for WSN employing UAV," in *Proceedings of IEEE GLOBECOM Workshops*, December 2010, pp. 1826–1830.

[146] J. Li, Y. Zhou, L. Lamont, and M. Déziel, "A token circulation scheme for code assignment and cooperative transmission scheduling in CDMA-based UAV ad hoc networks," *Wireless Networks*, vol. 19, no. 6, pp. 1469–1484, August 2013.

[147] M. Edrich and R. Schmalenberger, "Combined DSSS/FHSS approach to interference rejection and navigation support in UAV communications and control," in *IEEE Seventh International Symposium on Spread Spectrum Techniques and Applications*, vol. 3, September 2002, pp. 687–691.

[148] S. J. Maeng, H.-i. Park, and Y. S. Cho, "Preamble design technique for GMSK-based beamforming system with multiple unmanned aircraft vehicles," *IEEE Transactions on Vehicular Technology*, vol. 66, no. 8, pp. 7098–7113, August 2017.

[149] D. Darsena, G. Gelli, I. Iudice, and F. Verde, "Equalization techniques of control and non-payload communication links for unmanned aerial vehicles," *IEEE Access*, vol. 6, pp. 4485–4496, 2018.

[150] P. G. Sudheesh, M. Mozaffari, M. Magarini, W. Saad, and P. Muthuchidambaranathan, "Sum-rate analysis for high altitude platform (HAP) drones with tethered balloon relay," *IEEE Communications Letters, Early access*, 2017.

[151] M. Haenggi, *Stochastic Geometry for Wireless Networks*. Cambridge, UK: Cambridge University Press, 2012.

[152] F. Baccelli, B. Błaszczyszyn et al., "Stochastic geometry and wireless networks: Volume ii applications," *Foundations and Trends® in Networking*, vol. 4, no. 1–2, pp. 1–312, 2010.

[153] V. V. Chetlur and H. S. Dhillon, "Downlink coverage analysis for a finite 3-D wireless network of unmanned aerial vehicles," *IEEE Transactions on Communications*, vol. 65, no. 10, pp. 4543–4558, October 2017.

[154] N. Lee, X. Lin, J. G. Andrews, and R. Heath, "Power control for D2D underlaid cellular networks: Modeling, algorithms, and analysis," *IEEE Journal on Selected Areas in Communications*, vol. 33, no. 1, pp. 1–13, February 2015.

[155] X. Lin, R. Heath, and J. Andrews, "The interplay between massive MIMO and underlaid D2D networking," *IEEE Transactions on Wireless Communications*, June 2015.

[156] M. Afshang, H. S. Dhillon, and P. H. J. Chong, "Modeling and performance analysis of clustered device-to-device networks," *available online: arxiv.org/abs/1508.02668*, 2015.

[157] A. Hourani, S. Kandeepan, and A. Jamalipour, "Modeling air-to-ground path loss for low altitude platforms in urban environments," in *Proc. of IEEE Global Telecommunications*

Conference (GLOBECOM), Austin, TX, USA, December 2014.

[158] A. Hourani, K. Sithamparanathan, and S. Lardner, "Optimal LAP altitude for maximum coverage," *IEEE Wireless Communication Letters*, vol. 3, no. 6, pp. 569–572, December 2014.

[159] F. Baccelli and B. Blaszczyszyn, "Stochastic geometry and wireless networks, volume ii-applications," Foundations and Trends in Networking, vol. 4, no.1-2, 2009.

[160] E. Artin, *The Gamma Function*. Mineola, NY, USA: Courier Dover Publications, 2015.

[161] R. K. Ganti, "A stochastic geometry approach to the interference and outage characterization of large wireless networks," Ph.D. dissertation, University of Notre Dame, 2009.

[162] S. P. Weber, X. Yang, J. G. Andrews, and G. De Veciana, "Transmission capacity of wireless ad hoc networks with outage constraints," *IEEE Transactions on Information Theory*, vol. 51, no. 12, pp. 4091–4102, November 2005.

[163] M. Haenggi and R. K. Ganti, *Interference in Large Wireless Networks*. Hanover, MA, USA: Foundations and Trends in Networking, 2009.

[164] S. Shalmashi, E. Björnson, M. Kountouris, K. W. Sung, and M. Debbah, "Energy efficiency and sum rate tradeoffs for massive MIMO systems with underlaid device-to-device communications," *available online: arxiv.org/abs/1506.00598.*, 2015.

[165] R. Kershner, "The number of circles covering a set," *American Journal of Mathematics*, pp. 665–671, 1939.

[166] G. F. Tóth, "Thinnest covering of a circle by eight, nine, or ten congruent circles," *Combinatorial and Computational Geometry*, vol. 52, no. 361, p. 59, 2005.

[167] M. Mozaffari, W. Saad, M. Bennis, and M. Debbah, "Drone small cells in the clouds: Design, deployment and performance analysis," in *Proceedings of IEEE Global Communications Conference (GLOBECOM)*, San Diego, CA, USA, December 2015.

[168] M. Mozaffari, W. Saad, M. Bennis, and M. Debbah, "Efficient deployment of multiple unmanned aerial vehicles for optimal wireless coverage," *IEEE Communications Letters*, vol. 20, no. 8, pp. 1647–1650, August 2016.

[169] E. Kalantari, H. Yanikomeroglu, and A. Yongacoglu, "On the number and 3D placement of drone base stations in wireless cellular networks," in *Proc. of IEEE Vehicular Technology Conference*, 2016.

[170] R. Yaliniz, A. El-Keyi, and H. Yanikomeroglu, "Efficient 3-D placement of an aerial base station in next generation cellular networks," in *Proc. of IEEE International Conference on Communications (ICC)*, Kuala Lumpur, Malaysia, May. 2016.

[171] A. M. Hayajneh, S. A. R. Zaidi, D. C. McLernon, and M. Ghogho, "Drone empowered small cellular disaster recovery networks for resilient smart cities," in *Proc. of IEEE International Conference on Sensing, Communication and Networking (SECON Workshops)*, June 2016.

[172] J. Kosmerl and A. Vilhar, "Base stations placement optimization in wireless networks for emergency communications," in *Proc. of IEEE International Conference on Communications (ICC)*, Sydney, Australia, June. 2014.

[173] M. Alzenad, A. El-Keyi, F. Lagum, and H. Yanikomeroglu, "3-D placement of an unmanned aerial vehicle base station (UAV-BS) for energy-efficient maximal coverage," *IEEE Wireless Communications Letters*, vol. 6, no. 4, pp. 434–437, August 2017.

[174] M. Alzenad, A. El-Keyi, and H. Yanikomeroglu, "3-D placement of an unmanned aerial vehicle base station for maximum coverage of users with different QoS requirements," *IEEE Wireless Communications Letters*, vol. 7, no. 1, pp. 38–41, February 2018.

[175] E. Kalantari, M. Z. Shakir, H. Yanikomeroglu, and A. Yongacoglu, "Backhaul-aware robust 3D drone placement in 5G+ wireless networks," in *Proc. of IEEE International Conference on Communications Workshops (ICC Workshops)*, May 2017, pp. 109–114.

[176] H. A. Eiselt and V. Marianov, *Foundations of Location Analysis*. Berlin, Germany: Springer Science & Business Media, 2011, vol. 155.

[177] H. M. Farahani, R.Z., *Facility Location: Concepts, Models, Algorithms and Case Studies*. Physica-Verlag, Heidelberg, 2009.

[178] S. Ahmadian, Z. Friggstad, and C. Swamy, "Local-search based approximation algorithms for mobile facility location problems," in *Proc. of the Twenty-Fourth Annual ACM-SIAM Symposium on Discrete Algorithms*. SIAM, 2013, pp. 1607–1621.

[179] R. L. Graham, B. D. Lubachevsky, K. J. Nurmela, and P. R. Östergård, "Dense packings of congruent circles in a circle," *Discrete Mathematics*, vol. 181, no. 1-3, pp. 139–154, 1998.

[180] Z. Gáspár and T. Tarnai, "Upper bound of density for packing of equal circles in special domains in the plane," *Periodica Polytechnica Civil Engineering*, vol. 44, no. 1, pp. 13–32, 2000.

[181] K. Venugopal, M. C. Valenti, and R. W. Heath Jr, "Device-to-device millimeter wave communications: Interference, coverage, rate, and finite topologies," *available online: arxiv.org/abs/1506.07158*, 2015.

[182] C. A. Balanis, *Antenna Theory: Analysis and Design*. Hoboken, NJ, USA: John Wiley & Sons, 2016.

[183] K.-C. Chen and S.-Y. Lien, "Machine-to-machine communications: Technologies and challenges," *Ad Hoc Networks*, vol. 18, pp. 3–23, July. 2014.

[184] 3GPP, "Study on RAN improvements for machine type communication," *TR 37.868*, Sept. 2011.

[185] X. Jian, X. Zeng, Y. Jia, L. Zhang, and Y. He, "Beta/M/1 model for machine type communication," *IEEE Communications Letters*, vol. 17, no. 3, pp. 584–587, March 2013.

[186] M. Tavana, V. Shah-Mansouri, and V. W. S. Wong, "Congestion control for bursty M2M traffic in LTE networks," in *Proc. of IEEE International Conference on Communications (ICC)*, London, UK, June 2015.

[187] A. K. Gupta and S. Nadarajah, *Handbook of Beta Distribution and Its Applications*. Boca Raton, FL,USA : CRC Press, 2004.

[188] R. D. Yates, "A framework for uplink power control in cellular radio systems," *IEEE Journal on Selected Areas in Communications*, vol. 13, no. 7, pp. 1341–1347, September 1995.

[189] R. Sun, M. Hong, and Z. Q. Luo, "Joint downlink base station association and power control for max-min fairness: Computation and complexity," *IEEE Journal on Selected Areas in Communications*, vol. 33, no. 6, pp. 1040–1054, June. 2015.

[190] P. T. Boggs and J. W. Tolle, "Sequential quadratic programming," *Acta Numerica*, vol. 4, pp. 1–51, 1995.

[191] M. Peng, Y. Sun, X. Li, Z. Mao, and C. Wang, "Recent advances in cloud radio access networks: System architectures, key techniques, and open issues," *IEEE Communications Surveys and Tutorials*, vol. 18, no. 3, pp. 2282–2308, Thirdquarter 2016.

[192] M. Chen, M. Mozaffari, W. Saad, C. Yin, M. Debbah, and C. S. Hong, "Caching in the sky: Proactive deployment of cache-enabled unmanned aerial vehicles for optimized quality-of-experience," *IEEE J. Select. Areas Commun.*, vol. 35, no. 5, pp. 1046 – 1061, May 2017.

[193] T. S. Rappaport, F. Gutierrez, E. Ben-Dor, J. N. Murdock, Y. Qiao, and J. I. Tamir,

"Broadband millimeter-wave propagation measurements and models using adaptive-beam antennas for outdoor urban cellular communications," *IEEE Transactions on Antennas and Propagation*, vol. 61, no. 4, pp. 1850–1859, April. 2013.

[194] A. Al-Hourani, S. Kandeepan, and A. Jamalipour, "Modeling air-to-ground path loss for low altitude platforms in urban environments," in *Proc. of IEEE Global Communications Conference (GLOBECOM)*, Austin, TX, USA, December 2014.

[195] O. Somekh, O. Simeone, Y. Bar-Ness, A. M. Haimovich, and S. Shamai, "Cooperative multicell zero-forcing beamforming in cellular downlink channels," *IEEE Transactions on Information Theory*, vol. 55, no. 7, pp. 3206–3219, June. 2009.

[196] F. Hoppner and F. Klawonn, *Clustering with Size Constraints*. Berlin, Germany: Springer Berlin Heidelberg, 2008.

[197] M. Bennis, S. Perlaza, P. Blasco, Z. Han, and H. Poor, "Self-organization in small cell networks: A reinforcement learning approach," *IEEE Transactions on Wireless Communications*, vol. 12, no. 7, pp. 3202–3212, June. 2013.

[198] M. Chen, W. Saad, and C. Yin, "Echo state networks for self-organizing resource allocation in LTE-U with uplink-downlink decoupling," *IEEE Transactions on Wireless Communications*, vol. 1, no. 1, January 2017.

[199] M. Chen, W. Saad, C. Yin, and M. Debbah, "Echo State Networks for Proactive Caching in Cloud-Based Radio Access Networks with Mobile Users," IEEE Transactions on Wireless Communications, vol. 16, no. 6, pp. 3520–3535, June 2017.

[200] M. V. Menshikov, "Estimates for percolation thresholds for lattices in R^n," *Dokl. Akad. Nauk SSSR*, vol. 284, pp. 36–39, 1985.

[201] H. Kesten, "Asymptotics in high dimensions for percolation," in *Disorder in Physical Systems: A Volume in Honour of John Hammersley*, G. R. Grimmett and D. J. A. Welsh, Eds. Oxford, UK: Oxford University Press, 1990, pp. 219–240.

[202] D. Reimer, "Proof of the van den Berg–Kesten conjecture," *Combin. Probab. Comput.*, vol. 9, pp. 27–32, 2000.

[203] J. M. Hammersley and G. Mazzarino, "Properties of large Eden clusters in the plane," *Combin. Probab. Comput.*, vol. 3, pp. 471–505, 1994.

[204] J. M. Hammersley, "Percolation processes: Lower bounds for the critical probability," *Ann. Math. Statist.*, vol. 28, pp. 790–795, 1957.

[205] M. Aizenman and D. J. Barsky, "Sharpness of the phase transition in percolation models," *Comm. Math. Phys.*, vol. 108, pp. 489–526, 1987.

[206] M. V. Menshikov, S. A. Molchanov, and A. F. Sidorenko, "Percolation theory and some applications," in *Probability theory. Mathematical statistics. Theoretical cybernetics, Vol. 24 (Russian)*. Akad. Nauk SSSR Vsesoyuz. Inst. Nauchn. i Tekhn. Inform., 1986, pp. 53–110, translated in *J. Soviet Math.* **42** (1988), no. 4, 1766–1810.

[207] J. M. Hammersley, "Comparison of atom and bond percolation processes," *J. Mathematical Phys.*, vol. 2, pp. 728–733, 1961.

[208] J. M. Hammersley and G. Mazzarino, "Markov fields, correlated percolation, and the Ising model," in *The Mathematics and Physics of Disordered Media (Minneapolis, Minn., 1983)*, ser. Lecture Notes in Math. Springer, 1983, vol. 1035, pp. 201–245.

[209] J. M. Hammersley and D. J. A. Welsh, "First-passage percolation, subadditive processes, stochastic networks, and generalized renewal theory," in *Proc. Internat. Research Seminar, Statist. Lab., Univ. California, Berkeley, Calif.* New York City, Ny, USA: Springer, 1965, pp. 61–110.

[210] J. Yoon, Y. Jin, N. Batsoyol, and H. Lee, "Adaptive path planning of UAVs for delivering delay-sensitive information to ad-hoc nodes," in *Proc. IEEE Wireless Communications and Networking Conference (WCNC)*, March 2017, pp. 1–6.

[211] Y. Zeng and R. Zhang, "Energy-efficient UAV communication with trajectory optimization," *IEEE Transactions on Wireless Communications*, vol. 16, no. 6, pp. 3747–3760, June 2017.

[212] M. Messous, S. Senouci, and H. Sedjelmaci, "Network connectivity and area coverage for UAV fleet mobility model with energy constraint," in *Proc. IEEE Wireless Communications and Networking Conference*, April 2016, pp. 1–6.

[213] X. Wang, A. Chowdhery, and M. Chiang, "Networked drone cameras for sports streaming," in *Proc. IEEE International Conference on Distributed Computing Systems (ICDCS)*, June 2017, pp. 308–318.

[214] A. Al-Hourani, S. Kandeepan, and A. Jamalipour, "Modeling air-to-ground path loss for low altitude platforms in urban environments," in *Proc. IEEE Global Communications Conference*, December 2014, pp. 2898–2904.

[215] 3GPP TR 25.942 v2.1.3, "3rd generation partnership project; technical specification group (TSG) RAN WG4; RF system scenarios," Tech. Rep., 2000.

[216] D. Bertsekas and R. Gallager, *Data Networks*. Upper Saddle River, NJ, USA: Prentice Hall, March 1992.

[217] Z. Han, D. Niyato, W. Saad, T. Başar, and A. Hjorungnes, *Game Theory in Wireless and Communication Networks: Theory, Models, and Applications*. Cambridge, UK: Cambridge University Press, 2012.

[218] W. Kwon, I. Suh, S. Lee, and Y. Cho, "Fast reinforcement learning using stochastic shortest paths for a mobile robot," in *Proc. IEEE/RSJ International Conference on Intelligent Robots and Systems*, October 2007, pp. 82–87.

[219] U. Challita, W. Saad, and C. Bettstetter, "Interference management for cellular-connected UAVs: A deep reinforcement learning approach," *IEEE Trans. Wireless Commun.*, vol. 18, no. 4, pp. 2125–2140, April 2019.

[220] M. Osborne, *An Introduction to Game Theory*. Oxford, UK: Oxford University Press, 2004.

[221] M. Chen, U. Challita, W. Saad, C. Yin, and M. Debbah, "Artificial neural networks-based machine learning for wireless networks: A tutorial," *IEEE Communications Surveys and Tutorials*, 2019.

[222] M. Chen, U. Challita, W. Saad, C. Yin, and M. Debbah, "Machine learning for wireless networks with artificial intelligence: A tutorial on neural networks," *CoRR*, vol. abs/1710.02913, 2017.

[223] C. Gallicchio and A. Micheli, "Echo state property of deep reservoir computing networks," *Cognitive Computation*, vol. 9, pp. 337–350, May 2017.

[224] H. Jaeger, M. Lukosevicius, D. Popovici, and U. Siewert, "Optimization and applications of echo state networks with leaky-integrator neurons," *Neural Networks*, vol. 20, no. 3, pp. 335–352, 2007.

[225] I. Szita and A. L. V. Gyenes, *Reinforcement Learning with Echo State Networks*. Germany: Springer, Berlin, Heidelberg, 2006, vol. 4131.

[226] R. Sutton and A. Barto, *Introduction to Reinforcement Learning*. Cambridge, MA, USA: MIT Press, 1998.

[227] A. Ghaffarkhah and Y. Mostofi, "Path planning for networked robotic surveillance," *IEEE*

Transactions on Signal Processing, vol. 60, no. 7, pp. 3560–3575, July 2012.

[228] M. Mozaffari, W. Saad, M. Bennis, and M. Debbah, "Wireless communication using unmanned aerial vehicles (UAVs): Optimal transport theory for hover time optimization," *IEEE Trans. Wireless Commun.*, vol. 16, no. 12, pp. 8052 – 8066, December 2017.

[229] V. Sharma, M. Bennis, and R. Kumar, "UAV-assisted heterogeneous networks for capacity enhancement," *IEEE Communications Letters*, vol. 20, no. 6, pp. 1207–1210, June 2016.

[230] M. Mozaffari, W. Saad, M. Bennis, and M. Debbah, "Optimal transport theory for power-efficient deployment of unmanned aerial vehicles," in *Proc. of IEEE International Conference on Communications (ICC)*, May 2016.

[231] S. Niu, J. Zhang, F. Zhang, and H. Li, "A method of UAVs route optimization based on the structure of the highway network," *International Journal of Distributed Sensor Networks*, December 2015.

[232] K. Dorling, J. Heinrichs, G. G. Messier, and S. Magierowski, "Vehicle routing problems for drone delivery," *IEEE Transactions on Systems, Man, and Cybernetics: Systems*, vol. 47, no. 1, pp. 70–85, January 2017.

[233] Y. Zeng and R. Zhang, "Energy-efficient UAV communication with trajectory optimization," *IEEE Transactions on Wireless Communications*, vol. 16, no. 6, pp. 3747–3760, June 2017.

[234] V. V. Chetlur and H. S. Dhillon, "Downlink coverage analysis for a finite 3D wireless network of unmanned aerial vehicles," *IEEE Transactions on Communications, Early access*, 2017.

[235] F. Jiang and A. L. Swindlehurst, "Optimization of UAV heading for the ground-to-air uplink," *IEEE Journal on Selected Areas in Communications*, vol. 30, no. 5, pp. 993–1005, June 2012.

[236] D. Orfanus, E. P. de Freitas, and F. Eliassen, "Self-organization as a supporting paradigm for military UAV relay networks," *IEEE Communications Letters*, vol. 20, no. 4, pp. 804–807, 2016.

[237] Q. Wu, Y. Zeng, and R. Zhang, "Joint trajectory and communication design for multi-UAV enabled wireless networks," *IEEE Transactions on Wireless Communications*, vol. 17, no. 3, pp. 2109–2121, March 2018.

[238] S. Chandrasekharan, K. Gomez, A. Al-Hourani, S. Kandeepan, T. Rasheed, L. Goratti, L. Reynaud, D. Grace, I. Bucaille, T. Wirth, and S. Allsopp, "Designing and implementing future aerial communication networks," *IEEE Communications Magazine*, vol. 54, no. 5, pp. 26–34, May 2016.

[239] ITU-R, "Rec. p.1410-2 propagation data and prediction methods for the design of terrestrial broadband millimetric radio access systems," *Series, Radiowave propagation*, 2003.

[240] F. Aurenhammer, "Voronoi diagrams: A survey of a fundamental geometric data structure," *ACM Computing Surveys (CSUR)*, vol. 23, no. 3, pp. 345–405, 1991.

[241] A. Silva, H. Tembine, E. Altman, and M. Debbah, "Optimum and equilibrium in assignment problems with congestion: Mobile terminals association to base stations," *IEEE Transactions on Automatic Control*, vol. 58, no. 8, pp. 2018–2031, August 2013.

[242] C. Villani, *Topics in optimal transportation*. American Mathematical Soc., 2003, no. 58.

[243] G. Crippa, C. Jimenez, and A. Pratelli, "Optimum and equilibrium in a transport problem with queue penalization effect," *Advances in Calculus of Variations*, vol. 2, no. 3, pp. 207–246, 2009.

[244] M. C. Achtelik, J. Stumpf, D. Gurdan, and K. M. Doth, "Design of a flexible high performance quadcopter platform breaking the MAV endurance record with laser power beaming," in *Proc. of IEEE International Conference on Intelligent Robots and Systems*, September 2011.

[245] M. Mozaffari, A. T. Z. Kasgari, W. Saad, M. Bennis, and M. Debbah, "Beyond 5G with UAVs: Foundations of a 3D wireless cellular network," *IEEE Trans. Wireless Commun.*, vol. 18, no. 1, p. 357–372, January 2019.

[246] F. Lagum, I. Bor-Yaliniz, and H. Yanikomeroglu, "Strategic densification with UAV-BSs in cellular networks," *IEEE Wireless Communications Letters, Early access*, 2017.

[247] M. Mozaffari, W. Saad, M. Bennis, and M. Debbah, "Optimal transport theory for cell association in UAV-enabled cellular networks," *IEEE Communications Letters*, vol. 21, no. 9, pp. 2053–2056, September 2017.

[248] J. Lyu, Y. Zeng, and R. Zhang, "UAV-aided offloading for cellular hotspot," *IEEE Transactions on Wireless Communications*, vol. 17, no. 6, pp. 3988–4001, June 2018.

[249] E. Kalantari, I. Bor-Yaliniz, A. Yongacoglu, and H. Yanikomeroglu, "User association and bandwidth allocation for terrestrial and aerial base stations with backhaul considerations," in *Proc. IEEE Annual International Symposium on Personal, Indoor, and Mobile Radio Communications (PIMRC)*, Montreal, QC, Canada, October 2017.

[250] M. M. Azari, F. Rosas, A. Chiumento, and S. Pollin, "Coexistence of terrestrial and aerial users in cellular networks," in *Proc. of IEEE Global Telecommunications Conference (GLOBECOM) Workshops*, Singapore, December 2017.

[251] S. Zhang, Y. Zeng, and R. Zhang, "Cellular-enabled UAV communication: Trajectory optimization under connectivity constraint," in *Proc. of IEEE International Conference on Communications (ICC), to appear*, Kansas City, USA, May. 2018.

[252] J. Horwath, N. Perlot, M. Knapek, and F. Moll, "Experimental verification of optical backhaul links for high-altitude platform networks: Atmospheric turbulence and downlink availability," *International Journal of Satellite Communications and Networking*, vol. 25, no. 5, pp. 501–528, 2007.

[253] B. Galkin, J. Kibilda, and L. A. DaSilva, "Backhaul for low-altitude UAVs in urban environments," in *Proc. of IEEE International Conference on Communications (ICC)*, May 2018, pp. 1–6.

[254] S. Alam and Z. J. Haas, "Coverage and connectivity in three-dimensional networks," in *Proceedings of Annual International Conference on Mobile Computing and Networking*, Los Angeles, CA, USA, September 2006.

[255] H. S. M. Coxeter, *Regular Polytopes*. North Chelmsford, MA, USA: Courier Corporation, 1973.

[256] J. Liu, M. Sheng, L. Liu, and J. Li, "Effect of densification on cellular network performance with bounded pathloss model," *IEEE Communications Letters*, vol. 21, no. 2, pp. 346–349, 2017.

[257] D. Athukoralage, I. Guvenc, W. Saad, and M. Bennis, "Regret based learning for UAV assisted LTE-U/WiFi public safety networks," in *IEEE Global Communications Conference*, 2016, pp. 1–7.

[258] H. Wang, G. Ding, F. Gao, J. Chen, J. Wang, and L. Wang, "Power control in UAV-supported ultra dense networks: Communications, caching, and energy transfer," *IEEE Communications Magazine*, vol. 56, no. 6, pp. 28 – 34, June 2018.

[259] A. Azizi, N. Mokari, and M. R. Javan, "Joint radio resource allocation, 3D placement and user association of aerial base stations in IoT networks," *arXiv:1710.05315*, October 2017. [Online]. Available: https://arxiv.org/abs/1710.05315

[260] Y. Zeng, R. Zhang, and T. J. Lim, "Throughput maximization for UAV-enabled mobile relaying systems," *IEEE Trans. Commun.*, vol. 64, no. 12, pp. 4983–4996, December 2016.

[261] M. Liu, J. Yang, and G. Gui, "DSF-NOMA: UAV-assisted emergency communication technology in a heterogeneous internet of things," *IEEE Internet of Things Journal*, vol. 6, no. 3, pp. 5508 – 5519, June 2019.

[262] J. Lyu, Y. Zeng, and R. Zhang, "Spectrum sharing and cyclical multiple access in UAV-aided cellular offloading," in *Proc. IEEE Global Communication Conference*, Singapore, December 2017.

[263] J. Zhang, Y. Zeng, and R. Zhang, "Spectrum and energy efficiency maximization in UAV-enabled mobile relaying," in *Proc. Int. Conf. on Communications*, Paris, France, May 2017.

[264] R. Zhang, M. Wang, L. X. Cai, Z. Zheng, X. Shen, and L. L. Xie, "LTE-unlicensed: The future of spectrum aggregation for cellular networks," *IEEE Wireless Comm.*, vol. 22, no. 3, pp. 150–159, June 2015.

[265] Q. Chen, G. Yu, H. Shan, A. Maaref, G. Y. Li, and A. Huang, "Cellular meets WiFi: Traffic offloading or resource sharing?" *IEEE Trans. Wireless Commun.*, vol. 15, no. 5, p. 3354–3367, May 2016.

[266] G. Bianchi, "Performance analysis of IEEE 802.11 distributed coordination function," *IEEE Journal on Selected Areas in Communications*, vol. 18, no. 3, pp. 535–547, March 2000.

[267] M. J. Neely, "Stochastic network optimization with application to communication and queueing systems," *Synthesis Lectures on Communication Networks*, vol. 3, no. 1, pp. 1–211, 2010.

[268] M. Chen, W. Saad, and C. Yin, "Liquid state machine learning for resource and cache management in LTE-U unmanned aerial vehicle (UAV) networks," *IEEE Trans. Commun.*, vol. 18, no. 3, pp. 1504 – 1517, March 2019.

[269] W. Maas, "Liquid state machines: Motivation, theory, and applications," *Computability in Context: Computation and Logic in the Real World*, p. 275–296, 2011.

[270] R. Amer, W. Saad, H. Elsawy, M. Butt, and N. Marchetti, "Caching to the sky: Performance analysis of cache-assisted CoMP for cellular-connected UAVs," in *Proc. IEEE Wireless Communications and Networking Conf.*, Marrakech, Morocco, April 2019.

[271] C. Zhu and W. Yu, "Stochastic modeling and analysis of user-centric network MIMO systems," *IEEE Transactions on Communications*, vol. 66, no. 12, pp. 6176–6189, December 2018.

[272] P. Series, "Propagation data and prediction methods required for the design of terrestrial broadband radio access systems operating in a frequency range from 3 to 60 GHz," ITU-R Report, 2013.

[273] R. W. Heath Jr, T. Wu, Y. H. Kwon, and A. C. Soong, "Multiuser MIMO in distributed antenna systems with out-of-cell interference," *IEEE Transactions on Signal Processing*, vol. 59, no. 10, pp. 4885–4899, October 2011.

[274] D. K. Cheng, "Optimization techniques for antenna arrays," *Proceedings of the IEEE*, vol. 59, no. 12, pp. 1664–1674, December 1971.

[275] W. L. Stutzman and G. A. Thiele, *Antenna Theory and Design*. Hoboken, NJ, USA: John Wiley & Sons, 2012.

[276] S. Vaidyanathan and C.-H. Lien, *Applications of Sliding Mode Control in Science and Engineering*.Hoboken, NJ, USA Springer, 2017, vol. 709.

[277] L. C. Evans, "An introduction to mathematical optimal control theory," *Lecture Notes, University of California, Department of Mathematics, Berkeley*, 2005.

[278] Y. Mutoh and S. Kuribara, "Control of quadrotor unmanned aerial vehicles using exact linearization technique with the static state feedback," *Journal of Automation and Control Engineering*, vol. 4, no. 5, pp. 340–346, October 2016.

[279] R. Amer, W. Saad, and N. Marchetti, "Towards a connected sky: Performance of beamforming with down-tilted antennas for ground and UAV user co-existence," *IEEE Comm. Letters*, 2019.

[280] T. Zeng, M. Mozaffari, O. Semiari, W. Saad, M. Bennis, and M. Debbah, "Wireless communications and control for swarms of cellular-connected UAVs," in *Proc. Asilomar Conf. on Signals, Systems, and Computers*, Pacific Grove, CA, USA, November 2018.

[281] G. Yang, X. Lin, Y. Li, H. Cui, M. Xu, D. Wu, H. Rydén, and S. B. Redhwan, "A telecom perspective on the internet of drones: From LTE-Advanced to 5G," *arXiv preprint arXiv:1803.11048*, March 2018.

[282] Qualcomm, "Lte unmanned aircraft systems; trial report (version 1.0.1)," Tech. Rep., May 2017.

[283] X. Lin, J. Li, R. Baldemair, T. Cheng, S. Parkvall, D. Larsson, H. Koorapaty, M. Frenne, S. Falahati, A. Grövlen et al., "5G new radio: Unveiling the essentials of the next generation wireless access technology," *arXiv preprint arXiv:1806.06898*, June 2018.

[284] X. Lin, J. Andrews, A. Ghosh, and R. Ratasuk, "An overview of 3GPP device-to-device proximity services," *IEEE Communications Magazine*, vol. 52, no. 4, pp. 40–48, April 2014.

[285] 3GPP, "New WID on enhanced LTE support for aerial vehicles," *RP-172826*, January 2018.

[286] X. Lin, J. Bergman, F. Gunnarsson, O. Liberg, S. M. Razavi, H. S. Razaghi, H. Rydn, and Y. Sui, "Positioning for the Internet of Things: A 3GPP perspective," *IEEE Communications Magazine*, vol. 55, no. 12, pp. 179–185, December 2017.

[287] UAS Identification and Tracking (UAS ID) Aviation Rulemaking Committee (ARC), "ARC recommendations final report," Tech. Rep., September 2017.

[288] 3GPP, "New study on remote identification of unmanned aerial systems," *SP-180172*, March 2018.

[289] E. Dahlman, S. Parkvall, and J. Skold, *4G: LTE/LTE-Advanced for Mobile Broadband*. Cambridge, MA, USA: Academic Press, 2013.

[290] FAA "Federal aviation administration reports," Available: www.faa.gov/about/plans-reports.

[291] J. G. Andrews, "Seven ways that HetNets are a cellular paradigm shift," *IEEE Communications Magazine*, vol. 51, no. 3, pp. 136–144, March 2013.

[292] X. Lin, R. K. Ganti, P. J. Fleming, and J. G. Andrews, "Towards understanding the fundamentals of mobility in cellular networks," *IEEE Transactions on Wireless Communications*, vol. 12, no. 4, pp. 1686–1698, April 2013.

[293] 3GPP, "Mobility enhancements in heterogeneous networks," *3GPP TR 38.839, V11.1.0*, January 2013.

[294] ——, "Radio resource control (RRC); protocol specification," *3GPP TS 36.331, V15.2.2*, July 2018.

[295] S. Euler, H.-L. Maattanen, X. Lin, Z. Zou, M. Bergström, and J. Sedin, "Mobility support for cellular connected unmanned aerial vehicles: Performance and analysis," *arXiv preprint arXiv:1804.04523*, 2018.

[296] 3GPP, "Study on scenarios and requirements for next generation access technologies," *3GPP TR 38.913, V15.0.0*, July 2018.

[297] A. Kumbhar, I. Güvenç, S. Singh, and A. Tuncer, "Exploiting LTE-advanced HetNets and FeICIC for UAV-assisted public safety communications," *IEEE Access*, vol. 6, pp. 783–796, 2018.

[298] A. Merwaday and I. Guvenc, "UAV assisted heterogeneous networks for public safety communications," in *IEEE Wireless Communications and Networking Conference Workshops (WCNCW)*, 2015, pp. 329–334.

[299] M. Moradi, K. Sundaresan, E. Chai, S. Rangarajan, and Z. M. Mao, "SkyCore: Moving core to the edge for untethered and reliable UAV-based LTE networks," in *Proceedings of the 24th Annual International Conference on Mobile Computing and Networking*. ACM, 2018, pp. 35–49.

[300] S. Rohde and C. Wietfeld, "Interference aware positioning of aerial relays for cell overload and outage compensation," in *IEEE Vehicular Technology Conference*, September 2012, pp. 1–5.

[301] R. Gangula, O. Esrafilian, D. Gesbert, C. Roux, F. Kaltenberger, and R. Knopp, "Flying rebots: First results on an autonomous UAV-based LTE relay using open airinterface," in *IEEE 19th International Workshop on Signal Processing Advances in Wireless Communications (SPAWC)*, 2018, pp. 1–5.

[302] 3GPP, "Remote identification of unmanned aerial systems; stage 1," *3GPP TS 22.825, V16.0.0*, September 2018.

[303] E. Dahlman, S. Parkvall, and J. Skold, *5G NR: The Next Generation Wireless Access Technology*. Cambridge, MA, USA: Academic Press, 2018.

[304] ITU-R SG05, "Draft new report ITU-R M.[IMT-2020.TECH PERF REQ] - minimum requirements related to technical performance for IMT-2020 radio interface(s)," February 2017.

[305] 3GPP, "NR; multi-connectivity; overall description; stage-2," *version 15.2.0*, June 2018.

[306] NGMN, "Description of network slicing concept," *V1.0.8*, September 2016.

[307] P. Rost, C. Mannweiler, D. S. Michalopoulos, C. Sartori, V. Sciancalepore, N. Sastry, O. Holland, S. Tayade, B. Han, D. Bega et al., "Network slicing to enable scalability and flexibility in 5G mobile networks," *IEEE Communications Magazine*, vol. 55, no. 5, pp. 72–79, May 2017.

[308] 3GPP, "NR; overall description; stage-2," *3GPP TS 38.300, V15.2.0*, June 2018.

[309] ——, "System architecture for the 5G system," *3GPP TS 23.501, V15.2.0*, June 2018.

[310] ——, "5G system; network data analytics services; stage 3," *3GPP TS 29.520, V15.0.0*, June 2018.

[311] ——, "Study of enablers for network automation for 5G," *3GPP TR 23.791, V0.5.0*, July 2018.

[312] ——, "Study on RAN-centric data collection and utilization for LTE and NR," *3GPP TR 37.816, V0.1.0*, October 2018.

[313] ITU-T Focus Group, "Machine learning for future networks including 5G," November 2017.

[314] N. M. Rodday, R. d. O. Schmidt, and A. Pras, "Exploring security vulnerabilities of

unmanned aerial vehicles," in *NOMS 2016-2016 IEEE/IFIP Network Operations and Management Symposium*. IEEE, 2016, pp. 993–994.

[315] K. Mansfield, T. Eveleigh, T. H. Holzer, and S. Sarkani, "Unmanned aerial vehicle smart device ground control station cyber security threat model," in *2013 IEEE International Conference on Technologies for Homeland Security (HST)*. IEEE, 2013, pp. 722–728.

[316] A. Y. Javaid, W. Sun, V. K. Devabhaktuni, and M. Alam, "Cyber security threat analysis and modeling of an unmanned aerial vehicle system," in *2012 IEEE Conference on Technologies for Homeland Security (HST)*. IEEE, 2012, pp. 585–590.

[317] A. J. Kerns, D. P. Shepard, J. A. Bhatti, and T. E. Humphreys, "Unmanned aircraft capture and control via GPS spoofing," *Journal of Field Robotics*, vol. 31, no. 4, pp. 617–636, 2014.

[318] D. He, S. Chan, and M. Guizani, "Communication security of unmanned aerial vehicles," *IEEE Wireless Communications*, vol. 24, no. 4, pp. 134–139, 2016.

[319] J. Valente and A. A. Cardenas, "Understanding security threats in consumer drones through the lens of the discovery quadcopter family," in *Proceedings of the 2017 Workshop on Internet of Things Security and Privacy*. ACM, 2017, pp. 31–36.

[320] Q. Wu, W. Mei, and R. Zhang, "Safeguarding wireless network with UAVs: A physical layer security perspective," *arXiv:1902.02472*, February 2019.

[321] M. Cui, G. Zhang, Q. Wu, and D. W. K. Ng, "Robust trajectory and transmit power design for secure UAV communications," *IEEE Trans. Veh. Technol.*, vol. 67, no. 9, pp. 9042–9046, September 2018.

[322] A. Hussain, J. Heidemann, J. Heidemann, and C. Papadopoulos, "A framework for classifying denial of service attacks," in *Proceedings of the 2003 conference on Applications, technologies, architectures, and protocols for computer communications*. ACM, 2003, pp. 99–110.

[323] M. Mozaffari, W. Saad, M. Bennis, Y.-H. Nam, and M. Debbah, "A tutorial on UAVs for wireless networks: Applications, challenges, and open problems," *IEEE Communications Surveys & Tutorials*, 2019.

[324] M. Hooper, Y. Tian, R. Zhou, B. Cao, A. P. Lauf, L. Watkins, W. H. Robinson, and W. Alexis, "Securing commercial WiFi-based UAVs from common security attacks," in *MILCOM 2016-2016 IEEE Military Communications Conference*. IEEE, 2016, pp. 1213–1218.

[325] A. Perkins, L. Dressel, S. Lo, and P. Enge, "Antenna characterization for UAV-based GPS jammer localization," in *Proceedings of the 28th International Technical Meeting of The Satellite Division of the Institute of Navigation (ION GNSS+ 2015)*, 2015.

[326] K. C. Zeng, Y. Shu, S. Liu, Y. Dou, and Y. Yang, "A practical GPS location spoofing attack in road navigation scenario," in *Proceedings of the 18th International Workshop on Mobile Computing Systems and Applications*. ACM, 2017, pp. 85–90.

[327] A. Eldosouky, A. Ferdowsi, and W. Saad, "Drones in distress: A game-theoretic countermeasure for protecting UAVs against GPS spoofing," April 2019. [Online]. Available: https://arxiv.org/abs/1904.11568

[328] A. El-Dosouky, W. Saad, and D. Niyato, "Single controller stochastic games for optimized moving target defense," in *Proc. Int. Conf. on Communications*, Kuala lumpur, Malaysia, May 2016.

[329] S. Čapkun, M. Hamdi, and J.-P. Hubaux, "GPS-free positioning in mobile ad hoc networks," *Cluster Computing*, vol. 5, no. 2, pp. 157–167, 2002.

[330] M. Baza, M. Nabil, N. Bewermeier, K. Fidan, M. Mahmoud, and M. Abdallah, "Detecting sybil attacks using proofs of work and location in vanets," *arXiv preprint arXiv:1904.05845*, 2019.

[331] M. McFarland, "Google drones will deliver chipotle burritos at Virginia Tech," *CNN Money*, September 2016.

[332] Amazon, "Amazon prime air," 2016.

[333] A. Y. Javaid, W. Sun, V. K. Devabhaktuni, and M. Alam, "Cyber security threat analysis and modeling of an unmanned aerial vehicle system," in *IEEE Conference on Technologies for Homeland Security (HST)*, November 2012, pp. 585–590.

[334] K. Mansfield, T. Eveleigh, T. H. Holzer, and S. Sarkani, "Unmanned aerial vehicle smart device ground control station cyber security threat model," in *IEEE International Conference on Technologies for Homeland Security (HST)*, November 2013, pp. 722–728.

[335] N. M. Rodday, R. d. O. Schmidt, and A. Pras, "Exploring security vulnerabilities of unmanned aerial vehicles," in *IEEE/IFIP Network Operations and Management Symposium (NOMS)*, April 2016, pp. 993–994.

[336] J. Pagliery, "Sniper attack on California power grid may have been an insider, dhs says," *CNN. com*, October 2015.

[337] G. Xiang, A. Hardy, M. Rajeh, and L. Venuthurupalli, "Design of the life-ring drone delivery system for rip current rescue," in *IEEE Systems and Information Engineering Design Symposium (SIEDS)*, April 2016, pp. 181–186.

[338] V. Gatteschi, F. Lamberti, G. Paravati, A. Sanna, C. Demartini, A. Lisanti, and G. Venezia, "New frontiers of delivery services using drones: A prototype system exploiting a quadcopter for autonomous drug shipments," in *39th IEEE Annual Computer Software and Applications Conference (COMPSAC)*, vol. 2, July 2015, pp. 920–927.

[339] A. Sanjab, W. Saad, and T. Başar, "Prospect theory for enhanced cyber-physical security of drone delivery systems: A network interdiction game," in *Proc. Int. Conf. on Communications*, Paris, France, May 2017.

[340] A. Sanjab, W. Saad, and T. Başar, "A game of drones: Cyber-physical security of time-critical UAV applications with cumulative prospect theory perceptions and valuations," *arXiv:1902.03506*, February 2019. [Online]. Available: https://arxiv.org/abs/1902.03506

[341] T. Başar and G. J. Olsder, *Dynamic Noncooperative Game Theory*. Philadelphia, PA, USA: SIAM Series in Classics in Applied Mathematics, January 1999.

[342] R. K. Wood, "Deterministic network interdiction," *Mathematical and Computer Modeling*, vol. 17, no. 2, pp. 1–18, 1993.

[343] T. Başar and G. J. Olsder, *Dynamic Noncooperative Game Theory*. Philadelphia, PA: SIAM Series in Classics in Applied Mathematics, January 1999.

[344] D. Kahneman and A. Tversky, "Prospect theory: An analysis of decision under risk," *Econometrica*, vol. 47, pp. 263–291, 1979.

技术术语表

英文全称	英文缩略语	中文说明
3D cellular network		三维蜂窝网络
3D deployment		三维部署
3D wireless network		三维无线网络
3rd Generation Partnership Project	3GPP	第三代合作伙伴计划
3GPP Release 15		第三代合作伙伴计划发布版本 15
3GPP Release 16		第三代合作伙伴计划发布版本 16
3GPP standardization		第三代合作伙伴计划标准化
3GPP standards		第三代合作伙伴计划标准
5G new radio		第五代移动通信新空口技术
Absorption		吸收
Aerial wireless channels		空中无线信道
Aerial wireless channels characteristics		空中无线信道特征
Aerial wireless channels heights		空中无线信道高度
Air traffic management		空中交通管理
Airframe shadowing		机身阴影
Angle of arrival	AoA	到达角
Angle of departure	AoD	出发角
Angular spread	AS	角度扩展
Antenna array		天线阵列
Antenna configuration		天线配置
Antenna tilt		天线倾斜
Applications		应用
Artificial intelligence	AI	人工智能
Backhaul		回传
Bang-bang solution		bang-bang 解决方案
basic model		基本模型

（续）

英文全称	英文缩略语	中文说明
Beamforming		波束赋形
behavioural strategy		行为策略
Binomial point process		二项点过程
Caching		缓存
Cauchy-Schwarz inequality		柯西-施瓦茨不等式
Cell association		小区关联
Cellular technologies		蜂窝技术
Challenges		挑战
Channel modeling		信道建模
Channel modeling weather effects		信道建模气象效应
Circle packing		圆形堆积
Classification		分类
Cloud radio access network		云无线电接入网
Coherence time		相干时间
Command and control		指挥控制
communication channel attacks		通信信道攻击
Coordinated multi-point	CoMP	协同多点
Complex baseband signal		复基带信号
Continuous phase modulation	CPM	连续相位调制
Control time		控制时间
Cooperation		协作
Cooperative communications		协同通信
Coordinated multi-point transmission		协同多点传输
Coverage probability		覆盖率
Covering problem		覆盖问题
Cyclic prefix	CP	循环前缀
Device to device	D2D	设备到设备/设备间
Data acquisition		数据采集
Deep echo state network		深度回声状态网络
Deep reinforcement learning		深度强化学习
Definition		定义
Delay spread	DS	时延扩展
delivery systems		配送系统
denial-of-service attacks	DoS	拒绝服务攻击
Deployment		部署
Device-to-device communication		设备互联通信
Diffraction		衍射

（续）

英文全称	英文缩略语	中文说明
Direct sequence spread spectrum	DSSS	直接序列扩频
DSSS Rake receiver		直接序列扩频瑞克接收机
DSSS spreading waveform		直接序列扩频扩展波形
Disk covering problem		磁盘覆盖问题
Doppler effects		多普勒效应
Doppler shift		多普勒频移
Doppler spread		多普勒扩展
Down-tilt		下倾
dual-slope		双斜率
Duty cycle		占空比
dynamic noncooperative game		动态非合作博弈论
eavesdropping		窃听
Echo state networks		回声状态网络
Empirical path loss model		经验路径损耗模型
Excess path loss model		附加路径损耗模型
Evolved packet core	EPC	演进分组核心网
Facility location		设施选址
Fading		衰落
false data injection		虚假数据注入
Flight time		飞行时间
Floating intercept model		浮动截距模型
fly-away attack		即飞攻击
Flying mode detection		飞行模式检测
Flying taxi		空中的士
framing		框架
Frequency division duplex	FDD	频分复用
Frequency hopping spread spectrum		跳频技术
Frequency planning		频率规划
Frequency reuse factor		频率复用因子
Frequency selectivity		频率选择特性
Fresnel zone		菲涅耳区
Fronthaul		前传
Fundamentals		基本原理
Game theory		博弈论
General ray tracing		通用射线跟踪
Global navigation satellite system	GNSS	全球导航卫星系统
General packet radio service	GPRS	通用无线电分组业务

（续）

英文全称	英文缩略语	中文说明
GPS attack		GPS 攻击
GPS spoofing		GPS 干扰欺骗
Handover	HO	切换
Handover failure		切换失败
height dependent		高度依赖
High-altitude platforms		高空平台
History		历史
Hover time		悬停时间
Identification		识别
information attacks		信息攻击
Information dissemination		信息传播/散布
Interference		干扰
Interference detection		干扰检测
Interference mitigation		干扰抑制
Internet of Things	IoT	物联网
introduction		简介
Jain fairness index		Jain 公平指数
k-mean clustering		K 均值聚类
Large-scale propagation effects		大尺度传播效应
Latency		延迟
Licensed band		授权频段
Licensed-assisted access		授权辅助接入
Line-of-sight probability		视距概率
Line-of-sight propagation		视距传播
liquid state machines	LSM	液体状态机
Localization		定域
Location-based services		基于位置的服务
Log-distance path loss		对数距离路径损耗
Low altitude platforms		低空平台
Long Term Evolution	LTE	长期演进
LTE-U		长期演进非授权频段
Machine intelligence		机器智能
Machine learning	ML	机器学习
man-in-the-middle attack		中间人攻击
Millimeter wave	mmW	毫米波
Mission time		任务时间
Mobile broadband	MBB	移动宽带

（续）

英文全称	英文缩略语	中文说明
Mobility		移动性
Mobility management		移动性管理
Mobility models		移动性模型
modified model		修正模型
Monge-Kantorovich problem		Monge-Kantorovich 问题
Multi-antenna techniques		多天线技术
Multipath		多径
Multiple access		多址接入
multi-slope		多斜率
Nakagami fading		Nakagami 衰落
Nash equilibrium	NE	纳什均衡
Network interdiction game		网络阻截博弈
Network slicing		网络切片
Orthogonal Frequency Division Multiplexing	OFDM	正交频分复用
Optimal control		最优控制
Optimal transport theory		最优传输理论
Outage probability		中断概率
Path loss	PL	路径损耗
Path loss exponent		路径损耗指数
Path planning		路径规划
Performance analysis		性能分析
Perturbation technique		干扰技术
physical attacks		物理攻击
Poisson point process		泊松点过程
Positioning		定位
Power control		功率控制
Propagation modeling		传播模型
Prospect theory		前景理论
Public safety		公共安全
Q-learning		Q学习
Quadrotor		四旋翼
radio access network	RAN	无线电接入网
radio interface		无线电接口
Radio wave propagation		无线电波传播
RAN protocol stack		无线电接入网协议栈
rationality parameter		合理性参数
Ray tracing		射线跟踪

（续）

英文全称	英文缩略语	中文说明
recurrent neural networks		循环神经网络
Reflection		反射
Refraction		折射
Regulation criteria		监管标准
Regulations		监管
Reinforcement learning		强化学习
Reliability		可靠性
Remote radio heads		射频拉远起点
Research challenges		研究挑战
Reservoir computing		储备池计算
Resource management		资源管理
Resource planning		资源规划
Rician channel model		莱斯信道模型
Scattering		散射
Security		安全性
Security strategy		安全策略
Shadowing		阴影
Small-scale propagation effects		小尺度传播效应
Smart city		智慧城市
Spatial selectivity		空间选择性
Spectrum allocation		频谱分配
Spectrum management		频谱管理
spiking neural networks		脉冲神经网络
Stochastic geometry		随机几何
Stop points		悬停点
subgame perfect Nash equilibrium		子博弈精炼纳什均衡
system architecture		系统架构
the 4th generation mobile communication technology	4G	第四代移动通信技术
the 5th generation mobile communication technology	5G	第五代移动通信技术
the 6th generation mobile communication technology	6G	第六代移动通信技术
Thrust		推力
Time division duplex	TDD	时分复用
Time selectivity		时间选择性
Trajectory optimization		轨迹优化
Truncated octahedron		截角八面体
Two-ray model		双径模型
Trajectory		轨迹

（续）

英文全称	英文缩略语	中文说明
UAV base station	UAV BS	无人机基站
UAV relays		无人机中继
UAV security		无人机安全性
UAV user equipment	UAV UE	无人机终端
Unlicensed band		非授权频带
Unmanned Aerial Vehicle	UAV	无人机
Virtual reality	VR	虚拟现实
Voronoi diagram		泰森多边形
Waveform		波形
Waveform design		波形设计
weighting effect		加权效应
Wind dynamics		风动力学
Wireless communications and networking		无线通信和组网
Wireless networking scenarios		无线组网场景
Wireless research challenges		无线研究挑战
Zephyr		空客的一种高空伪卫星

推荐阅读

嵌入式实时系统调试

作者: [美] 阿诺德·S.伯格 (Arnold S.Berger) 译者: 杨鹏 胡训强

书号: 978-7-111-72703-3 定价: 79.00元

　　嵌入式系统已经进入了我们生活的方方面面,从智能手机到汽车、飞机,再到宇宙飞船、火星车,无处不在,其复杂程度和实时要求也在不断提高。鉴于当前嵌入式实时系统的复杂性还在继续上升,同时系统的实时性导致分析故障原因也越来越困难,调试已经成为产品生命周期中关键的一环,因此,亟需解决嵌入式实时系统调试的相关问题。

　　本书介绍了嵌入式实时系统的调试技术和策略,汇集了设计研发和构建调试工具的公司撰写的应用笔记和白皮书,通过对真实案例的学习和对专业工具(例如逻辑分析仪、JTAG调试器和性能分析仪)的深入研究,提出了调试实时系统的最佳实践。它遵循嵌入式系统的传统设计生命周期原理,指出了哪里会导致缺陷,并进一步阐述如何在未来的设计中发现和避免缺陷。此外,本书还研究了应用程序性能监控、单个程序运行跟踪记录以及多任务操作系统中单独运行应用程序的其他调试和控制方法。

推荐阅读

5G NR标准：下一代无线通信技术〔原书第2版〕

作者：埃里克·达尔曼 等 ISBN：978-7-111-68459 定价：149.00元

◎《5GNR标准》畅销书的R16标准升级版
◎ IMT-2020（5G）推进组组长王志勤作序

蜂窝物联网：从大规模商业部署到5G关键应用〔原书第2版〕

作者：奥洛夫·利贝格 等 ISBN：978-7-111-67723 定价：149.00元

◎ 以蜂窝物联网技术规范为核心，详解蜂窝物联网
  mMTC和cMTC应用场景与技术实现
◎ 爱立信5G物联网标准化专家倾力撰写，爱立信中国
  研发团队翻译，行业专家推荐

5G NR物理层技术详解：原理、模型和组件

作者：阿里·扎伊迪 等 ISBN：978-7-111-63187 定价：139.00元

◎ 详解5G NR物理层技术（波形、编码调制、信道仿真
  和多天线技术等），及其背后的成因
◎ 5G专家与学者共同撰写，爱立信中国研发团队翻
  译，行业专家联袂推荐

5G核心网：赋能数字化时代

作者：斯特凡·罗默 等 ISBN：978-7-111-66810 定价：139.00元

◎ 详解3GPP R16核心网技术规范，细说5G核心网操作
  流程和安全机理
◎ 爱立信5G标准专家撰写，爱立信中国研发团队翻
  译，行业专家作序

5G网络规划设计与优化

作者：克里斯托弗·拉尔森 ISBN：978-7-111-65859 定价：129.00元

◎ 通过网络数学建模、大数据分析和贝叶斯方法解决网
  络规划设计和优化中的工程问题
◎ 资深网络规划设计与优化专家撰写，爱立信中国研发
  团队翻译

6G无线通信新征程：跨越人联、物联，迈向万物智联

作者：[加] 童文 等 ISBN：978-7-68884 定价：149.00元

◎ 系统性呈现6G愿景、应用场景、关键性能指标，以
  及空口技术和网络架构创新
◎ 中文版由华为轮值董事长徐直军作序，IMT-2030
  （6G）推进组组长王志勤推荐